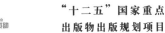

"十二五"国家重点
出版物出版规划项目 | 《科学美国人》精选系列

改变世界的
非凡发现

诺贝尔奖得主文集

ALFRED
NOBEL

《环球科学》杂志社
外研社科学出版工作室 | 编

U0229005

畅销全球170年
《科学美国人》
精选

外语教学与研究出版社
FOREIGN LANGUAGE TEACHING AND RESEARCH PRESS
北京 BEIJING

图书在版编目（CIP）数据

改变世界的非凡发现：诺贝尔奖得主文集／《环球科学》杂志社，外研社科学出版
工作室编. —— 北京 ：外语教学与研究出版社，2017.11
（《科学美国人》精选系列）
ISBN 978-7-5135-9619-0

Ⅰ．①改… Ⅱ．①环… ②外… Ⅲ．①自然科学－普及读物 Ⅳ．①N49

中国版本图书馆 CIP 数据核字（2017）第 280819 号

出 版 人　蔡剑峰
责任编辑　蔡　迪　赵凤轩
封面设计　锋尚设计
版式设计　陈　磊
出版发行　外语教学与研究出版社
社　　址　北京市西三环北路 19 号（100089）
网　　址　http://www.fltrp.com
印　　刷　北京华联印刷有限公司
开　　本　787×1092　1/16
印　　张　17
版　　次　2017 年 12 月第 1 版 2017 年 12 月第 1 次印刷
书　　号　ISBN 978-7-5135-9619-0
定　　价　59.80 元

购书咨询：（010）88819926　电子邮箱：club@fltrp.com
外研书店：https://waiyants.tmall.com
凡印刷、装订质量问题，请联系我社印制部
联系电话：（010）61207896　电子邮箱：zhijian@fltrp.com
凡侵权、盗版书籍线索，请联系我社法律事务部
举报电话：（010）88817519　电子邮箱：banquan@fltrp.com
法律顾问：立方律师事务所　刘旭东律师
　　　　　中咨律师事务所　殷　斌律师
物料号：296190001

《科学美国人》精选系列

丛书顾问

陈宗周

丛书主编

刘　芳　　章思英

褚　波　　刘晓楠

丛书编委（按姓氏笔画排序）

丁家琦　吴　兰　何　铭　罗　凯

赵凤轩　韩晶晶　蔡　迪　廖红艳

今天没有人会再说"数学与物理世界完全没有关联"了。可是为什么"自然而真实的"、与物理世界本来无关的数学观念，是这样的"对称"，而且"支配"了宇宙间一切基本"力量"，这恐怕将是永远的不解之谜。

——杨振宁《20世纪数学与物理的分与合》

在本文刊发的这个时刻，我们如同坐在漆黑的剧院，刚看到第一幕，看到主角们——DNA和组蛋白的相互关系。然而演员还没有全部登场，谁也不知道剧情会如何展开。

——罗杰·科恩伯格、阿龙·克卢格《核小体》

端粒酶的研究提示我们，在探索自然的过程中，没有人能够预测重大发现会在何时何地浮出水面。你永远无法预料自己找到的石头是不是会变成一块宝石。

——卡罗尔·格雷德、伊丽莎白·布莱克本《端粒、端粒酶与癌症》

非科研工作者总把科学发现想象成一个客观的过程，认为只要拥有智力和严谨的逻辑就能解决问题。这种观念低估了错误、偶然的好运和不断的努力在科研中的作用。

——詹姆斯·罗斯曼、莱利奥·奥利奇《细胞中的囊泡是怎么产生的？》

助力科学进步　登上科学顶峰

许智宏

中国科学院院士

北京大学生命科学学院教授

中国科学院上海植物生理研究所研究员

北京大学前校长

　　《科学美国人》是一本面向公众的出色学术刊物，是世界科普期刊中的典范。它以科学严谨性与科学通俗性相结合为方针，把科学家与公众联系在一起，形成了独特的办刊风格。《科学美国人》的作者大多数是工作在科学研究一线的科学家，他们通过撰写文章，向公众介绍各自研究领域的突破性进展及其意义，展望未来的远景。并且这些文章展现出科学家在科研工作过程中不畏艰难曲折的奋斗精神，在传播科学知识的同时倡导科学思想、科学方法和科学精神。在这些文章的创作过程中，作者会不断与科学传播经验丰富的科学编辑讨论。这样的过程不仅可以保证读者精准获知科学进展和发展趋势，也能让读者感受到科学蕴含的乐趣，激发他们对科学的热爱。《科学美国人》独特的办刊风格，支持它走过百余年历程，在全球范围内获得科学家和大众的认可与推崇。

　　诺贝尔奖可谓全球科学界影响力最大的奖项，获此殊荣的人都是因为其研究对世界产生了重大的影响。《科学美国人》从1845年创刊以来，已有160余位诺贝尔奖得主在此刊物上发表文章。其中不少诺贝尔奖得主是先成为《科学美国人》的作者，后获得这项大奖的。《环球科学》杂志社与外语教学与研究出版社合作策划的"《科学美国人》精选系列"中的这本《改变世界的非凡发现——诺贝尔奖得主文集》，选择了20位在物理学、化学、医学和生理学领域获得诺贝尔奖的科学家在《科学美国人》上发表的文章。由于这些作者在各自领域做出了突出贡献，在社会上的知名度很高，他们所写的科普文章直接承载了重大科学进展的精髓。而且更难能可贵的是，他们能以通俗易懂的方式，向普通大众讲述他们的研究思想，描述他们及其同事、合作者在科研中曲折的探索历程，展现追求真理过程中的乐趣。同时文中还配有精心绘制的插图，让读者更加易于接受和理解深奥的科学原理。从模拟生命的起源到解读宇宙的未来，从探索看不见的中微子到发明绿色发光二极管，从发现核小体的结构到解密衰老密码端粒酶，从开启神秘的量子世界到破解大脑的定位系统……这些文章拉近了读者与诺贝尔奖得主间的距离，让读者领略世界上最聪明、最有见地的大脑绽放出来的智慧火花，了解世界上最优秀人群的思想。

我相信本书可以使读者增加智慧、增强对当代科学和科学家的理解。除天赋外，这些杰出科学家的刻苦勤奋、善于与人合作以及善于捕捉机遇的能力，使他们成为成功者。急功近利、浮躁的短视者，不可能登上科学的顶峰。从这个意义上说，我希望本书的出版能有助于在我国形成一个关心和支持科学研究的良好社会环境。

科学奇迹的见证者

陈宗周

《环球科学》杂志社社长

1845年8月28日，一张名为《科学美国人》的科普小报在美国纽约诞生了。创刊之时，创办者鲁弗斯·波特（Rufus M. Porter）就曾豪迈地放言：当其他时政报和大众报被人遗忘时，我们的刊物仍将保持它的优点与价值。

他说对了，当同时或之后创办的大多数美国报刊都消失得无影无踪时，170岁的《科学美国人》依然青春常驻、风采迷人。

如今，《科学美国人》早已由最初的科普小报变成了印刷精美、内容丰富的月刊，成为全球科普杂志的标杆。到目前为止，它的作者，包括了爱因斯坦、玻尔等160余位诺贝尔奖得主——他们中的大多数是在成为《科学美国人》的作者之后，再摘取了那顶桂冠的。它的无数读者，从爱迪生到比尔·盖茨，都在《科学美国人》这里获得知识与灵感。

从创刊到今天的一个多世纪里，《科学美国人》一直是世界前沿科学的记录者，是一个个科学奇迹的见证者。1877年，爱迪生发明了留声机，当他带着那个人类历史上从未有过的机器怪物在纽约宣传时，他的第一站便选择了《科学美国人》编辑部。爱迪生径直走进编辑部，把机器放在一张办公桌上，然后留声机开始说话了："编辑先生们，你们伏案工作很辛苦，爱迪生先生托我向你们问好！"正在工作的编辑们惊讶得目瞪口呆，手中的笔停在空中，久久不能落下。这一幕，被《科学美国人》记录下来。1877年12月，《科学美国人》刊文，详细介绍了爱迪生的这一伟大发明，留声机从此载入史册。

留声机，不过是《科学美国人》见证的无数科学奇迹和科学发现中的一个例子。

可以简要看看《科学美国人》报道的历史：达尔文发表《物种起源》，《科学美国人》马上跟进，进行了深度报道；莱特兄弟在《科学美国人》编辑的激励下，揭示了他们飞行器的细节，刊物还发表评论并给莱特兄弟颁发银质奖杯，作为对他们飞行距离不断进步的奖励；当"太空时代"开启，《科学美国人》立即浓墨重彩地报道，把人类太空探索的新成果、新思维传播给大众。

今天，科学技术的发展更加迅猛，《科学美国人》的报道因此更加精彩纷呈。新能源汽车、私人航天飞行、光伏发电、干细胞医疗、DNA计算机、家用机器人、"上帝粒子"、量子通信……

《科学美国人》始终把读者带领到科学最前沿，一起见证科学奇迹。

《科学美国人》也将追求科学严谨与科学通俗相结合的传统保持至今并与时俱进。于是，在今天的互联网时代，《科学美国人》及其网站当之无愧地成为报道世界前沿科学、普及科学知识的最权威科普媒体。

科学是无国界的，《科学美国人》也很快传向了全世界。今天，包括中文版在内，《科学美国人》在全球用15种语言出版国际版本。

《科学美国人》在中国的故事同样传奇。这本科普杂志与中国结缘，是杨振宁先生牵线，并得到了党和国家领导人的热心支持。1972年7月1日，在周恩来总理于人民大会堂新疆厅举行的宴请中，杨先生向周总理提出了建议：中国要加强科普工作，《科学美国人》这样的优秀科普刊物，值得引进和翻译。由于中国当时正处于"文革"时期，杨先生的建议6年后才得到落实。1978年，在"全国科学大会"召开前夕，《科学美国人》杂志中文版开始试刊。1979年，《科学美国人》中文版正式出版。《科学美国人》引入中国，还得到了时任副总理的邓小平以及时任国家科委主任的方毅（后担任副总理）的支持。一本科普刊物在中国受到如此高度的关注，体现了国家对科普工作的重视，同时，也反映出刊物本身的科学魅力。

如今，《科学美国人》在中国的传奇故事仍在续写。作为《科学美国人》在中国的版权合作方，《环球科学》杂志在新时期下，充分利用互联网时代全新的通信、翻译与编辑手段，让《科学美国人》的中文内容更贴近今天读者的需求，更广泛地接触到普通大众，迅速成为了中国影响力最大的科普期刊之一。

《科学美国人》的特色与风格十分鲜明。它刊出的文章，大多由工作在科学最前沿的科学家撰写，他们在写作过程中会与具有科学敏感性和科普传播经验的科学编辑进行反复讨论。科学家与科学编辑之间充分交流，有时还有科学作家与科学记者加入写作团队，这样的科普创作过程，保证了文章能够真实、准确地报道科学前沿，同时也让读者大众阅读时兴趣盎然，激发起他们对科学的关注与热爱。这种追求科学前沿性、严谨性与科学通俗性、普及性相结合的办刊特色，使《科学美国人》在科学家和大众中都赢得了巨大声誉。

《科学美国人》的风格也很引人注目。以英文版语言风格为例，所刊文章语言规范、严谨，但又生动、活泼，甚至不乏幽默，并且反映了当代英语的发展与变化。由于《科学美国人》反映了最新的科学知识，又反映了规范、新鲜的英语，因而它的内容常常被美国针对外国留学生的英语水平考试选作试题，近年有时也出现在中国全国性的英语考试试题中。

《环球科学》创刊后，很注意保持《科学美国人》的特色与风格，并根据中国读者的需求有所创新，同样受到了广泛欢迎，有些内容还被选入国家考试的试题。

为了让更多中国读者了解世界科学的最新进展与成就、开阔科学视野、提升科学素养与创新能力，《环球科学》杂志社和外语教学与研究出版社展开合作，编辑出版能反映科学前沿动态和最新科学思维、科学方法与科学理念的"《科学美国人》精选系列"丛书，包括"科学最前沿"、"专栏作家文集"、《不可思议的科技史》、《再稀奇古怪的问题也有个科学答案》、《生机无限：医学2.0》、《快乐从何而来》、《2036，气候或将灾变》和《改变世界的非凡发现》等。

丛书内容精选自近几年《环球科学》刊载的文章，按主题划分，结集出版。这些主题汇总起来，构成了今天世界科学的全貌。

丛书的特色与风格也正如《环球科学》和《科学美国人》一样，中国读者不仅能从中了解科学前沿和最新的科学理念，还能受到科学大师的思想启迪与精神感染，并了解世界最顶尖的科学记者与撰稿人如何报道科学进展与事件。

在我们努力建设创新型国家的今天，编辑出版"《科学美国人》精选系列"丛书，无疑具有很重要的意义。展望未来，我们希望，在《环球科学》以及这些丛书的读者中，能出现像爱因斯坦那样的科学家、爱迪生那样的发明家、比尔·盖茨那样的科技企业家。我们相信，我们的读者会创造出无数的科学奇迹。

未来中国，一切皆有可能。

目录

诺贝尔物理学奖

Nobel Prize in Physics

3 / 20世纪数学与物理的分与合
杨振宁

14 / 用光尺丈量时间
史蒂文 · 坎迪夫
叶军
约翰 · 霍尔

30 / 光波通信
威拉德 · 博伊尔

45 / 延续摩尔定律的新材料
安德烈 · 海姆
菲利普 · 金

61 / 从减速到加速
亚当 · 里斯
迈克尔 · 特纳

71 / 囚禁离子　实现量子计算
克里斯托弗 · 门罗
戴维 · 瓦恩兰

杨振宁：因提出弱相互作用中宇称不守恒理论，获得1957年诺贝尔物理学奖。

约翰 · 霍尔：因在光学相干的量子理论方面的贡献，获得2005年诺贝尔物理学奖。

威拉德 · 博伊尔：因在电荷耦合器件方面的卓越成就，获得2009年诺贝尔物理学奖。

安德烈 · 海姆：因在石墨烯材料方面的卓越研究，获得2010年诺贝尔物理学奖。

亚当 · 里斯：因观测远距离超新星而发现宇宙加速膨胀，获得2011年诺贝尔物理学奖。

戴维 · 瓦恩兰：因提供了对量子理论突破性的研究方法，获得2012年诺贝尔物理学奖。

86 / 填补"绿光空白"
中村修二
迈克尔·赖尔登

中村修二：因发明高亮度蓝色发光二极管，获得2014年诺贝尔物理学奖。

99 / 探测中微子
爱德华·卡恩斯
梶田隆章
户家洋二

梶田隆章：因通过中微子振荡证实中微子有质量，获得2015年诺贝尔物理学奖。

113 / 探索太阳中微子问题
阿瑟·麦克唐纳
乔舒亚·克莱因
戴维·沃克

阿瑟·麦克唐纳：因通过中微子振荡证实中微子有质量，获得2015年诺贝尔物理学奖。

诺贝尔化学奖

Nobel Prize in Chemistry

131 / 核小体
罗杰·科恩伯格
阿龙·克卢格

阿龙·克卢格：因研究病毒及其他由核酸与蛋白质构成的粒子的立体结构，获得1982年诺贝尔化学奖。
罗杰·科恩伯格：因对真核转录的分子基础所做的研究，获得2006年诺贝尔化学奖。

156 / 窥见蛋白质真相
马克·格斯坦
迈克尔·莱维特

迈克尔·莱维特：因在开发复杂化学体系的多尺度模型方面所做的贡献，获得2013年诺贝尔化学奖。

167 / 组装生命的生物工厂
生物工厂研究小组

保罗·莫德里奇：因DNA修复的细胞机制研究，获得2015年诺贝尔化学奖。

诺贝尔生理学或医学奖

Nobel Prize in Physiology or Medicine

183 / 替换目标基因
马里奥·卡佩基

马里奥·卡佩基：因在"基因打靶"技术等方面做出的重要贡献，获得2007年诺贝尔生理学或医学奖。

201 / 端粒、端粒酶与癌症
卡罗尔·格雷德
伊丽莎白·布莱克本

伊丽莎白·布莱克本和卡罗尔·格雷德：因发现端粒和端粒酶如何保护染色体，获得2009年诺贝尔生理学或医学奖。

216 / 重返生命源头
阿隆索·里卡多
杰克·绍斯塔克

杰克·绍斯塔克：因发现端粒和端粒酶如何保护染色体，获得2009年诺贝尔生理学或医学奖。

231 / 细胞中的囊泡是怎么产生的？
詹姆斯·罗斯曼
莱利奥·奥利奇

詹姆斯·罗斯曼：因揭示细胞运输的精确控制机制，获得2013年诺贝尔生理学或医学奖。

245 / 大脑中的定位系统
梅-布里特·莫泽
爱德华·莫泽

梅-布里特·莫泽和爱德华·莫泽：因发现大脑中形成定位系统的细胞，获得2014年诺贝尔生理学或医学奖。

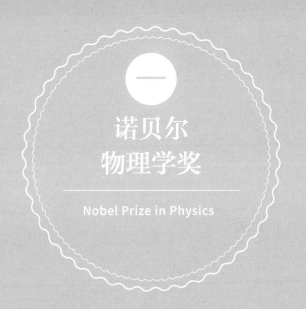

一

诺贝尔
物理学奖

Nobel Prize in Physics

杨振宁
1957年 / 诺贝尔物理学奖

约翰·霍尔
2005年 / 诺贝尔物理学奖

威拉德·博伊尔
2009年 / 诺贝尔物理学奖

安德烈·海姆
2010年 / 诺贝尔物理学奖

亚当·里斯
2011年 / 诺贝尔物理学奖

戴维·瓦恩兰
2012年 / 诺贝尔物理学奖

中村修二
2014年 / 诺贝尔物理学奖

梶田隆章
2015年 / 诺贝尔物理学奖

阿瑟·麦克唐纳
2015年 / 诺贝尔物理学奖

20世纪数学与物理的分与合

大家都知道，数学跟物理是自然科学里两个非常重要的分支，也是最古老的几个分支里面的两个。从历史上看，数学跟物理的关系非常密切，而且互相影响。

撰文 / 杨振宁

数学　　　物理

本文作者杨振宁因提出弱相互作用中宇称不守恒理论，获得 1957 年诺贝尔物理学奖。本文刊发于《科学美国人》中文版《环球科学》2008 年第 10 期。

欧洲核子研究中心的大型强子对撞机（局部）

杨振宁，著名物理学家，1957年因与李政道共同提出宇称不守恒理论而获得诺贝尔物理学奖。他和罗伯特·米尔斯共同提出的杨-米尔斯理论，即非阿贝尔规范理论，是粒子物理标准模型的基础，对基础物理学产生了深远的影响。他还与吴大峻合作研究了规范理论与数学上纤维丛的密切联系。

在中国的传统里大家讲"书画同源"，就是说书法跟绘画是从一个源头来的；那么我们也可以说，数学跟物理历史上也是同源的。比如说微积分，当然大家知道它是数学里一个关键性的基本发展，是从牛顿（Newton）的万有引力研究里发展出来的。事实上，牛顿在研究万有引力定律的时候，中间发生了一个数学问题，他为解决这个数学问题，花了不止十年的工夫。而解决的方法，就是后来的微积分。

数学分析跟动力学也是一起发展的：在牛顿的工作以后，数学家跟物理学家要研究行星、卫星（比如说月亮）、潮汐规律的时候，将牛顿所发展的微积分跟万有引力定律进一步发展。一些大数学家，像皮埃尔-西蒙·拉普拉斯（Pierre-Simon Laplace）和约瑟夫-路易斯·拉格朗日（Joseph-Louis Lagrange），发展了数学分析和动力学，所以这两个学科也是一起成长的。

可是自19世纪末以来，数学变得越来越抽象。1961年，有一个有名的美国数学家，名叫马歇尔·斯通（Marshall Stone）。我在芝加哥大学做研究生的时候，他是芝加哥大学数学系的主任，他把芝加哥大学数学系的地位给大大地提高了。所以现在芝加哥大学的人说，在芝加哥，那个时候——20世纪50年代、60年代初，是马歇尔·斯通时代。他在1961年发表了一篇半通俗的文章，其

麦克斯韦（1831～1879年）

中讲了这么几句话："自1900年起，数学跟我们对于数学的一些观念，出现了非常重要的变化（他所谓出现了非常重要的变化就是越来越抽象），其中最富革命性的发展体现在原来数学完全不涉及物理世界。"再清楚一点说（这还是他的话），"数学与物理世界完全没有关联。"他讲的这个话确实是当时数学发展的整个趋势。当时数学发展就是要研究一些数学结构之间互相的、非常美的、非常妙的关系，这是当时数学思想的主流。所以在20世纪中叶，数学跟物理完全分家了。

这个半世纪以前的情形，与今天已经大不一样了。我要跟大家谈的，就是这个分开的关系怎么又合了起来。要谈这件事情我们要回到詹姆斯·克拉克·麦克斯韦（James Clerk Maxwell）。麦克斯韦是19世纪最伟大的理论物理学家。他在19世纪中叶写下了有名的麦克斯韦方程式。

他把以前关于电与磁的四个实验定律写成了四个数学方程式（麦克斯韦方程式）。这些方程式是今天电气时代、无线电时代与网络通信时代的基础。没有这些方程式，人类今天的生活不可能是现在的样子。

$$\nabla \cdot \boldsymbol{E} = 4\pi\rho \qquad \nabla \cdot \boldsymbol{B} = 0$$

$$\nabla \times \boldsymbol{E} = -\frac{1}{c}\dot{\boldsymbol{B}} \qquad \nabla \times \boldsymbol{B} = \frac{4\pi}{c}\boldsymbol{j} + \frac{1}{c}\dot{\boldsymbol{E}}$$

麦克斯韦方程式

1915年到1916年，阿尔伯特·爱因斯坦（Albert Einstein）发表了广义相对论，把引力理论变成一个几何化的理论。文章发表以后，他又写出文章，说另外还有一种力量，即电磁力，也必须要几何化。

一两年以后，有一个数学家名叫赫尔曼·外尔（Hermann Weyl），响应了爱因斯坦这个号召。外尔是大家公认的20世纪最伟大的数学家之一，他的工作领域是纯粹数学，是非常抽象的。可是他大胆提出来一个关于电磁学的理论。

我于1949年到普林斯顿高等研究院做博士后，那个

外尔（1885 ~ 1955 年）

时候他是高等研究院的一个教授，所以我见过他多次。可是那个时候我感兴趣的、我同辈的物理学家们感兴趣的领域，都跟当时赫尔曼·外尔感兴趣的数学没有关系，所以我们跟他只是在鸡尾酒会上有一些交谈。在我的记忆之中，我从来没有和他谈过一些学术上的问题。

在1918年、1919年，外尔发表了几篇文章，他认为他想出来了一个办法能够把电磁学几何化。他先讨论平行移动。这是爱因斯坦的几何中一个重要观念。平行移动是什么意思呢？

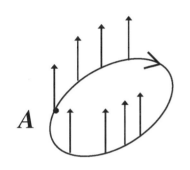

假如我在平面上画一个圈，从A点走回来。在A点上我画一个向量（一个箭头），然后当我走的时候，尽量使得那个向量平行于自己，这样走回来，当然它还是在原来的方向。可是这只是因为我是在平面上。假如我是在一个曲面上，比如说在一个球面上画一个圈，从一个原点A出发，在那个地方放一个向量，然后尽量使得这个向量在移动的时候跟自己平行，那么你可以想象，转了一圈回来以后，向量就不一定跟原来的方向一样了。所以在一个曲面上，经过平行移动的向量未必回到它原来的方向。

于是外尔问，"为什么长度不能也这样？"假如是这样，"一个向量的长短为什么不可以也改变？"也就是说，如果让向量的长短也在移动中继续不断地改变，那么回到原来的A点，既然向量的方向可以不一样了，为什么它的长短不可以也不一样了？这是他的关键想

法。为了贯彻此想法，他说在右图中，自A到B，一路上尺的长短都在不断改变，改变的因子如图所示。他给此因子起了一个很长的名字，翻译出来应是"比例因子"。他说此因子中的φ_μ应为电磁势eA_μ。然后他说虽然移动一圈回来有些量改了，但是仍有一些不改的量，这些不改的量才是真正的电磁现象，这样他就给了电磁现象一个几何意义。

外尔把他的理论叫做尺度不变（Masstab Invarianz）理论。这个名词后来被翻译成规范不变（Gauge Invariance）。

他把他的文章投到德国普鲁士科学院去发表。普鲁士科学院请爱因斯坦审稿。爱

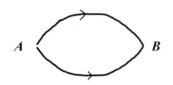

因斯坦一针见血地指出一个大问题。他说我在A放一样长的两个尺，一个尺从一个路径走到B，另外一个尺从另外一个路径走到B，根据外尔的讲法，到了B的地方，这两个尺就不一定一样长了。那么本来是标准尺，后来哪个算是标准尺呢？没法做标准尺，就不能做任何物理实验，整个物理学就要垮台。这真是一针见血的批评。

非常幸运的是，编者们依然把外尔的文章发表了，后面加了爱因斯坦的后记，提出他的批评。然后又请外尔写了一个后后记放在最后面。在这后后记里外尔怎么个讲法呢？后后记很短，只是一段，说爱因斯坦所讲的意思跟他讲的不一样。可是他没讲清楚到底是怎么不一样法。他以后又写了好多文章，都是哲学讨论，没有公式。显然，他对于他的想法仍然热衷，可是他始终不能够回应爱因斯坦的反对。

6年以后，量子力学的发展把这个问题解决了。量子力学跟刚才讲的发展，本来是没有关系的。量子力学是人类历史上的一个大革命，它发展以后，人们发现基本物理里要用到$i=\sqrt{-1}$。在座的学过高中数学，恐怕还记得有这个i。它在量子力学以前，在物理里也出现过，可是不是基本的，只是一个工具。到了量子力学发展以后，它就不只是个工具，而是一个基本观念。为什么基础物理学必须用这个抽象的数学观念：虚数i，现在没有人能解释。底下我还要回到这一点上。

量子力学发展于1925年到1926年。一两年以后，弗拉基米尔·福克（Vladimir Fock）在苏联，弗里茨·伦敦（Fritz London）在德国，分别指出外尔当初那个很长名字的因子中，得加一个i上去。

$$\exp\int\varphi_\mu\mathrm{d}x^\mu\rightarrow\exp\int i\varphi_\mu\mathrm{d}x^\mu$$

加了一个i以后，本来是一支尺的长短变化，现在不是长短变化，而是相位变化，所以外尔的因子就变成了相位因子。加了i以后，外尔的想法与电磁学完全符合，就变成1929年以来大家完全同意的理论。当然有了i，规范理论其实应该改为新名——相位理论，规范不变理论也应改为新名——相位不变理论，可是因为历史关系，大家今天仍然沿用旧名。

长短变化改为相位因子变化以后，爱因斯坦的反对理由也就不存在了。

1929年以后，大家同意从规范理论出发来看电磁现象，会发现这种现象是很漂亮的数学观念，可是并没有人由此引出任何新的物理结果。

1946年到1948年，我是美国芝加哥大学的研究生，对外尔的规范不变理论之美妙十分欣赏。我尝试把它推广，把电磁势A_μ推广为2x2的方阵B_μ。这个想法引出的头几步计算很成功，可是推广到电磁场$F_{\mu\nu}$时却导出了冗长的丑陋公式，使得我不得不把此想法搁置下来。

以后几年，许多新的基本粒子被发现，它们之间的相互作用成了热门题目。我想规范不变性也许是一个普遍的相互作用原则，所以又回到上面提到的推广外尔的规范不变理论上来。这次遇到了同样的困难，进行了同样的尝试以后我只得再次放弃。如此每一两年重复一次，却都没有进展。

1953年到1954年我在美国布鲁克黑文国家实验室访问一年，和一位年轻的物理学家罗伯特·米尔斯（Robert Mills）共享一个办公室。我们一起讨论此问题，当然又遇到了同样的困难。不过这次我们没有放弃，而是尝试将推广电磁场$F_{\mu\nu}$时的公式稍微修改一下。这个想法果然灵，数天以后，用了下面的公式，所有冗长的计算都自然化简了，得到了一个极美的、极简单的理论！这就是现在被称为"非阿贝尔规范理论"的雏形。

$$F_{\mu\nu} = \frac{\partial B_\mu}{\partial x_\nu} - \frac{\partial B_\nu}{\partial x_\mu} + \mathrm{i}e(B_\mu B_\nu - B_\nu B_\mu)$$

规范理论中的一个公式

我们的理论于1954年发表，可是它不能被当时关于新粒子的实验结果证实。等到十多年以后，通过好多人的工作，引进来了另一个新的观念叫"对称破缺"。把"对称破缺"跟非阿贝尔规范理论合在一起，才跟实验对上。以后几十年，上千个实验证实这个理论跟实验完全符合。它今天被称为标准模型，是基础物理学里一个重要的基石。2008年在瑞士日内瓦建成的大型加速器——大型强子对撞机是当时最新的研究标准模型的大设备。

我在70年代总结了这一切发展的精神，说这是"对称支配力量"。因为规范不变其实是一种对称，一种与圆的对称、晶体的对称、左右对称等观念类似，但是是更深

瑞士欧洲核子研究中心的全图。在图中大圈下 100 米处的地下隧道中已经建成一个大型加速器——大型强子对撞机。图中左下方是日内瓦国际机场的跑道。

入、更抽象的对称。

1969年我在美国纽约州立大学斯托尼布鲁克分校教书的时候，教了一个学期的广义相对论。有一天我在黑板上写下了广义相对论中有名的黎曼张量公式。当时我就想它有点像我所熟悉的上面那个公式。下课后把二者仔细对比，最后发现原来二者不只是像，而是完全相同——假如把一些数学符号正确地对应起来的话。

$$F_{\mu\nu} = \frac{\partial B_\mu}{\partial x_\nu} - \frac{\partial B_\nu}{\partial x_\mu} + \mathrm{i}e(B_\mu B_\nu - B_\nu B_\mu)$$

$$R^l_{ijk} = \frac{\partial}{\partial x^j}\left\{{l \atop ik}\right\} - \frac{\partial}{\partial x^k}\left\{{l \atop ij}\right\} + \left\{{m \atop ik}\right\}\left\{{l \atop mj}\right\} - \left\{{m \atop ij}\right\}\left\{{l \atop mk}\right\}$$

上面是规范理论公式，下面是广义相对论中的黎曼张量公式，二者其实完全相同。

这个发现使我震惊：原来规范理论与广义相对论的数学结构如此相似！我立刻到

10

楼下数学系去找系主任吉姆·赛蒙斯（Jim Simons）。他是我的好朋友，可是那以前我们从来没有讨论过数学。那天他告诉我，不稀奇，二者都是不同的"纤维丛"，那是20世纪40年代以来数学界的热门新发展！

后来赛蒙斯花了两个多星期的工夫，给我们几个物理学家讲解纤维丛理论。学到了纤维丛的数学意义以后，我们知道它是很广很美的学问，而电磁学中的许多物理观念原来都有纤维丛的对应观念。于是1975年吴大峻和我合写了一篇文章，用物理学的语言解释电磁学与数学家们的纤维丛理论的关系。文章中我们列出了一个表（见下表），是一个"字典"。表中左边是电磁学（规范理论）名词，右边是对应的纤维丛名词。

规范场术语	纤维丛术语
规范或整体规范	主坐标丛
规范形式	主纤维丛
规范势	主纤维丛上的联络
S	转移函数
相因子	平行移动
场强	曲率
源	？
电磁作用	U(1)丛上的联络
同位旋规范场	SU(2)丛上的联络
狄拉克的磁单极量子化	按第一陈类将U(1)丛分类
无磁单极的电磁作用	U(1)平凡丛上的联络
有磁单极的电磁作用	U(1)非平凡丛上的联络

字典中左边有一项"源"，右边没有对应，因为赛蒙斯说纤维丛理论中没有这个观念。后来美国麻省理工学院的数学家伊萨多·辛格（Isadore Singer）来纽约州立大学斯托尼布鲁克分校访问，我和他谈了此事。他随后去英国牛津大学，带了吴大峻和我的文章，与迈克尔·阿提耶（Michael Atiyah）和奈杰尔·希钦（Nigel Hitchin）写了一篇关于无"源"的文章。因为他们在数学界的名望很高，规范场与纤维丛的密切关系很快就传遍数学界，从而引起了以后这些年物理与数学重新合作的高潮。

20世纪80年代开始，赛蒙斯辞去了斯托尼布鲁克分校的职务，转而进入华尔街，成了最成功的对冲基金经理。2001年聂华桐和我请赛蒙斯夫妇到位于北京的清华大学

杨振宁、赛蒙斯夫妇等（2005年摄于清华大学）

访问，那是他们第一次访问中国。回去后他们夫妇慷慨捐赠一百多万美元给清华建了一座"陈赛蒙斯楼"。陈是指陈省身教授（1911～2004年）。他是数学大师，曾和赛蒙斯合写过一篇关于陈–赛蒙斯不变式的文章，现在在物理中极具重要性。

陈省身先生在20世纪30年代曾是我父亲的学生，抗战时期在昆明西南联大我又曾是他的学生。他在纤维丛理论方面曾做过重要的奠基性的工作。我在1980年发表的一篇文章里说（译自英文）：

> 1975年，规范场就是纤维丛上的联络的事实使我非常激动。我驾车去陈省身在伯克利附近埃尔塞里托的家。（1940年初，当我是西南联大的学生，陈省身是年轻教授的时候，我听过他的课。那是在陈省身推广高斯–博内定理和"陈氏级"的历史性贡献之前，纤维丛在微分几何中还不重要。）我们谈到朋友、亲戚和中国。当我们谈到纤维丛时，我告诉他我从赛蒙斯那里学到了漂亮的纤维丛理论以及深奥的陈省身–外尔定理。我说，令我惊诧不已的是，规

杨振宁与陈省身（1985年摄于斯托尼布鲁克）

范场正是纤维丛上的联络，而数学家是在不涉及物理世界的情况下搞出来的。

我又说："这既使我震惊，也令我迷惑不解，因为，你们数学家居然能凭空想出这些概念。"他立即反对说："不，不，这些概念不是凭空想出来的。它们是自然而真实的。"

今天没有人会再说"数学与物理世界完全没有关联"了。可是为什么"自然而真实的"、与物理世界本来无关的数学观念，是这样的"对称"，而且"支配"了宇宙间一切基本"力量"，这恐怕将是永远的不解之谜。

用光尺
丈量时间

科学家研制出一把特殊的"光尺"，能在可见光频谱中标出数十万道间隔相等的刻度。利用这把光尺，能实现对激光频率的精确测量，还能将"秒"定义的精度提高上百倍。

撰文 / 史蒂文·坎迪夫（Steven Cundiff）

叶军（Jun Ye）

约翰·霍尔（John Hall）

翻译 / 毕志毅　马龙生

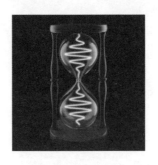

　　本文作者之一约翰·霍尔因在光学相干的量子理论方面的贡献，获得 2005 年诺贝尔物理学奖。本文刊发于《科学美国人》2008 年第 4 期。

　　本文译者毕志毅、马龙生，翻译本文时任职于精密光谱科学与技术国家重点实验室，都是华东师范大学物理学系教授，主要从事光场时域－频域精密控制和超灵敏精密激光光谱技术的研究。

史蒂文·坎迪夫、叶军和**约翰·霍尔**都隶属于美国天体物理联合实验室，合作研制和应用飞秒光学频率梳。霍尔从事超稳连续波激光精密测量研究达40多年，是该研究领域的领导者，在光梳技术等方面有突出贡献。叶军的研究生涯开始于1993年，当时他主要关注超稳连续波激光。光梳技术出现后，他已经在超快激光的各个领域做出了重要的贡献。坎迪夫从1998年开始与霍尔和叶军的课题组展开合作。在此之前，他从事超快激光方面的研究，主要研究方向为光谱学和锁模激光器。

一眨眼的工夫，可见光的光波就能完成一千万亿（10^{15}）次周期振荡。如此高的频率既提供了机遇，也提出了挑战。机遇意味着：不论是实验室内的科学研究，还是实验室外的技术应用，这种频率都将拥有广阔的前景。它使我们能够以超乎想象的精度去测量频率和时间。以这些精密测量技术为基础，科学家才能对一些自然规律进行精确检验，建立起全球定位系统（GPS）之类的高精度定位系统。挑战则集中在：能够有效测量低频电磁波（如微波）的成熟技术，似乎不能简单套用到高频率的可见光光波上。

得益于十余年来激光物理学中取得的革命性突破，研究人员已经掌握了一些技术，能够充分发挥可见光的潜力——由于频率过高，过去的科学家一直无法充分发挥这些潜力。确切地说，科学家已经发明了一种被称为光学频率梳（简称光梳）的激光。它如同一把万能光尺，拥有数万到数十万道紧密相间的"刻度"，能够对光学频率实现极其精密的测量。利用这种光梳，科学家能够在可见光与微波巨大的频率跨度间架起"桥梁"：借助光学频率梳测量微波频率的超精密技术，也能同样精准地测定可见光的频率。

科学家正在进行各种应用开发。利用光学频率梳，不仅可以研制新一代更精确的原子钟及超灵敏的化学探测器，还能开发利用激光控制化学反应的方法。光梳能够大大提高激光雷达的探测灵敏度和探测范围，还能极大地增加光通信系统中光纤传输的信号量（见第18页图文框）。

光梳极大地简化了高精度测量光学频率的方法。在20世纪，这样的测量需要许多博士相互配合，在好几个放满单频激光器的房间里不停忙碌。如今，利用光学频率梳，一个研究生仅需一个简单的仪器设备就能完成这项工作。新型光学原子钟也得益于这种简单的光梳。祖辈使用的摆钟，通过齿轮组记录钟摆的摆动次数，并缓慢驱动指针转动；光学原子钟则利用光学频率梳测量光的振荡，将振荡频率转换为可用的电子信号。2007年，研究人员用光学频率梳进行了原子钟实验研究，发现其超越了数十年来被认为是世界上最精准时钟的铯原子钟系统。

从某些意义上说，光梳的出现对光学研究产生的影响，不亚于100多年前的发明——示波器所引起的电子技术飞跃。示波器宣告了现代电子时代的到来，它能够直接显示信号波形，为电视机、手机等电子设备的研制提供了便利。然而，可见光的振荡频率，比示波器能够显示的最高频率还要高1万倍。有了光学频率梳，显示光的波形才有可能成为现实。

光学频率梳

- 新型激光光学频率梳可以比以往任何方法都更精确、更简便地测量光学频率及时间间隔。
- 光梳由均匀间隔的超短激光脉冲序列构成，它的光频谱分布如同一把梳子，拥有上万根"梳齿"。
- 光梳可以用来制作更精准的原子钟和超灵敏的化学探测器，还能实现化学反应的激光控制，增大光纤通信容量，提高激光雷达灵敏度等。

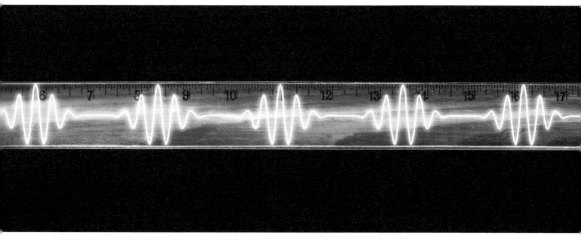

激光脉冲可以构成一把"光尺"，借助它科学家能非常精确地测量其他激光的频率。

光学频率梳的种种应用，要求能够在很宽的频谱范围内对可见光波进行精密控制。无线电波的精密控制技术早已成熟，不过直到最近，精密控制可见光波才成为可能。借用音乐打一个比方，可以帮助我们理解光梳要求达到的控制水平。在光梳发明之前，激光器只能产生单色光，就像一把只有一根琴弦而且没有指板的小提琴，只能演奏出一个音（事实上，一根琴弦演奏出的乐音是复合音，除基音外还包含泛音，不过此处忽略这种情况）。即便只演奏一小段简单的旋律，也必须使用许多把不同的小提琴。每一把都要花很大工夫进行调音，还必须配备一位演奏者，就像每台单频激光

光梳技术应用

光学原子钟

光学原子钟是迄今为止人类制造的最精准的时钟，它们的精度已经超过了 1967 年以来一直作为时间标准的微波原子钟。光学原子钟将在空间导航、卫星通信、基础物理问题的超高精度检验，以及其他测量中发挥重要的作用。

化学探测器

研究人员已经演示了利用光梳研制的超灵敏化学探测器，目前正在研制商业化仪器的样机。这种探测器能够让安检人员更快捷地识别爆炸物及危险病原体等有害物质，让医生通过检测病人呼出气体的化学成分来诊断疾病。

超级激光器

利用光学频率梳，许多激光器输出的激光脉冲可以合成为单束光脉冲序列。合成激光的相干性极好，就像同一个激光器发出的一样。这种技术将来有望对从无线电波到 X 射线的电磁波谱实现相干控制。

远距离通信

只需一把光梳，而不必用原先所需的多台激光器，就能使单根光纤传输的信号量增加好几个数量级。各信道之间的干扰将减少。安全通信尤其会从光梳的运用上获得许多好处。

操控化学反应

科学家正在研究如何使用相干激光来控制化学反应，光梳将使这种技术变得更可预测、更加可信。光梳还有助于开发新一类"超冷化学反应"。将来，光梳将用于操控生物反应，这远比其他化学反应复杂得多。

激光雷达

激光雷达用激光来测定远距离目标的位置、速度和性质。用光学频率梳产生具有特定波形的激光，有望将激光雷达的灵敏度和探测范围提高几个数量级。

器都要由不同的人来操作一样。

相反，只需一个人操作一台光梳，就能覆盖全部的光学频谱。这位操作员不只像一位坐在钢琴前演奏的钢琴家，更像一位弹奏可编程电音合成器的键盘手，不光能够模仿任意乐器，甚至能一个人完成整个管弦乐队的演奏。事实上，光梳技术能够将数十万个光学"音"合成为一部荡气回肠的"光学交响乐"。

光梳结构

光学频率梳由一类被称为锁模激光器的装置产生，这种装置能够产生超短光脉冲。为了理解光脉冲的重要特征，不妨先来想象一下由另一种主要激光器——连续波激光器发出的光波。在理想情况下，这种光波是一串极为规则的无穷振荡序列（代表着光波中电场的振荡），它们振幅相同，速度也恒定不变。锁模激光器发出的光脉冲则不同，它是一系列振荡序列较短的波，这些波的振幅从零上升到最大值，然后再降回到零（见第20页图）。最短的脉冲持续时间不到10飞秒（1飞秒等于10^{-15}秒），仅包含几个完整的光波振荡。光脉冲的分布轮廓被称为包络。这种脉冲可以被想象成一个连续光波（即载波），它的振荡波幅受到了包络幅度的调制。

超短光脉冲的载波由单一频率的光构成。这种光的谱图呈现为该频率处的一条竖线，这表示只存在该频率的光波。也许你会想当然地以为，光脉冲也仅由该频率的光构成，毕竟它只是振荡幅度发生改变的单频率载波。但实际情况要复杂得多：光脉冲是许多不同频率光的组合，这些光将在一起共同传输。这些频率构成了一个以载波频率为中心的、小而连续的频带。光脉冲越短，频带就越宽。

锁模激光器发射的光脉冲还具备另外两个特征，这是研制光学频率梳的关键。第一个特征是，包络相对于载波发生微小位移，就会导致脉冲发生细微变化。脉冲包络的峰值，可能

最佳的呼吸分析器

光学频率梳可以快速检测人体呼出的气体分子，从而推断人体的健康状态。

甲胺：肺及肾脏疾病。

氨：肾衰竭。

乙烷：某些类型的癌症。

碳同位素比例：体内存在幽门螺旋杆菌。

19

和对应载波的波峰同时出现，也可能会偏移到载波振荡的任何相位，该偏移量被称为脉冲相位。

第二个特征是，锁模激光器以一种非常规则的频率（即重复频率）发射脉冲序列。这种脉冲序列光的频谱不是以载波频率为中心向两边连续延展，而是形成许多离散的频率。它们的频谱分布很像梳齿，彼此的间隔与激光器的重复频率精确相等。

基本概念

光梳

　　光梳由脉冲激光序列构成，这些脉冲激光的形态几乎相同且间隔均匀，可用于精密测量。之所以称它为光梳，是因为它的光频谱不同于单个脉冲，而是一根根均匀间隔的梳齿。

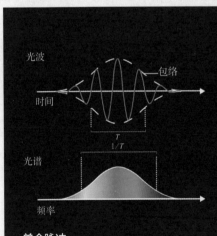

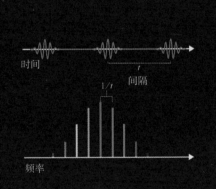

单个脉冲

　　尽管单个激光脉冲的电场（上图，绿线）按规则的时间间隔振荡，但这个脉冲并不是由单个频率的光组成的。只有当光谱由一系列频率（下图）构成时，光波的包络（上图，虚线）才会有起有伏。脉冲越短（上图，T），光谱越宽（下图，$1/T$）。一个飞秒光脉冲的频率谱，可以覆盖大约一半可见光光谱（不计低强度尾部）。

多个脉冲

　　不要期望光脉冲序列（上图）的光频谱会和单个光脉冲相同。事实上，脉冲序列产生的光频谱会分裂成许多"梳齿"（下图）。换句话说，光谱由一系列不连续的频率构成，而不是连续的频带。如果脉冲每 t 纳秒出现一次，梳齿的频率间隔就是 $1/t$ 吉赫。通过测量激光脉冲的重复频率，研究人员就能非常精确地测量梳齿的间隔。

典型的重复频率大约为1吉赫，比现代计算机的中央处理器稍慢一些。对于一个覆盖可见光频段的光梳，如果梳齿间距为1吉赫，那么就具有40万根梳齿。利用高速光电二极管依次检测每个光脉冲，科学家能够非常精确地测量吉赫量级的重复频率。这种频率位于电磁波的微波频段，因此光梳就能起到杠杆的作用，将微波频段的测量精度传递到高频率的可见光频段。那么，为什么不用频率梳的梳齿作为参考点来测量光学频率呢？

这是因为超短光脉冲的相位也会影响梳齿的位置。如果一串脉冲序列中每个脉冲的相位都完全相同，那就根本不成问题，因为在这种情况下，梳齿的频率值精确等于重复频率的整数倍。因此，只要测出激光器的重复频率，就能知道每一根梳齿的确切位置。

但在通常情况下，前后两个脉冲的相位会发生一些不可预知但却固定不变的偏移（见第25页图）。在这种情况下，梳齿的频率就会偏离重复频率的整数倍，偏移量被称为偏移频率。要想确定梳齿的频率，就必须测定重复频率和偏移频率。因此，测量零点偏移频率，成为了阻碍光梳研究与应用的一大难关。2000年，这道难关终于被攻克。这要归功于激光研究领域两个不同方向的科学家的携手合作，还要归功于一种新材料的发现。

学科交叉

在过去40年的大部分时间里，专注于产生及利用最短脉冲的超快激光研究人员，很少去关注脉冲的相位及理想脉冲序列理论上的梳状谱。他们的实验主要依赖于单个光脉冲的强度，相位对此没有任何影响。虽然超快激光研究人员经常测量锁模激光器的光谱，但他们很少有足够的分辨率去观测光梳频谱的基本细节。结果，混合在一起的谱线看起来就像一条连续的光谱带。

高分辨率测量以往是精密光谱学和光学频率计量学的研究领域，首选测量工具是超稳连续波激光器。前面已经提到，连续波激光器发出的恒定光束具有精确的频率，它的光谱看起来就像一根尖刺。计量学界的大部分研究人员并不了解锁模激光器的运行机制，而了解这种激光频谱特征的人却怀疑，使用这种激光能否产生可以精确设定的梳状光频谱。他们曾认为，计时或脉冲相位上出现的微小起伏，将使梳状光频谱失去实用价值。

但也有少数科学家，特别是德国马克斯·普朗克量子光学研究所的特奥多尔·亨施（Theodor W. Hänsch），深信锁模激光器总有一天会成为实用的高精密光谱学和计量学工具。在20世纪70年代，当时仍在美国斯坦福大学任教的亨施，用锁模染料激光器（用有色液体染料作为增益介质的激光器）进行了一系列测量，由此建立了光梳频率及偏移频率的基本概念。在这些研究成果沉睡了近20年之后，激光技术的发展才让光梳在通往实用化的道路上继续向前迈进。

20世纪80年代末，当时供职于美国施瓦茨光电公司（位于马萨诸塞州康科德）的彼得·莫尔顿（Peter Moulton），发明了一种掺钛蓝宝石晶体，可以作为宽带激光增益介质。20世纪90年代初，苏格兰圣安德鲁斯大学的威尔逊·西贝特（Wilson Sibbett）将这种晶体开创性地应用于锁模激光器。短短几年之后，钛宝石激光器就能轻易发出不到10飞秒的激光脉冲，仅仅相当于光波振荡了3个周期。

随着钛宝石激光器的出现，亨施又重新拾起了他20年前关于光学频率梳的想法。他在20世纪90年代末进行的一系列实验，向我们演示了锁模激光器所具备的潜在应用前景。在一项测量实验中，他证明输出光谱两端的光梳谱线具有确切的对应关系。他发现，梳齿更像是刻在钢尺上的刻度，而不像是沿着橡皮筋画出的线条。在另一项实验中，他用一个锁模激光器产生的梳状频谱，覆盖两个连续波激光器的频率差，从而测定了铯原子的光学跃迁频率（铯原子能级发生某种变化时，就会吸收或发射这一特定频率的光子）。他的实验结果激励我们的研究小组在这一领域开展了一系列研究工作。

作为美国国家标准与技术研究所和科罗拉多大学博尔德分校联合成立的美国天体物理联合实验室，我们在掌握和运用激光物理学中这两个分支的技术发展方面有着独一无二的优势。在光学频率计量及精密光谱学领域，美国天体物理联合实验室具有很强的传统优势，这在很大程度上得益于本文作者之一霍尔在过去40年间发展起来的超稳连续波激光技术。1997年，本文的另一位作者坎迪夫加入美国天体物理联合实验室，带来了专业的锁模激光器和短脉冲技术。两位作者在楼道和午餐桌边进行了多次讨论，决定克服概念上的分歧，联合起来共同研究。当时一起参加这项工作的还有两位博士后：斯科特·迪达姆斯（Scott Diddams，后来任职于美国国家标准与技术研究所）和戴维·琼斯（David Jones，后来任职于加拿大不列颠哥伦比亚大学）。1999年夏天，这场技术革命才初露端倪，本文的第三位作者叶军加入了美国天体物理联合实验室的课题组，他很快就带领我们发现了新型光学频率梳的各种应用。

秒的标准

光学频率梳将来会作为正式的时间标准。

● 今天的时间标准，以电子在铯原子基态的两个超精细能级之间发生跃迁时，铯原子吸收的微波频率作为基准。

● 1 秒被定义为上述微波辐射精确振荡 9,192,631,770 次所花费的时间。

● 光学频率标准将使用某种特别选定的原子或离子发射或吸收光的频率作为基准，这一频率大约是铯原子微波频率的 6 万倍。

神奇的光纤

亨施的实验结果令人吃惊，同样，他的实验目的也令人印象深刻：他想简化那些复杂的仪器设备。然而，为了实现技术上的简化，锁模激光器必须产生足够宽的频谱，最好达到一个倍频程（从某一频率延伸到该频率的两倍，类似于音乐中的一个八度）。尽管钛宝石激光器能够产生惊人的带宽，但距离一个光学倍频程还差得远。

在1999年的激光和光电会议上，实现倍频程的方法终于被人提出。当时任职于美国贝尔实验室的吉南德拉·兰卡（Jinendra Ranka）发表了一篇论文，详细介绍了一种新型光纤，也就是微结构光纤。在这种微结构光纤介质中，微米大小的气孔引导激光束沿光纤纤芯传输。这种光纤所具有的特性，可以让钛宝石激光器发出的特定频率光脉冲，在光纤中传输而不发生脉冲展宽（在普通光纤及大部分其他介质中，光脉冲在传输过程中会被拉长）。这样，光脉冲就能保持高强度。高强度光脉冲在微结构光纤中传输时，光谱展宽会比普通光纤中传输时大得多。实验结果看上去非常美妙。钛宝石激光器发出近红外激光，频率刚好落在人类视觉范围以外，肉眼只能看到一束暗红色激光。经过微结构光纤的光谱展宽，激光光谱从近红外扩展到可见光，发出了像彩虹般连续的色彩。

1999年秋天，我们设法得到了一些微结构光纤。对于我们的研究来说，这在时间上可谓恰到好处。当时我们刚刚完成一系列实验，证明钛宝石激光器产生的激光频谱宽度，要比亨施最初的实验演示宽3倍左右。我们还搭建好了一套实验装置，只要把微结构光纤安装进去，就可以立即进行实验。收到贝尔实验室用特快专递寄来的光纤之后，不到两个星期，我们就完成了一项理论验证实验，证明经过微结构光纤的光谱展宽之后，激光脉冲原有的频率梳结构不会被破坏。

让光频谱展宽到一个光学倍频程的重要性在于，它能让我们像测量无线电波频率那样，直接测量零点偏移频率。因此，前面提到的用光梳测量其他光学频率的最大难关终于被攻破了。只要光谱范围达到一个光学倍频程，就会有好几种特殊方法来测定零点偏移频率。在高速计数器（记录单位时间内无线电波振荡次数的设备，不过无法用于测量频率高得多的可见光波）出现之前，无线电工程师想出了许多方法来测量无线电频率。如今测量零点偏移频率的大部分方法，就是在那些方法的基础上发展出来的。我们将介绍最简单、最通用的测量零点偏移频率的方法——自参考技术。

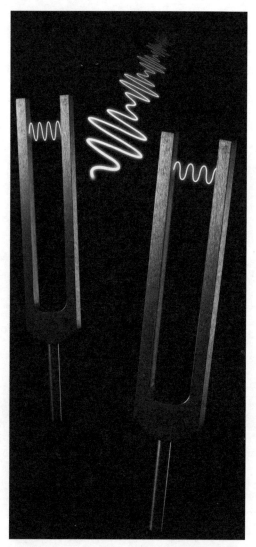

把两个音叉产生的声音叠加在一起，如果其中一个音叉的频率稍有偏差，就会产生拍音：叠加的音量会时轻时响，变化的频率就等于两个音叉的频率差。光波的"拍音"可用于许多激光测量，包括利用光梳进行的高精密测量。

这个方法的关键之处在于，频率覆盖一个倍频程的光频谱可以让科学家比较光梳两端梳齿的频率。如果零点偏移频率等于零，光谱低频端每一根梳齿的频率乘以2，

测量步骤之一

"校准"光梳

一些微弱的效应可以改变光梳梳齿的频率，使梳齿产生轻微的偏移。科学家必须先校正这种偏移，然后才能用光梳测量另一台激光器的频率。

问题

对于一连串脉冲来说，脉冲光波振幅最大处相对于包络幅度最大的位置，会发生所谓的相移。

光梳频率怎么变化

由相移引起光学频率梳齿频率的变化量，称为零点偏移频率。梳齿频率将是光梳齿线间隔频率的整数倍加上零点偏移频率。一种称为自参考的技术可以测定零点偏移频率值。这种技术要求光梳光频谱必须覆盖一个光学倍频程，也就是说，要从一个频率（红光，第 n 个梳齿）一直延伸到它的倍频（紫色，第 $2n$ 个梳齿）。

解决方案：对比光梳

研究人员将光梳的一部分光，送入一个光学倍频晶体，产生的倍频光是入射光频率的 2 倍（有些谱线在图上没有显示出来）。因为低频端梳齿的频率经倍频后，零点偏移频率与原先高频端梳齿的零点偏移频率不同，所以测量这两部分光的拍频，就可以获得我们所需的零点偏移频率值，由此可以确定每一根梳齿的精确频率。

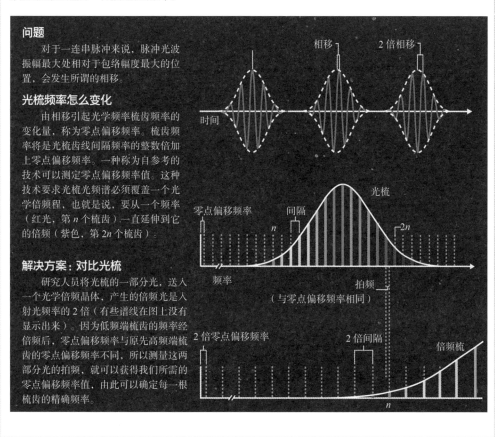

就可以和高频端某根梳齿的频率相对应。任何偏离这一精确比例关系的频率值，就是零点偏移频率的确切数值（见上图）。这种方法被称为自参考，因为它是通过比较光梳自身梳齿的频率来测量零点偏移频率的。

要想实现自参考，还必须让一部分激光通过一个二次谐波发生晶体，使光学频率加倍。我们可以用一片只反射长波光而透射短波光的镜片，将光梳低频端的光分离出来，使它通过倍频晶体，再将倍频后的光与来自光梳高频端的光复合在一起，送到同一个光电探测器中。复合光的强度会发生振荡，产生"拍频"，就像经过调音和没有调音的两个单音合成会产生拍音一样。不论是声波还是光波，拍频频率都等于混合波之间的零点频率差。对于光脉冲而言，拍频频率就等于光梳的零点偏移频率，因为每一个低频端梳齿倍频后，都将与高频端对应的梳齿相差相同的频率。在电子学和光学中，这种把两个信号合成测量拍频的方法被称为"外差检测"。

秒的新定义

以光梳为基础的光学频率计量方法，只有在和过去的测量技术进行比较时，才能体现出它的简便与实用。简单说来，过去人们采用的技术由一系列倍频链组成，链中的每一环节都由一个振荡器组成，频率为前一环节频率的整数倍。倍频链的第一个环节是铯钟，秒的国际时间标准就是用这种原子钟来定义的。铯钟的计时基准是铯原子的微波吸收频率，数值大约为9吉赫。可见光的频率，至少是铯原子吸收频率的4万倍，为了能从9吉赫一直贯通到可见光波段，大约需要经过十多级倍频链。每级倍频链都要使用不同的技术，其中包括可见光激光器。让整条倍频链运转起来，不仅耗费资源，而且耗费人力，因此世界上建成的倍频链屈指可数。并且，这种方法只能间接测量光的频率。在实际使用中，倍频链中的许多环节都会影响最终测得的光学频率的准确性。

稳定的光学频率梳发明之后，精确测量连续波激光器的频率就更容易实现了。像倍频链一样，基于光梳的频率测量仍然要以铯钟作为测量基准。我们接下来就能看到，只要有能力用铯钟测量9吉赫以下的频率，我们就能用光梳准确测量激光的频率。测量过程可以分为以下几个步骤。首先，必须测定光梳的零点偏移频率和光梳梳齿的频率间隔。有了这两个数据，我们就能计算出所有梳齿对应的频率。接下来，就要把待测激光与光梳的光混合在一起，测量激光与最接近它的梳齿产生的拍频频率，也就是两者的频率差。

这三个频率都属于微波频段，可以用铯钟非常精确地加以测定。回顾一下，梳齿的间隔频率与产生光梳的脉冲重复频率相同。大部分锁模激光器的重复频率不会高于10吉赫，很容易用铯钟去定量测量。零点偏移频率和拍频频率也都在铯钟可以测量的

测量步骤之二

测量光线频率

为了测量另一台激光器的频率（紫色），物理学家将它发出的激光与光梳的光混合在一起，测量与最接近它的梳齿（n）产生的拍频。他们可以用低精度标准技术来测量被测激光的近似频率，据此判断激光与哪一根梳齿最近。这样一来，只要测出吉赫范围内的三个频率——零点偏移频率、光梳齿间隔频率，以及拍频，研究人员就能在 100 太赫，即 10^{14} 赫的范围内，非常精确地确定被测激光的频率。

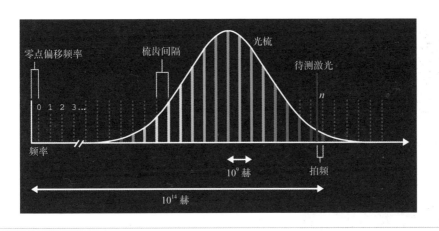

频率范围之内，因为它们必定小于光梳梳齿的频率间隔。

另外还有两个因素需要确定：待测激光谱线距离哪根梳齿最近？是在这根梳齿的左边（频率较低）还是右边（频率较高）？用市面上可以买到的波长计测量光学频率，精度就能达到1吉赫，已经足以回答这两个问题。如果没有这类波长计，也可以有计划地改变重复频率和零点偏移频率，检测拍频频率如何随之变化。根据这些测量数据，就能推算出待测激光谱线所处的位置。

光梳简便实用，不仅使世界各国的科学家能够根据需要，随时对频率进行精确测量，还大大减小了此类测量的不确定度。总有一天，光梳的这些优点会让光学时间标准取代目前以铯原子为基础的微波时间标准。抱着这种目的，美国国家标准与技术研究所的詹姆斯·伯奎斯特（James C. Bergquist）领导的课题组和美国天体物理联合实验室叶军领导的课题组，已经精确测定了一些光钟的频率，这些光钟能够利用光和光梳输出时间信号。对其中一些最好的光钟进行的频率测量表明，它们的不确定度已经小于用最好的铯钟标准测量的不确定度。全球许多实验室都准备建立光学频率标准，它们将超越已经使用了几十年的铯钟频率标准——这是一个激动人心的时刻。美国国家标准与技术研究所的莱奥·霍尔贝格（Leo Hollberg）领导的研究小组，以及其他研究机构的测量都表明，光梳本身所具有的不确定度的极限，与现有光学频率测量的不确定度相比，还是有几个数量级的优势。

祖辈使用的摆钟通过不同大小的齿轮组，将钟摆稳定的摆动次数转换为指针非常缓慢而精确的转动。光梳的作用就如同一个光学齿轮组，可以将可见光的高频率转换成可以测量的低频信号。此外，光梳还可用于测量时间。

不懈探索

用光学频率来定义时间标准还需要经过很多年才能实现。计量学家必须仔细评估大量原子和离子的光跃迁，从中选择一种最适合的作为标准。

除了光梳的大量实际应用以外，光梳的基础研究也在许多前沿领域快速向前推进。例如，叶军的课题组只用一个光梳，就能非常灵敏地同时探测原子和分子的多种不同跃迁。这样，只需要一次测量，就可以分析一个原子的所有能级范围。此外，这项技术还可以对一块样品中的多种痕量元素进行检测。

原子和分子如何响应超短超强光脉冲所产生的强电场？在这一研究领域，光梳技术的应用也取得了重要的突破。这方面的许多工作是在亨施的合作者费伦茨·克劳斯（Ferenc Krausz，后来任职于德国马克斯·普朗克量子光学研究所）的领导下完成的。他的课题组已经利用电子响应测量了激光超短脉冲的电场，还显示了电场的波形，就像在示波器上显示一个射频波一样。克劳斯利用光梳来稳定脉冲的相位，使所有的激光脉冲保持相同的波形。

另一个非常活跃的研究领域是，探索光梳技术向电磁波频谱中频率更高的方向推进。（从微波一直到可见光，这些频率较低的光梳都很容易产生。）2005年，叶军的课题组和亨施的课题组在极紫外频段（靠近X射线频段）产生了精密频率梳。科学家正借助这种拓展的光梳，用极紫外激光来研究原子和分子的精细结构。

短短几年间，光学频率梳已经从一个只有少数科学家研究的课题发展成了一种实用工具，可以在诸多应用及基础研究领域使用。我们才刚刚开始探索这把光尺所具备的巨大潜力。

扩展阅读

Time Measurement at the Millennium. James C. Bergquist, Steven R. Jefferts and David J. Wineland in *Physics Today*, Vol. 54, No. 3, pages 37–42; 2001.

Sr Lattice Clock at 1×10⁻¹⁶ Fractional Uncertainty by Remote Optical Evaluation with a Ca Clock. A. D. Ludlow et al. in *Science Express*; posted online February 14, 2008.

光波通信

> 光纤电话服务的首次商用试验正在芝加哥进行。由微型固态光源产生的信号以脉冲形式在玻璃纤维中传输。

撰文 / 威拉德·博伊尔（Willard S. Boyle）

翻译 / 徐恩

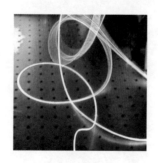

本文作者威拉德·博伊尔因在电荷耦合器件方面的卓越成就，获得 2009 年诺贝尔物理学奖。本文刊发于《科学美国人》1977 年第 8 期。

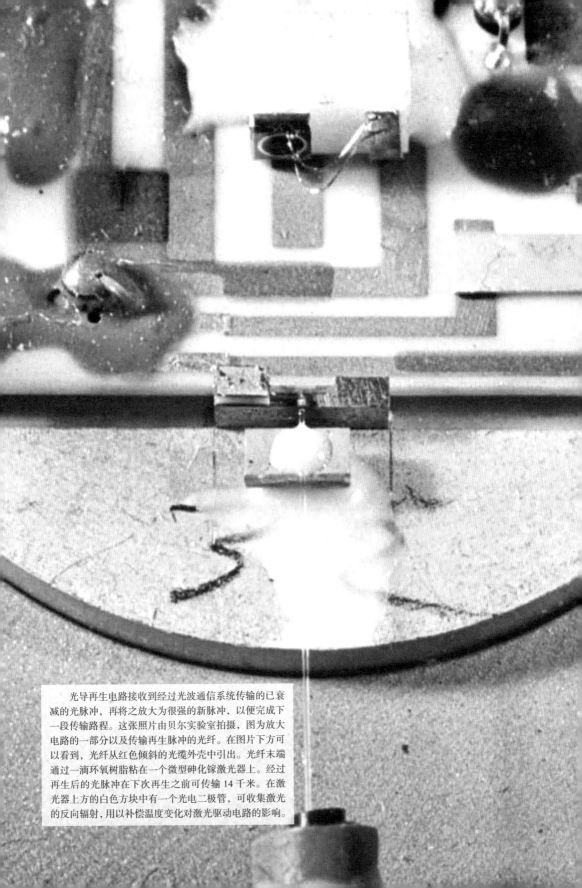

光导再生电路接收到经过光波通信系统传输的已衰减的光脉冲，再将之放大为很强的新脉冲，以便完成下一段传输路程。这张照片由贝尔实验室拍摄，图为放大电路的一部分以及传输再生脉冲的光纤。在图片下方可以看到，光纤从红色倾斜的光缆外壳中引出。光纤末端通过一滴环氧树脂粘在一个微型砷化镓激光器上。经过再生后的光脉冲在下次再生之前可传输 14 千米。在激光器上方的白色方块中有一个光电二极管，可收集激光的反向辐射，用以补偿温度变化对激光驱动电路的影响。

威拉德·博伊尔，加拿大物理学家，在麦吉尔大学获得博士学位，此后加入贝尔实验室。他不仅是数码相机图像感应器——感光半导体电荷耦合器件（CCD）的发明人之一，而且与他人合作发明了第一台红宝石连续激光器。

在本文刊发前3个月，贝尔系统公司开始对光纤通信系统进行商业评估，该系统可将信息编码为光脉冲，在只有发丝般粗细的玻璃纤维中传输。这个新系统可以通过长达1.5英里（约2.41千米）的地下线缆，在伊利诺伊州贝尔电话公司与芝加哥商业中心的一座大型商厦的两个交换局之间传输声音、数据和视频信号。此光导线缆直径仅为0.5英寸（约12.7毫米），其中有两根纤维束，每根各含12根纤维，合计24根纤维。每根纤维的信息容量为每秒44.7兆比特，意味着向纤维传输信息的光源会在1秒内开关4,470万次。在此脉冲频率下，单独一根纤维可传输672路单向语音信号，那么24根纤维就能传输12×672路（即8,064路）双向语音信号。若要用传统铜线达到相同的传输容量，线缆直径将会增加数倍。除上述技术优势外，光导系统还将节省大量铜材料，极大提高现有地下通信管网的潜在容量。

然而，把光作为通信介质并非什么新鲜事。毕竟，美国的印第安人早就通过释放烟雾发送信号，英国人也曾将篝火作为西班牙无敌舰队来犯的预警信号。在18世纪90年代，克劳德·沙普（Claude Chappe）建立了一套光学通信系统，由遍及法国境内山顶的旗语信号站组成。该通信系统据称能够在15分钟内将信息传输至200千米以外，而且被电报取代之前一直在运转。1880年，亚历山大·格雷厄姆·贝尔（Alexander Graham Bell）发明了"光电话"，证明了语音可以通过光束传输。在这一系统中，贝尔将一束很窄的阳光聚焦于一块薄镜子上，镜子会因为人说话时产生的声波而振动，系统中的硒探测器捕获的光能会随着镜子的振动发生相应变化。这样一来，光束的变化就会引起硒的电阻变化，进而使电话接收器中的电流强度发生变化，最终在接收端转换为声波。直到第二次世界大战时期，海军舰艇仍经常使用携带莫尔斯码的光信号在舰艇间交换信息。

时至今日，技术的不断发展让人们可以用极高的频率调制光束，并将调制后的信号通过玻璃纤维传输数英里（1英里约为1.6千米），且能量损耗在可接受范围内。自1960年激光器问世以来，人们就对光波通信产生了浓厚的兴趣。激光器发射出的极强可见光和红外光近乎单色，频率范围要比无线电通信系统所使用的最高频率高出约10,000倍，拓展到了电磁波谱的新区域。由于传输信息的潜能会随着频率的增加而提升，因此通信工程师们已耗费数十年时间研发高频通信系统。自无线电通信出现以来，通信工程师将可用频率提升了5个数量级——从100千赫（每秒10万个周期）到10吉赫（每秒100亿个周期）。如今，激光器将频率再次提升4个数量级，达到100太赫（每秒100万亿个周期）。仅使用激光频谱范围中的一小部分，一套简单的光波系统理论上就能够同时承载北美地区所有人的电话通信。

然而，早期激光器效率低，可靠性差，即便是最好的系统也仅能运行几个月。此外，和微波中继系统相比，在大气层内发射点对点激光束的效果也很难让人满意，因为激光信号强度易受雾、霾、雨、雪的影响而衰减。事实上，相比于曼哈顿城区与郊区之间的激光传输，从美国亚利桑那州到月球的光脉冲传输的可靠性更好。

不过，随着科技的进步，激光发射器已经变得更加精巧、可靠，可以持久地产生激光，大气层内的传输也不再是唯一的方法。虽然在一些苛刻的应用条件下激光仍是首选光源，但在其他条件下，简单且廉价的设备——高亮度发光二极管就足以胜任。在大气层内传输光信号的各替代方案中，首个颇具前景的方案是将光学信号通过一个光管发出：这种精心制造的光管直径为1厘米左右，当光管需要弯曲时，其内部的光学信号也可以随之弯曲（因为管中不同位置的气体密度可以变化，进而改变光路上的折射率）。

光管面临许多实际应用问题，为了寻找替代方案，通信工程师们开始探索在玻璃纤维中传输光波的可能性。在某些情况下，玻璃或塑料纤维也可实现光的短距离传输，例如在照亮仪表盘或者做胃内检查时，但是这些材料的透明度不足以实现真正的光波

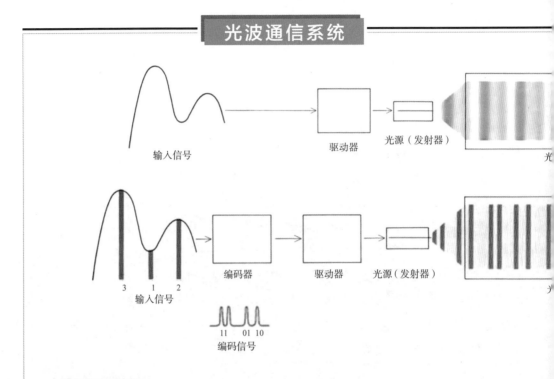

光波通信系统

模拟传输系统

　　光波通信系统可以通过多种方式发送信号。如上图所示，在最简单的"模拟"系统中，输入信号的振幅被直接转换成光纤内光束的振幅变化。接收端的光电探测器将光强变化转换成相应的电信号，进而被放大至可再现原始波形。在光纤传输中，信号强度随距离增加而以几何级数减小。而且，信号会逐渐衰减并失真，致使重现波形无法与原始波形精确匹配。解决此难题的有效方法是使用数字编码系统，如下图所示。

通信。这些材料的透明度通常比水还略低一些，而最终用于通信的玻璃纤维应当拥有极高的透明度——假若海水像它一样透明，那么最深处的海底景象也可一览无余。

　　在考虑如何用激光、发光二极管、玻璃纤维构成通信系统之前，让我们先了解一下电话、摄像机或电脑中的信息是如何从源头转换成光线传输过来的。在传统的模拟信号传输系统中，原始信号的波形用于传输线中能量的振幅调制。现在，调制的则是由光源发出并在玻璃纤维中传输的光束振幅。在纤维末端，光电探测器将不同强度的

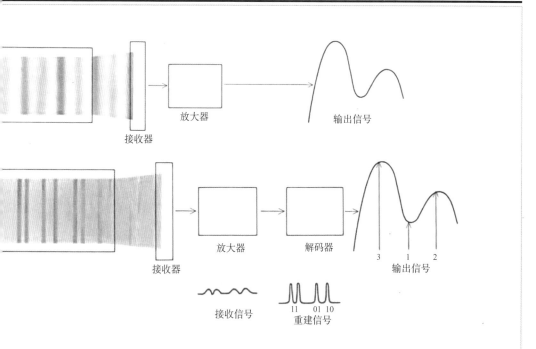

数字传输系统

　　数字编码因为在诸多方面优于调幅编码而被商用光波通信系统采用。在数字编码系统中，首先对输入波形（下图左）的波幅或高度以一定时间间隔进行电子采样（波形下的柱形）。为了精确表现波形，采样频率至少应为最高频率分量的 2 倍。因此，一个最高频率为每秒 4,000 个周期的声音信号，必须每秒采样 8,000 次（采样率应比图示中更高）。采样高度会被编码成二进制数字序列：一连串的 0 和 1。在传输中，1 可代表一个脉冲，而 0 可代表没有脉冲。

　　在一个典型的语音系统中，每个采样点的波形高度都被赋予 0 至 255 之间的一个值，由 8 位二进制数字表示（因为 2^8 等于 256）。因此，对时长 1 秒的语音波形进行采样，数字系统将需要 64,000 比特（8,000 个采样点，每一个需要 8 比特）。1977 年 5 月在芝加哥运行的光波通信系统中，作为信号源的光源运行速率达到了每秒 44.7 兆个脉冲，因而能够同时传输超过 650 路语音信号。虽然光脉冲在光纤传输过程中会衰减，但仍然能被清晰地再生（因为脉冲仅存在有无之别），并可用于重建高保真原始信号波形。

光线转化为相应的电信号，经过放大的电信号将再现输入的电流波形，进而被眼睛、耳朵或者电脑这样的非生物设备接收。

　　即便在制造最精良的光纤中，部分光线仍会由于吸收和散射而丢失，以致从光源到探测器的过程中，光信号强度呈几何级数下降。举例来说，光信号传输 1,000 米后，强度会衰减为初始值的一半；当光信号传输 2,000 米后，强度仅为初始值的 1/4，以此类推。因此，在其他条件都相同的情况下，远距离传输过程中的光源强度应尽可能高，且探测器应尽可能灵敏。

目前，最符合此要求的设备分别是高强度激光器和拥有超级灵敏度的"雪崩"光电探测器，此类探测器可由入射光子激发电子雪崩。然而，人们已经认识到信号的最大传输范围更受限于光纤中的损耗，而非光源强度或者探测器灵敏度。举例来说，信号损耗减少1/2，将会使最大传输范围整整扩大2倍。而光源强度增加1倍时，最大传输范围仅增加了约10%（确切地讲，当光纤长度增加后损耗将会成倍增加）。

前面提到的模拟传输系统的主要缺点是，如果调幅信号在传输过程中发生任何形式的失真，并且其中一部分失真不可避免，这些失真就将会显现在接收器提取和放大的信号上。避免信号失真最有效的方法之一，就是在传输前将信号数字化。具体做法是在固定时间间隔对连续电子信号波进行振幅采样。如果想获得更精确的波形数据，那么采样频率应为最高频率的2倍。因此，若对最高频率为4,000赫的声音进行采样，那么只有达到每秒8,000次采样才能保证精准度。每个采样值被编码为二进制形式，用一系列的1和0表示。例如，1代表有光束脉冲，而0代表没有脉冲。在接收端，被探测到的光束脉冲信号将被用来重建原始信号波。

数字化传输的最大优势体现在对微弱信号的处理上。每个探测器都有固有的内部噪声，这会在一定程度上影响接收到的外部信号。因此，通信工程师们往往会谈及信噪比的问题。该比率的单位是分贝（dB），它的计算方式是取以10为底数的对数值。分贝是指两个功率的比值以10为底数取对数，再乘以10。例如，信噪比为20分贝意味着信号功率是噪声功率的100倍。由于数字脉冲只存在"有"或"没有"两种状态，所以在有明显噪声干扰的条件下也可保持较低的错误率。例如，在信噪比为21分贝的条件下，脉冲信号仅有十亿分之一的可能性会淹没于背景噪声之中。与此相对的是，对模拟信号来说，任何噪声都会使信息失真。为了能够再现令人满意的信号，信噪比应远高于21分贝。通常而言，信噪比应为60分贝，即信号功率是噪声功率的100万倍。

与模拟信号相比，数字传输系统具有更强的噪声容错能力，在不放大信号强度的情况下传输距离更远。数字传输另外一个巨大的优势在于数字脉冲易于被探测和再生。由于脉冲的微小失真并无太大影响，探测和再生衰减的脉冲对放大器要求较为宽松。

如今，越来越多的语音信号以数字脉冲的形式通过线缆或微波传输。对语音信号的采样高达每秒8,000次，每次采样的"高度"则被转换为8位二进制数字。由于8位二进制数字能够表示2^8种（即256种）不同的振幅水平，因而足以精确描述原始波形。为了再现频带宽度为4,000赫的原始声波，数字系统必须能够每秒传输64,000个脉冲信号。而光波系统具有很大的频带宽度，这将有助于大幅提高信噪比性能，进而提高信号在不得不重建前的可传输距离。

由前文描述，我们可知，在实际的光波通信系统中，传播距离取决于信源强度、单位长度的光纤信号损耗、探测器的噪声水平，以及信号传输采用的调制或编码方式。系统频带容量（每秒脉冲数或其他信息容量测定方法）取决于信源开关转换速度、探测器响应速度，以及光纤脉冲传输特性。

目前，正在使用的光源有两种。第一种是小型计算器中发光二极管显示屏的改进版本。因为光波通信所需的光源不仅要比普通显示屏亮度更高，而且要在尺寸上与光纤相仿，其直径只有1毫米的几百分之一。在为光波通信设计的发光二极管表面有一个小孔，其作用是让光纤能够尽可能靠近半导体结中产生光线的有源区。光纤在红外波段的损耗最低，因而应选用一种可以发射红外线的半导体材料。目前选择的发光二极管由砷化镓制成，其发射波长约为0.8微米。虽然这已令人满意，但是如果波长能够再长一点儿将会更好。与目前光纤相匹配的、具有较好波长的半导体材料还在积极研发之中。

第二种光源是半导体激光二极管，它拥有比发光二极管更为复杂的结构。一个激光二极管比一粒盐还小，由数层含有不同成分的半导体材料组成。这种夹层结构有助于创造激光受激发射的必要条件。此结构不仅提供一个可以限制载流子重新结合并使之发光的区域，与此同时也有助于将光线引导至所需方向。

在一个激光器中连续布置多层材料，而不影响各层的晶体结构，这在以前是很难实现的。早期设备都因其发光效率迅速衰减而落下了坏名声，甚至有些设备仅能工作几个小时。随着新技术逐渐发展，在不造成晶层缺陷的情况下，构建复合结构已不是难事。加速老化试验表明，最近研发的设备可在室温条件下持续工作数年之久。不难想象，激光二极管最终会与其他固态装置一样稳定可靠。

激光光源有两个主要优势。第一个优势是指向性。由于激光器受激发射出狭窄的光束，因而大部分光束可直接进入光纤末端。第二个优势是高单色性，或者说波长

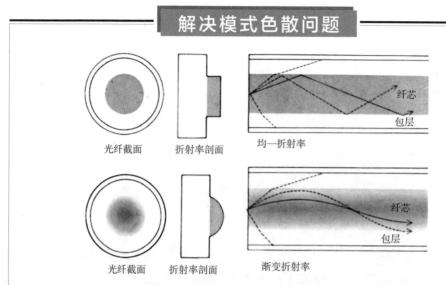

解决模式色散问题

光纤截面　折射率剖面　均一折射率

纤芯
包层

光纤截面　折射率剖面　渐变折射率

纤芯
包层

　　在光纤的设计中，纤芯具有比包层略高的折射率。因此，大部分光线是在二者交界面上不断地来回全反射回纤芯。除非光纤发生了过度弯曲，否则射线会如此无限反射下去。只有以大角度进入纤维中的光线才可能从中逃逸出来。如果纤芯具有一致的折射率（如上图），经多次反射的光线将沿较长路径行进，并且落在反射次数较少的光线之后。这一缺陷被称为模式色散，对此的解决方法是制造出向轴心方向折射率逐渐增大的光纤（如下图）。这样，距离轴心远的光线传输速率高于距离轴心近的光线。

范围很小，这是激光光源的典型特征。在光纤中的传输过程中，光线因波长不同会有传播速度上的略微差异，因此光纤脉冲展宽会因传输波长带宽大小而变化。相比于波长范围更大的发光二极管光源，激光光源能够将更高频率的脉冲传输至更远的距离。典型的激光二极管的光谱带宽只有20埃，而发光二极管的带宽为350埃，因而激光二极管更适合用于光导通信。在光纤中传输1,000米后，激光脉冲将会出现时间长度为200×10^{-12}秒的色散，等同于光在玻璃中降速传播4厘米的色散。发光二极管光源色散约是激光的20倍，因为频谱纯度缺乏会导致色散，这将极大地限制脉冲频率，进而限制光波通信系统的信息容量。另一个主要限制是由于模式色散而导致的脉冲展宽，其原因是一些光线在光纤中传输的路径比别的光线稍长一些。正如我们将要探讨的，模式色散能够被极大降低，却不能被完全消除。

　　为了实现光导所需的超高透明度，设计的光纤要让光线无法靠近其外表面，因为纤维外表面的灰尘、划痕或与其他表面接触都将会造成信号的严重丢失。每根光纤由三层组成。最外层通常为塑料保护层，使光纤免于刮擦和磨损。刮擦和磨损会降低纤维强度，导致纤维在压力下破损。在保护层内，玻璃纤维的纤芯外还有一层包层，纤芯的折射率比包层的折射率略高。由于这一略高的折射率，当从光纤端面以相对于中心轴较小入射角入射的光线到达纤芯与包层的界面时，会被反射回纤芯。以相对于中心轴较大入射角进入光纤的光线将直接溢出而不会被反射。从几何学角度来看，如果一束光线在第一次接触界面后被反射回纤芯，在光纤没有过度弯折的情况下，光线将会继续在其中无限地被反射。使用硬度较高的电缆护套认真包裹光纤束，可以避免光纤发生过度弯折。

至于前文提到的色散，可以这样形象地理解模式色散产生的原因：对于与中心轴平行的方向进入光纤的光线来说，其行程自然会比以一定角度进去并在其中多次反射的光线要短。因此，由不同路径的光线组成的光束会随时间而展宽。

为了克服这一缺点，如今许多纤芯的折射率是渐变或跃变的，以抵消光线传输带来的距离差。在此种光纤中，折射率随径向距离的增加而降低。在折射率较低的区域中，光线传输速度较快。因而可以通过径向折射率降低的方法，使得所有光线几乎同时到达目的地。在折射率相同的光纤中，脉冲展宽约为每千米25×10^{-9}秒，相当于500厘米。对折射率渐变的光纤进行实地测试显示，色散减少了4%，实验室的样品则实现了1%的改进。

首款高透明度纤维由康宁玻璃公司研制生产，其材料的主要成分为二氧化硅。首个成功拥有渐变折射率的纤维由日本板硝子株式会社研制生产。在贝尔实验室的研发过程中，渐变折射率光纤由石英玻璃管加热和折叠而成。这样的石英玻璃管需预先在内部镀上数十层掺锗二氧化硅，每一层的厚度大约只有0.01毫米。这种复合体被嵌入称为预成型的实心棒之中，然后被拉成几千米长的光纤。

在最好的纤维样品中，传输损耗可低至每千米1分贝，相当于可传输输入能量的80%。然而，在现有光源的工作频率下，如此低的传输损耗是无法实现的。更为实际的平均损耗为每千米4~5分贝，约为可传输输入能量的30%。即使损耗如此之高，激光脉冲不经过放大仍可传输14千米。（在此距离下，接收端的信号强度仅剩输入能量的10^{-7}。）毫无疑问，随着光源和检测器被调节至损耗最低的光谱范围（波长略长于1微米）以及光纤材料性能的提高，放大器之间的距离将远远超过14千米。

模式色散与波长色散

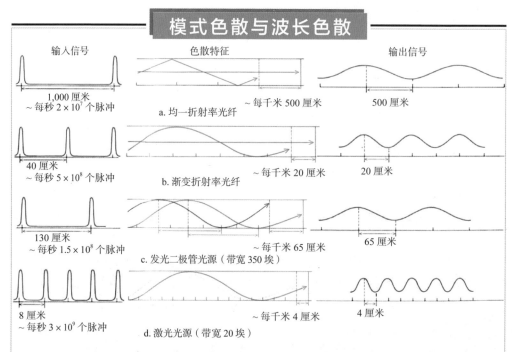

输入信号　　　　　　　　色散特征　　　　　　　　输出信号

1,000 厘米　　　　　　　　　　　　　　～每千米 500 厘米　　500 厘米
～每秒 2×10^7 个脉冲

a. 均一折射率光纤

40 厘米　　　　　　　　　　　～每千米 20 厘米　　　20 厘米
～每秒 5×10^8 个脉冲

b. 渐变折射率光纤

130 厘米　　　　　　　　　　　　～每千米 65 厘米　　65 厘米
～每秒 1.5×10^8 个脉冲

c. 发光二极管光源（带宽 350 埃）

8 厘米　　　　　　　　　～每千米 4 厘米　　　4 厘米
～每秒 3×10^9 个脉冲

d. 激光光源（带宽 20 埃）

在光波通信中，必须要处理两种色散（或者说脉冲展宽）。第一种是模式色散，如上面两个插图所示。这组图显示脉冲展宽如何限制脉冲频率，进而限制光纤容量。在每一种情况下，所选择的脉冲速率都使得展宽达脉冲间隔的一半。a 中纤芯具有一致的折射率，脉冲前沿和后沿到达时间差为每千米 25×10^{-9} 秒，大约相当于光速在玻璃中传播 500 厘米。由于展宽不能超过脉冲间隔的一半，所以脉冲频率不能超过每秒 2×10^7 个脉冲。b 中纤芯为渐变折射率，模式色散减少为 1/25，即每千米 10^{-9} 秒，大约相当于 20 厘米。因而脉冲可以每秒 5×10^8 个脉冲的频率传输。（展宽距离以对数单位标示，脉冲间隔见最左侧，为展宽的 2 倍。）第二种展宽为波长色散（c 和 d），是因为不同频率电磁波的速率随介质折射率变化而变化：频率越高，速度越大。用于光波通信的高强度发光二极管光谱带宽大约 350 埃，集中于波长为 0.82 微米的红外光谱，其带宽约等于可见光谱中绿黄之间的间隔。即使在模式色散为 0 的渐变折射率光纤中，一来自发光二极管的单个脉冲的展宽仍约为每千米 65 厘米，信号频率也因此被限制为每秒 1.5×10^8 个脉冲（c）。在光谱带宽大约 20 埃的激光光源（d）中，波长色散仅为 4 厘米，信号频率可提升至每秒 3×10^9 个脉冲。

　　如头发丝粗细的光纤可组成光缆。在涂上可以防潮、防磨损、抗弯曲的保护层之后，每 12 根纤维将组成扁平的彩色光纤带。一根光缆中通常有 12 根光纤带，如此密集的排列可以起到缓冲和保护单根纤维的作用，防止其在现场维修时被破坏。光纤的拼接设计也独具匠心，以目前的技术，光缆内的纤维束的编排精度可达 2 微米以内。

　　与金属导体相比，光导在传输方面有诸多优势。在光导传输系统中，光线被完全限制在纤维内芯之中，信号不会在相邻纤维间泄漏而导致"串音"。除此之外，由于光导不会受到其他信源的电子干扰，所以光波通信系统在充斥着电子噪声的环境，比如在电话交换局的交换装置中传输信息更具备优势。

相比于金属电缆，光波通信的光缆在实现同等容量的条件下可节省大量材料。在本文刊发时，光纤材料比铜线要昂贵许多。但是，当一个技术更复杂的新产品首次投入生产时，相对较高的价格也在情理之中。

正因为光波通信有两种光源，所以使用的探测器也有两种，皆为固态探测器。第一种结构简单的设备是结型PIN光电探测器，这一点与通过光子生成电流的太阳能电池相似。（字母P、I和N分别代表探测器中半导体结的电子性质。）另一种则是前文提到过的雪崩光电探测器。所有信号探测器都不免有背景噪声，而且这种噪声会随其运行速度成比例增加。例如，当PIN光电探测器的运行速度由每秒1兆比特提高至每秒100兆比特时，背景噪声功率也会从 10^{-11} 瓦增大到 10^{-9} 瓦。在相

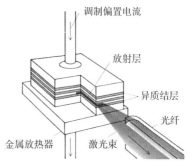

调制偏置电流

放射层

异质结层

光纤

金属放热器　激光束

光波通信中使用的激光光源仅有一粒盐大。激光受激发射发生在有优良电子特性的半导体砷化镓与铝砷化镓组成的异质结层内。激光束从砷化镓层发出，穿过长约40微米密封气体介质后进入光纤。此种激光器功率为0.5毫瓦，波长为0.82微米。

同的运行速度下，雪崩光电探测器中的背景噪声仅为前者的1/10。由此可知，低速系统的传输距离大于高速系统。在光波通信中，信号探测器是接收模块的第一级，接收模块中的电路应与现有远程通信网络中传输的信号相匹配。

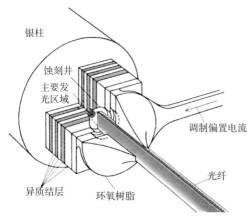

银柱

蚀刻井

主要发光区域

调制偏置电流

异质结层　环氧树脂　光纤

发光二极管也由异质结层构成，与激光器相比更加简单、便宜、可靠。对于带宽不必太窄且仅 0.1 毫瓦的平均功率就可完成的传输距离，发光二极管大有用武之地。

现在让我们汇总各种关于信源、探测器和光纤特性的知识，看看这些设备的通信能力如何。首先计算一下低比特率（传输速率为每秒1兆比特）系统的传输范围。为了使探测器避免接收错误信号，进入探测器中的信号必须比探测器的内部噪声强100倍。如果使用的是雪崩光电探测器，则接收信号功率至少应达到 10^{-10} 瓦。为了将传输距离最大化，我们应选择输出功率为 10^{-3} 瓦的激光器，而非功率低一个数量级的发光二极管光

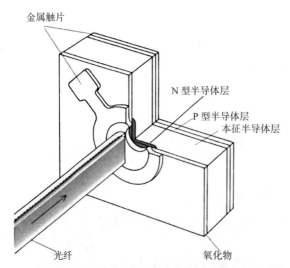

金属触片

N 型半导体层

P 型半导体层

本征半导体层

光纤

氧化物

光纤终端的光探测器会在被光子撞击时产生电子。如图所示，结构最为简单的探测器为 PIN 光电二极管。所谓 PIN 指的是在二极管的 P 型和 N 型半导体之间还有一层本征半导体（I层）。（P 型，即空穴型半导体，指材料中缺乏电子；N 型，即电子型半导体，指材料中含有大量电子。）光子在 I 层被吸收，产生电子和"空穴"（即电子空缺），二者在均匀电场作用下运动，进而产生了电流。另一种更复杂的光电探测器，即雪崩光电二极管，有额外一层 N 型材料，这层 N 型材料提供了内置放大过程，可以增强电子信号。光电二极管的固有噪声会随运行速度而增大。当一个 PIN 探测器接收到频率为每秒 10^8 个脉冲的信号时，其固有噪声约为 10^{-9} 瓦。而对雪崩光电探测器而言，固有噪声仅为前者的 1/10。

源。正如我们所看到的，使用数字编码的光线通过光纤所允许的最大衰减为 70 分贝。由于目前光纤每千米的衰减小于 5 分贝，因此我们可以认为信号在不经放大的情况下能够传输 14 千米。（如果光纤每千米仅衰减 1 分贝则为最佳，传输距离可以扩展至 70 千米。）在现实中，能长达数千米不断的光纤是很难获得的。因此，两段光纤的连接处带来的额外损耗也应当被计算在总损耗之中，目前的插入式连接器有 0.5 分贝左右的损耗。如果在 14 千米的路程中需要 6 个连接器，那么额外损耗则只有 3 分贝。（如总损耗仍保持为 70 分贝，则总路程只需缩短 600 米。）

选定信源、探测器以及光纤之后，光导系统的信息处理容量会达到怎样的规模？由于以最高比特率传输为最理想状态，我们必须考虑多种因素。正如我们所知，探测器的噪声会随着传输速率提高而增大。因此，如果信号功率仅满足以每秒 10^6 个脉冲的速率传输，那么它必须被放大 100 倍——以每秒 10^8 个脉冲的速率传输。而且，随着脉冲变短变密，通过光纤所产生的展宽也成为一项重要的限制因素。

为了方便计算，我们假定脉冲展宽不会超过连续脉冲间隔的一半。对于渐变型光纤，基于模式色散（路径长度差异）的脉冲展宽为每千米 10^{-9} 秒，这就意味着如果以每秒 10^9 个脉冲的频率传输，展宽则相当于脉冲峰值间的整个间隔。因此，为了保持半个间隔的展宽，信号频率不能超过每秒 5×10^8 个脉冲，这决定了传输频率的上限。如果我们选择近乎单色的激光源，那么由波长色散带来的脉冲展宽则可以忽略。

假若使用发光二极管光源，那么波长色散将成为信号速率的限制因素。原因在于，发光二极管的波长色散为每千米3.5×10^{-9}秒，比模式色散大3.5倍。为了保持脉冲展宽低于连续脉冲间隔的一半，发光二极管光源的信号频率应略低于激光光源频率的1/3，即每秒1.4×10^8个脉冲。如果要增加预设的传输距离，信号源的发射频率应当按比例减小。例如，若要实现10千米的传输距离，激光源频率将不得不下降10倍，降至每秒5×10^7个脉冲，这与在芝加哥配备的装置实际选用的频率近似（每秒4.47×10^7个脉冲）。这些简单计算说明了现今技术所达到的水平，并且对于各种不同容量、范围和装置复杂度的设计选择给予了一个大致介绍。在未来，这些科技还将取得显著进展。

全新的光导技术在众多领域中都显示出广阔的应用价值。例如，一根光纤便可轻松承载电视信号，这为娱乐和商业通信带来了新的机遇与可能。建筑物之间可通过轻巧的光纤连接，让内部通信服务成为可能。计算机各部分间也可通过光纤连接。而电话领域被认为是率先实现重要光导技术应用的领域。

在今天的大都市中，空间异常昂贵，为了降低费用，连接电话交换中心的铜缆都被埋在地下管道中。而地下管道的铺设会产生额外费用，增设新管道不仅花销大而且很不方便。容量高且占地需求小的光波通信系统，能够更好地利用现存的地下管道，从而推迟了对新建管道的需求。另外，因为在许多城市中，相邻交换中心的距离都小于7千米，光波系统可能无需使用放大器来增强线路上的信号强度。

在芝加哥装置安装完成之前，贝尔实验室和西部电气公司已于1976年在亚特兰大

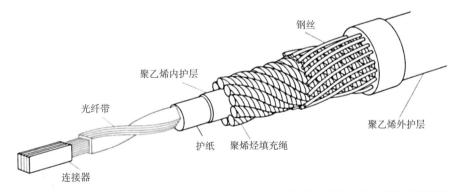

1976年在亚特兰大所使用的光导线缆中含有144根独立玻璃纤维，分为12根光纤带，每根光纤带含12根纤维。这些光纤带并排叠在一起，外围有若干层防护材料，其中含有用钢丝加固的聚乙烯护层。光缆的脉冲频率为每秒44.7兆个脉冲，一对光纤可传输672路双向语音通话信号、双向视频通话信号，或者其他相应信息容量的数据。光缆两端都有由工厂制造、借助精密夹具配对的连接器。

模拟环境下测试了光波系统的原型。这一原型系统包括两条640米长的光导线缆，其中每一条都含有144根纤维，并且通过标准地下管道铺设。测试中，实验人员还模拟了常见的城市电信环境。值得一提的是，在装置安装过程中没有一根纤维受损，在需要避免过度弯曲的牵引操作中，光导性能也未降低。在芝加哥的装置中，每对光纤的承载容量相当于672路双向语音通道。该系统使用的光源为镓铝砷激光，传输速率为每秒44.7兆比特。在接收端，光脉冲由雪崩光电探测器转换为电信号。

作为亚特兰大试验的一部分，一部分光纤的末端被连接在一起，制造出一条长达70千米的连续通信通路。在11个再生器或放大器的帮助下，在特定方向的一定时间内已实现了近乎无误差的信息传输。除了将发光二极管作为激光源的补充之外，芝加哥装置与亚特兰大试验系统并无太大差异。

除了关于未来光纤可以大幅降低损耗的期望之外，本文所描述的内容都是基于当前已经出现的技术。过去的经验告诉我们，科技的迅猛发展是毋庸置疑的。例如，许多企业和大学的研究人员正在进行集成光学实验，其中包括在薄膜内处理光信号的技术，这相当于光学领域内的微型集成电路。或许有一天，这种光学电路可以免除传输中通过放大器进行光脉冲与电信号相互转换的烦琐步骤。另外，直接交换光脉冲的理论及实验研究也正在进行，如果这一技术可以实现，交换中心将不再需要把光信号转化为电信号。接下来，光交换机就能取代目前使用的机电和电子交换设备，从而使得更快更密集的电话接通成为可能。

延续摩尔定律的新材料

> 我们用铅笔在纸上写字画画时，都会产生少量的石墨烯，这是当前自然科学和工程学中最热门的"新"材料。

撰文 / 安德烈·海姆 (Andre K. Geim)

菲利普·金 (Philip Kim)

翻译 / 汪长岭

审校 / 顾宁

本文作者之一安德烈·海姆因在石墨烯材料方面的卓越研究，获得 2010 年诺贝尔物理学奖。本文刊发于《科学美国人》2008 年第 4 期。

本文译者汪长岭，翻译本文时为东南大学生物科学与医学工程学院博士研究生，师从顾宁教授，研究方向为纳米电子学。

本文审校顾宁，教授，长江学者，时任东南大学生物科学与医学工程学院院长。

安德烈·海姆和菲利普·金都是凝聚态物质物理学家。他们潜心研究石墨烯这种仅有一个原子厚的"二维"晶体材料的纳米性质，并因在这一领域的成就，入选《科学美国人》2006年全球科技领袖。海姆是英国皇家学会会员、英国曼彻斯特大学物理学教授、曼彻斯特介观科学与纳米科技研究中心主任。他在俄罗斯切尔诺戈洛夫卡的固态物理研究所获得了博士学位。金在哈佛大学获得了博士学位，后来成为美国哥伦比亚大学的物理学副教授。他还是美国物理学会会员，主要研究方向是纳米材料中量子热电传送过程。

每个人都用过铅笔。虽然它很不起眼，但仔细研究一下，我们就会惊奇地发现，这种书写工具称得上高科技产品。在历史上，由于石墨在制造炮弹时的特殊作用，这种普通的铅笔曾经被视为军事战略物资，禁止出口。更让人意想不到的是，当我们用铅笔写字画画时，一种新型材料便出现在铅笔笔痕中了——尽管数量很少。这种新型材料就是石墨烯，它现在可是物理学和纳米科学中最热门的新型材料。

石墨烯来源于石墨，也就是铅笔中的"铅"。石墨是由碳元素形成的一种单质，由扁平的层状结构堆叠而成。几个世纪以前，人们就发现了石墨的层状结构。因此物理学家和材料学家们都很自然地尝试将这种矿物质一层层地剥离开，并给单独的一层起名叫"石墨烯"。石墨烯的几何结构非常简单：全部由单个碳原子排列组合而成，呈六边形网状结构，只有一个原子那么厚。

但多年以来，所有试图制备石墨烯的实验均告失败。最早，科学家想用化学剥离法制备石墨烯，即在石墨相邻的原子面之间（即层与层之间）插入各种各样的分子，以此达到层层分离的目的。尽管在某一瞬间，石墨烯几乎要被分离出来，但它们单独存在的时间过于短暂，科学家根本无法观察到它们。实验的最终产物通常是一团石墨浆，看上去就像潮湿的烟灰。屡遭失败后，人们就渐渐对这种化学剥离法心灰意冷了。

石墨烯

石墨烯是一种由碳形成的薄片，厚度仅相当于一个原子。很多层石墨烯堆叠起来，就得到了铅笔里的"铅"，即石墨。直到本文刊发前不久，物理学家们才分离制备出了这种材料。

这种碳单质具有完美的晶格结构，它在常温下的导电性超越了目前的所有材料。

基于石墨烯结构，工程师们构想出了许多创新性产品，例如超高速晶体管。物理学家也在不断研究这种材料，因为通过它可以测试一系列奇特现象，而这些现象以往只能在黑洞或高能粒子加速器中才能观察到。

科学家们并没有放弃，他们开始尝试一种更直接的方法：用石墨晶体跟其他物质摩擦，分离得到了由较少碳原子层构成的薄片。这种方法称为微机械剥离法。尽管看上去有些粗野，但它却非常有效。运用这种方法得到的石墨薄片，碳原子层数不到100，可以说是相当薄了。1990年，德国亚琛工业大学的物理学家制备的石墨薄片，甚至已经薄到能够透光了。

10年后，在美国哥伦比亚大学研究生张远波（Yuanbo Zhang）的协助下，本文作者之一菲利普·金改良了微机械剥离法，创造出一种高科技铅笔，我们称之为"纳米铅笔"。用纳米铅笔"写"出的笔痕，实际上就是一块仅有几十个碳原子层厚的石墨薄片（见第49页图）。然而，这样的石墨薄片还不是石墨烯——当时也没人能够想到，自然界真的会存在石墨烯。

2004年，设想终于成为了现实。本文另一位作者海姆，与他的博士后助手科斯佳·诺沃肖洛夫（Kostya S. Novoselov），以及英国曼彻斯特大学的同事们，在尝试过多种方法后制备出了更薄的石墨薄片样品。那时，几乎所有的研究小组都在尝试从炭灰中获得石墨烯，但海姆和他的同事们偶然发现了一种简单易行的新途径。他们强行将石墨分离成较小的碎片，从碎片中剥离出较薄的石墨薄片，然后用一种特制的塑料胶带粘住薄片的两侧，撕开胶带，薄片也随之一分为二。不断重复这一过程，就可以得到越来越薄的石墨薄片（见第50页图文框）。这样的薄片积累多了之后，研究者惊讶地发现，部分样品竟然仅仅由一层碳原子构成，也就是说，他们制出了石墨烯。更令人吃惊的是，近期的研究显示，石墨烯具有良好的晶体特性，能够在常温下保持化学稳定性。

石墨烯的问世引起了全世界的研究热潮。它不仅是所有已知材料中最薄的一种，还非常牢固和坚硬；此外，作为一种单质结构，它在室温下传递电子的速度比所有已知导体都快。全球各个实验室的工程师也都在研究这一材料，看能否将它制成各种产品，比如新型的超硬复合材料、精确的气敏元件，甚至量子计算机。

同时，石墨烯在原子尺度上的结构非常特殊，这为物理学家研究那些必须用相对论量子物理学才能描述的现象提供了可能。其中一些可以算是自然界中最奇特的现象，重要性甚至可以与天体物理学家和高能物理学家使用价值数百万美元的天文望远镜和价值数十亿美元的粒子加速器观察到的现象媲美。石墨烯的出现使研究人员在实验室里就能对相对论量子力学中的一些预言进行验证。

制备石墨烯

纳米铅笔的笔痕

制备只有一个原子厚的单层石墨样品（石墨烯）需要付出艰辛的努力。其中一种方法就是，将一块极其微小的石墨晶体黏附在原子力显微镜的悬臂梁上，我们可以把它视为一支"纳米铅笔"；然后用这支所谓的纳米铅笔在硅片上涂一下（左图），硅片上就留下了极薄的石墨烯（右图）。右图中的样品是经电子显微镜放大 6,000 倍后的照片。

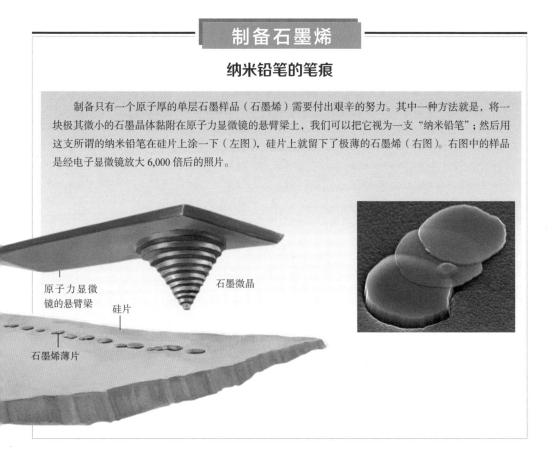

原子力显微镜的悬臂梁

石墨微晶

硅片

石墨烯薄片

自己动手做石墨烯

1. 以下步骤必须在无尘房间内完成。空气中飘浮的尘埃或头发将严重破坏石墨烯样品。

2. 准备好氧化硅基片，在它的帮助下，你可以通过显微镜观察石墨烯薄片。使用盐酸和过氧化氢混合液彻底地清洁基片，使基片表面平整，以便获得石墨烯。

3. 用镊子将石墨薄片附在约 15 ～ 16 厘米长的塑料胶带上。然后将胶带以 45° 角折叠过来，粘在薄片的另外一面上，石墨薄片就被胶带夹在了中间。小心翼翼地将胶带和石墨薄片压紧，然后慢慢地将胶带分开，石墨薄片就会被平稳地分成两片。

4. 重复第 3 步约 10 次。越到后面，这个步骤就越难以完成。

5. 小心翼翼地将分离开来的石墨样品连同附着的胶带一并放置在氧化硅基片上，使用塑料夹具逐渐下压，排出胶带和石墨样品之间的空气。用夹具轻轻夹住石墨样品，保持约 10 分钟。再用夹具固定住基片，同时慢慢地剥离胶带。这个步骤需要 30 ～ 60 秒的时间，它将最大限度地避免制得的石墨烯被撕碎。

石墨烯

6. 将基片放在物镜为 50 或 100 倍的显微镜下面。你也许会看到大量的石墨碎片，它们较大且有光泽，可能是任何形状和任意颜色（上图）。如果足够幸运，你会看到石墨烯，它非常地透明，有水晶一样的形状，几乎没有颜色（下图）。上图中的样品被电子显微镜放大了 115 倍，而下图中的样品被放大了 200 倍。

——明克尔（Minkel，网络新闻记者）

认识石墨烯家族

在我们的生活中，铅笔随处可见，但众所周知的石墨并没有在古代文明国家发挥重要作用。16世纪，英国人发现石墨在自然界中大量存在，但当时他们并不管这种物质叫"石墨"，而是称它们为 *plumbago*（拉丁文中指铅矿石）。英国人很快将石墨制成方便人们使用的形状，用它取代鹅毛笔和墨水来书写。这就是铅笔的雏形，它很快就在欧洲知识分子中流行开来。

直到1779年，瑞典化学家卡尔·舍勒（Carl Scheele）才发现，石墨并不是铅，而是碳。10年后，德国地质学家亚伯拉罕·戈特洛布·维尔纳（Abraham Gottlob Werner）建议将这种物质的名称改为石墨，即graphite，它在希腊文中是"书写"的意思。与此同时，军需品生产者还发现了这种易碎矿石的另外一种用途——在铸造炮弹时石墨是一种非常理想的模具内层材料。因此，在拿破仑战争期间，英国国王下令禁止向法国出口石墨和铅笔。

最近几十年，科学界又掀起了对石墨的研究热潮。科学家们在普通的石墨中发现了数种此前从未观察到的碳分子结构。其中最著名的一种结构类似于足球，因此被称为巴基球。它是在1985年由美国化学家罗伯特·柯尔（Robert Curl）、理查德·斯莫利（Richard E. Smalley），以及他们的合作者英国人哈里·克罗托（Harry Kroto）共同发现的。6年后，一位名叫饭岛澄男（Sumio Iijima）的日本物理学家发现了一种碳原子蜂窝状柱形结构——碳纳米管。尽管在20世纪80年代，很多研究者就报道过碳纳米管，但那时并没有发现这种结构的重大意义。上述两种分子结构都属于富勒烯。值得一提的是，富勒烯和巴基球的命名都是为了纪念美国一位富有想象力的建筑师兼工程师——巴克敏斯特·富勒（Buckminster Fuller），他在科学家发现这些碳分子结构之前，便提出了这样的结构概念。

六边形分子网格

石墨、富勒烯和石墨烯都由碳原子按同样的基本结构排列而成。每一个基本结构单元都有6个碳原子，它们紧密结合在一起，形成一个六边形，也就是化学里常说的苯环。

从结构层次来看，如果苯环是最基本的结构，那么石墨烯就是下一个层次，它是由许许多多的苯环相互拼接形成的一张薄片，看上去就像一张六边形的网格（见第52页图）。巴基球和其他一些非管状富勒烯类物质，都可以视为由石墨烯形成的原子尺度的球体或椭球体；碳纳米管则是由石墨烯卷成的一根微小圆柱；石墨是一种由多个石墨烯层重叠而成的三维物质，相对较厚，层与层之间结合力较弱——这种分子间的作用力称为范德瓦耳斯力。由于相邻的石墨烯层间作用微弱，石墨很容易被分离成极薄的薄片。当我们用铅笔写字时，纸上留下的字痕就是这些石墨薄片。

　　尽管科学家发现富勒烯的时间很晚，但实际上，它们早就存在于我们身边。烧烤架上的炭灰里就有富勒烯，不过数量不多。毫无疑问，石墨烯虽然一直未被发现，却同样存在于我们身边，比如在铅笔的笔痕之中。自从它们被发现后，科学界就对这些分子给予了极大的关注。

分子结构

各种石墨类物质的基本结构

　　石墨烯（下图最上面）是一种二维碳原子薄片，具有六边形晶格结构。我们通常用来描述石墨材料的层状结构中，像细铁丝网一样的单独"一层"就是石墨烯，它是组成石墨的基本结构。石墨（下图左列）就是铅笔中的"铅"，这种材料之所以易碎，就是因为各个石墨烯层之间的作用力很弱。如果石墨烯被卷起来形成圆形结构，则被称为富勒烯。其中蜂窝状结构的圆柱体称为碳纳米管（下图中间列），形似足球的分子称为巴基球（下图右列）。此外，还有各式各样由这两种结构组合而成的分子结构。

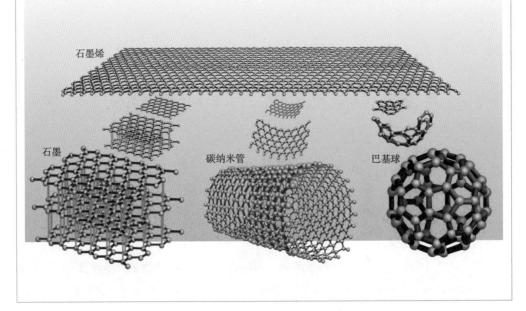

石墨烯

石墨　　　　　碳纳米管　　　　　巴基球

巴基球之所以著名，主要是因为它是新型基本分子中的一个典型例子。当然，它也有很多重要的应用，比如药物输送等。碳纳米管更是具有一系列新奇性质，包括化学特性、电子特性、机械特性，还有光学特性和热学特性等。这些性质将在我们的各项应用中引发一场大范围革新。它极有可能取代硅，成为制造微芯片的新材料；也可以被制成一种更轻、更结实的材料，来取代纤维。作为各种石墨形式的"母体"，石墨烯尽管在几年前才被人发现，但和碳的其他"家庭成员"相比，它的基本物理性质引起了人们更多的关注，也拥有更美好的应用前景。

例外中的例外

石墨烯有很多特性，其中两种使它异于其他材料。首先，尽管石墨烯的构造方式略显简单，不过由碳原子按六边形晶格整齐排布而成的碳单质使其结构非常稳定。迄今为止，研究者尚未发现石墨烯中有碳原子缺失的情况，也就是说六边形晶格中的碳原子全都没有丢失或移位。石墨烯完美的晶格结构源于各个碳原子间非常柔韧的连接。这使得该材料既比钻石还坚固，同时在被施加外部机械力时，其中的碳原子面又能够弯曲变形。这样的柔韧性使得该结构可以通过形变，而不必使碳原子通过重新排列来适应外力，也就保持了结构的稳定性。

这种稳定的晶格结构使石墨烯具有优良的导电性。石墨烯中的电子在轨道中移动时，不会因晶格缺陷或引入外来原子而发生散射。由于原子间作用力非常强，在室温下，就算周围碳原子发生挤撞，石墨烯中的电子受到的干扰也非常小。

接下来，我们看看石墨烯的第二个特性。石墨烯中的导电电子不仅能在晶格中无障碍地移动，而且速度极快，远远超过了电子在金属导体或半导体中的移动速度，就好像它们比正常电子轻很多一样。实际上，石墨烯里的电子也许用"电荷载流子"这个术语来描述才更为恰当。它们仿佛是生活在另一个奇异世界中的古怪生物，那个世界里的物理规律与相对论量子力学十分相似。石墨烯的内部结构是独一无二的，到目前为止，人们还未发现第二种物质具有这样的结构。正是由于这种由铅笔芯引出的新型材料的发现，使相对论量子力学摆脱了宇宙学和高能物理学的束缚，正式走进实验室。

量子电动力学走进实验

石墨烯的结构很有规律，电子在里面畅通无阻。由于运动速度极快，传统的量子力学无法描述它们的表现。这时，就需要用到相对论量子力学，也叫做量子电动力学。量子电动力学提出了很多与众不同的预言。迄今为止，它所预言的现象也只能在一些极端环境下，如黑洞、高能粒子加速器中，才能被观察到。石墨烯的出现，使科学家们在实验室里就能验证量子电动力学中的一个不可思议的预言——量子隧道效应。

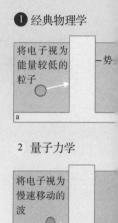

❶ 经典物理学

将电子视为能量较低的粒子

我们先看看粒子在经典物理学（或叫牛顿物理学）里的场景。一个能量较低的电子（图1a中的绿球），可以看成一个普通粒子，位于能量较高的势垒的一侧。当它遇到势垒的时候，如果能量不足以让它爬升到势垒的顶端，就只有继续呆在这一侧（图1b），就像山谷里一辆没有汽油的卡车，面对面前的山坡无可奈何。

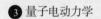

2 量子力学

将电子视为慢速移动的波

再来看看经典量子力学里的情况。在这一理论中，在某种程度上可以将电子视为分布在空间各处的波。这些波大致描述了在空间和时间的某一点上找到这个电子的概率。当这个"慢速移动"的波（图2b中蓝色的波）接触到势垒的时候，它有可能以某种方式穿透过去，到达势垒的另一侧（图2b）。在势垒另一侧找到这个电子的可能性既不为零，也不会是百分之百。从效果上来看，就像是部分电子通过隧道穿越了势垒。

❸ 量子电动力学

将电子视为高速运动的波

对于石墨烯中的电子波（图3a中橘黄色的波）以极快的速度运动到势垒前的情况，量子电动力学给出了一个更加令人吃惊的预言：电子波能够百分之百地出现在势垒的另外一侧（图3b）。而我们观察到石墨烯具有超强的导电能力，似乎也证实了这一预言。

推进物理学的碳平面

为了直观体现石墨烯中电荷载流子不可思议的性质，我们对比了电子在普通导体中的移动方式。尽管电流中的电子通常被称为"自由"电子，但其实金属材料中的电子并非完全自由，电流里电子的移动方式和电子在真空中的移动方式并不完全相同。电子带有负电荷，当它们通过金属从一个地方移动到另一个地方之后，原来那个地方的金属原子就会有电荷缺失。因此，当电子在晶格内移动时，就会和由它们自身产生的静电场相互作用。静电场会用一种复杂的方式对这些电子反复施加拉力和推力。最终的结果就是，对于移动中的电子，其质量似乎发生了变化，与正常情况下的质量有一定差异。科学上把电子受到影响后表现出来的新质量称为有效质量，物理学家又把这种电荷载流子称为准粒子。

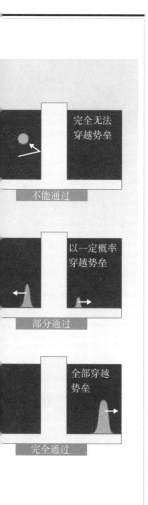

这些带有一个负电荷的准粒子，移动速度比光通过金属导体时的速度慢很多。因此，在解释它们的运动时，不需要用到爱因斯坦的相对论——相对论只在研究移动速度接近光速的物质时才会有明显效果。相反，这种在导体中运动、与静电场相互作用的准粒子，可以用牛顿的经典力学和普通量子力学来描述。

当电子通过石墨烯中由碳原子构成的六边形晶格网时，它们就变成了一种准粒子。令人惊讶的是，这种在石墨烯中运输电荷的准粒子，性质与电子有很大的区别。事实上，和这种准粒子最相似的是另一种基本粒子——中微子，它几乎没有质量。从中微子的名字可以看出，它是电中性的，而石墨烯中的准粒子却携带了和电子一样的电荷。由于中微子以近乎光速的速度运动，因此无论是它的动能还是动量，都必须通过相对论来描述。类似地，在石墨烯中，准粒子也以恒定的高速运动，速度为光速的1/300左右。虽然在运动速度上和中微子相差甚远，但这种准粒子的性质和中微子的相对论特性非常相似。

普通的非相对论量子力学无法准确描述石墨烯中相对论性准粒子的运动。物理学家必须在现有理论基础上建立一套更加复杂的理论框架——相对论量子力学，现在也被称为量子电动力学。这套理论拥有一套特有的术语，核心就是狄拉克方程，这个方程是英国物理学家保罗·狄拉克（Paul A. M. Dirac）在20世纪20年代首次提出的，理论物理学家因此也把在石墨烯中运动的电子称为无质量狄拉克准粒子。

凭空产生的粒子

不幸的是，在解释量子电动力学的时候，那些固有的直观感觉不可避免地会跳出来干扰我们的思维。也许量子电动力学永远让人觉得很别扭，但我们必须去熟悉它，熟悉那些看似矛盾的现象。量子电动力学中的矛盾常常源于这样一个事实：相对论性粒子总是和它们的反粒子形影相随。电子的反粒子是正电子，它和电子质量相同、电荷相反。正反粒子对可以在相对论性条件下产生，因为对于一个运动速度极快的高能物体来说，创造一对"虚粒子"几乎消耗不了多少能量。不可思议的是，虚粒子对是在真空中凭空产生出来的。

为什么会这样呢？我们可以用量子力学中的海森堡不确定性原理来解释：大致说来，对于某一事件发生的时间和涉及的能量，我们对其中之一（时间）知道得越精确，对另外一个（能量）的了解就越不精确。在极短的时间里，能量可以为任意值。根据爱因斯坦著名的质能方程 $E = mc^2$，能量等同于质量。因此，等同于一个粒子质量的能量和该粒子的反粒子可以从虚无中产生。一对正负虚电子可以从真空中"借取"能量，在转瞬间实现"无中生有"。不过它们很快就会湮灭，把借来的能量"归还"给真空。整个过程非常短暂，目前还无法探测到。

量子电动力学中这种真空的有趣而奇特的动力学性质，会产生许多非常奇特的效应，比较著名的就是克莱因佯谬。在克莱因佯谬描述的环境里，相对论性物体可以通过所有势垒，不管势垒有多高或多宽（见第54、55页图文框）。举个例子来说，中间有一块谷地，周围都是高山，这就是最常见的势垒了。一辆卡车从山脚驶向山顶，它就获得了势能，同时也消耗了由汽油燃烧所提供的能量。当卡车到达山顶后，它不借助发动机，挂着空挡就可以滑下山去，它此前获得的势能就转换成了卡车向下滑行的动能。

测试奇特预言的工具

粒子也可以很容易地从势能相对较高的地方移动到势能较低的地方，就像卡车从山顶向下滑行一样。但如果一个粒子位于低势能的"谷地"，而周围都是高势能的"山峰"，这个粒子就会像耗尽汽油的卡车，无法逃出山谷。在普通非相对论量子力学里，汽车和山峰就是对上述情景的一个放大而形象的比喻。本文前面曾提到海森堡不确定性原理，它还有另外一种表述方式，按照这种表述，确定粒子的实际位置是做不到的，物理学家因此用概率来描述粒子的位置。由此可以得出一个奇怪的推论：即使低能量粒子看上去好像被势垒"拦截"而无法通过，我们仍然有可能在势垒的另一侧发现该粒子的身影。如果我们发现了它，那么这种粒子通过能量势垒的诡异过程就称为量子隧道效应。

在非相对论量子隧道理论中，低能粒子穿透高能势垒的概率会根据情况发生变化，但可能性永远不会是100%。随着势垒变高变厚，穿越的可能性也随之减小。但克莱因佯谬彻底改变了量子隧道的性质。克莱因佯谬认为，相对论性粒子可以很轻易地穿越又高又厚的势垒，成功率高达100%。粒子遇到势垒时，就会与它的反粒子成对。之所以称之为反粒子，是因为它对世界的感受与正常相反。真实世界里的山峰，在反粒子看来就成了山谷。反粒子很容易就通过了这个反物质世界的"山谷"，到达势垒的另外一边后，再变回普通粒子，看上去就跟没有遇到障碍似的。即使对于许多物理学家来说，量子电动力学里的这些预言看上去也是极度不合常理的。

这样一个古怪的预言迫切需要实验证明，但在很长一段时间里，科学家都不清楚克莱因佯谬到底能不能得到检验，哪怕仅仅在理论上得到检验。现在，石墨烯中的无质量狄拉克准粒子终于证实了这一预言。在石墨烯中，克莱因佯谬所描绘的现象很容易被观察到。事先在一片石墨烯晶体上人为施加一个电压，也就是电势差（相当于一个势垒），当携带电荷的无质量狄拉克准粒子在晶体中移动时，实验人员就可以测定这种材料的电导率。一般认为，增加了额外的势垒和势界，电阻也会随之增加，但事实并非如此，因为所有的粒子都发生了量子隧道效应，通过率达100%。研究人员已经开始测量粒子通过不同高度的势垒时产生的电流。物理学家还希望，石墨烯能够帮助他们证明量子电动力学所预言的其他一些奇特现象。

真的是二维平面吗？

现在就断言石墨烯的应用前景还为时过早。但10多年来，科学家对碳纳米管（石墨烯卷起来形成的无缝中空的碳管）的研究，为石墨烯的应用开了一个好头。我们有理由

应用领域

基于石墨烯特性的电子技术

科学家们希望能用石墨烯制造出各种各样的产品。尽管相关工作才刚刚展开，但我们可以预见，基于石墨烯技术的产品种类将非常丰富。下面为大家介绍其中两个主要应用方向。

单电子晶体管

纳米尺度的石墨烯平面可以构成一个单电子晶体管，又叫量子点晶体管（右侧上图）。

在这幅示意图上，我们可以看到两个电极，包括一个源极和一个漏极，它们由导电材料（即量子点）形成的"孤岛"连接起来。这个孤岛极其微小，大约只有 100 纳米宽。看一下我们用电子显微镜将单电子晶体管放大了 40,000 倍的照片（右侧中图），中间那个蓝色小点就是所谓的孤岛。

孤岛非常小，以至于在同一时刻，岛上只能容纳一个电子，而且由于静电排斥的存在，旁边的电子都无法靠近。从源极出来的电子通过孤岛来到漏极，这都是量子隧道效应的作用。施加在第三个电极，即栅极（图片上没有出现）上的电压，控制着电子的上岛和下岛，因此要么有一个电子被寄放在岛上，要么没有，这被记为 1 或 0。

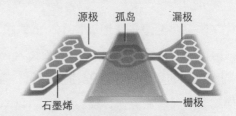

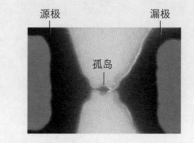

复合材料

复合材料由两种（或多种）互补的材料复合而成，可以同时具备两种材料的性质。通常情况下，一种材料为基体，另一种材料为增强体，一般基体为主要成分。例如玻璃纤维船壳，就是在塑料中加入结实的玻璃纤维制成的。

研究者正在对一些新型复合材料的物理性质进行测试。这些材料中都添加了基于石墨烯的材料，例如石墨烯氧化物（通过化学方法对石墨烯进行修饰而成的一种材料，结构坚固且硬度高），这样制得的聚合物强度较以前大有提高。

与石墨烯相比，石墨烯氧化物"薄片"（右侧下图中嵌入部分）的制取相对容易，而且也许很快就会应用于叠层复合材料（右侧下图背景）中。图中的定标线条为 1 微米。

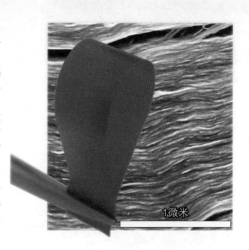

相信，在碳纳米管能派上用场的地方，它的"扁平兄弟"——石墨烯也能大显身手，甚至有些人已经在石墨烯领域投入了巨额资金。石墨烯各种各样的应用前景，使得我们必须实现它的规模化生产。目前，多个技术研究小组都在致力于改进石墨烯的生产技术，以提高产量。尽管粉末状的石墨烯已经实现量产，但制备片状石墨烯还非常困难。从这个角度来讲，片状石墨烯可能是世界上最昂贵的材料了：一片通过微机械剥离法制得的石墨烯微晶，还不及人类一根头发丝粗，价格就超过1,000美元。美国和欧洲的多家研究机构，例如美国佐治亚理工学院、加利福尼亚大学伯克利分校和西北大学等，都通过使用类似于半导体产业中经常采用的技术，在碳化硅基片上生长出了石墨烯薄片。

与此同时，全世界的工程师都在努力研究石墨烯，挖掘它所特有的、非常理想的物理学和电子学性质（见第58页图文框）。石墨烯的表面积与体积之比非常高，很容易被制成坚韧的复合材料；石墨烯极薄，可以制成更加高效的场发射器——一种能在强电场环境中释放电子的针状设备。

给石墨烯施加电场，就可以对它的性质进行微调，从而改良超导材料，或制造所谓的"自旋晶体管"和超灵敏化学检测器。由多层石墨烯叠合而成的薄膜，还可以作为一种透明导电涂层，在液晶显示器和太阳能电池中广泛应用。实际应用远远不止上述这些，我们期待在不久的将来，其中一些应用设计能够上市。

延长摩尔定律的寿命？

石墨烯的用途非常广泛，特别值得一提的一个工程应用方向就是以石墨烯为基础的电子器件。我们一直在强调，石墨烯中电荷载流子的移动速度非常快，而且当它和晶格中的原子发生散射或碰撞时，也只会损失相对较少的能量。这些性质使得石墨烯非常适合用来制造所谓的"弹道晶体管"——一种有着超高振荡频率的器件，比现有的所有晶体管都快得多。

石墨烯能否使得摩尔定律在微电子工业中延续下去？这是人们目前关注的焦点。戈登·摩尔（Gordon Moore）是电子工业的先驱，40多年前，他指出单位面积上可容纳的晶体管数目，大约每隔18个月便会增加1倍。但由于晶体管的尺寸总

摩尔定律

英特尔集团创始人之一戈登·摩尔经过长期观察，在 1965 年提出，集成电路单位面积上可容纳的晶体管数目，大约每隔 1 年便会增加 1 倍，性能也将提升 1 倍。1975 年，摩尔修正了该周期，由 1 年改为 2 年。后来，这一周期再次被修正为 18 个月，并得到广泛认可。但摩尔在接受《科学美国人》采访时说，"18 个月"这一周期并非他本人提出。

是有极限的，科学家曾多次宣布集成电路小型化的道路总会走到头。石墨烯具有良好的稳定性和超强的导电能力——甚至在纳米尺度上也是如此。利用这些特性，人们可以制造出尺寸远远小于10纳米，甚至只有一个苯环那么大的单个晶体管。我们可以想象，在未来，整个集成电路都可以在单层石墨烯薄片上刻蚀出来。这样，

摩尔定律就能够延续了。

无论怎样，我们将在未来几十年中，充分享受这种只有一个原子厚的理想材料带来的种种便利。工程师们还将继续为大家带来基于石墨烯的更多创新性产品，物理学家也将进一步研究它的奇异量子特性。几个世纪来，普普通通的铅笔中竟然隐藏了这么多秘密，好在我们终于发现了这种让人惊叹的美妙材料。

扩展阅读

Electrons in Atomically Thin Carbon Sheets Behave Like Massless Particles. Mark Wilson in *Physics Today*, Vol. 59, pages 21–23; January 2006.
Drawing Conclusions from Graphene. Antonio Castro Neto, Francisco Guinea and Nuno Miguel Peres in *Physics World*, Vol. 19, pages 33–37; November 2006.
Graphene: Exploring Carbon Flatland. A. K. Geim and A. H. MacDonald in *Physics Today*, Vol. 60, pages 35–41; August 2007.
The Rise of Graphene. A. K. Geim and K. S. Novoselov in *Nature Materials*, Vol. 6, pages 183–191; 2007.
Andre K. Geim's Mesoscopic Physics Group at the University of Manchester: **www.graphene.org**

从减速
到加速

宇宙的膨胀从何时起由减速变为加速？远距离的超新星为我们提供了关键线索。

撰文 / 亚当·里斯 (Adam G. Riess)
　　　迈克尔·特纳 (Michael S. Turner)

翻译 / 李想

本文作者之一亚当·里斯因观测远距离超新星而发现宇宙加速膨胀，获得 2011 年诺贝尔物理学奖。本文刊发于《科学美国人》2004 年第 2 期。

Ia 型超新星就像图中的这些灯泡，它们可以帮助天文学家们测算出宇宙中的距离。

亚当·里斯和迈克尔·特纳可谓探究宇宙膨胀史的引路人。里斯是美国太空望远镜科学研究所（哈勃空间望远镜的科学总部）的天文学副研究员兼约翰斯·霍普金斯大学的物理学、天文学副教授。1998年，高红移超新星搜寻小组发表了关于发现宇宙加速膨胀的论文，里斯便是这篇文章的第一作者。特纳是芝加哥大学劳纳杰出贡献教授，也是美国国家科学基金会数学及物理学副主任。1995年，特纳同他人共同发表的文章预言了宇宙的加速膨胀。"暗能量"一词也是由他创造的。

从牛顿时代到20世纪90年代末，引力的典型特征都一直在这个"引"字上。是引力把我们"吸在"地表，是引力拉住抛向天的棒球，还是引力把月亮"拴在"环绕地球的轨道上。引力确保了我们的太阳系不会分崩离析，也将无数的星系团汇聚到一起。尽管引力在爱因斯坦的广义相对论中既可以是吸引力也可以是排斥力，但大部分物理学家仅认为这在纯粹理论上可能成立，与今天的宇宙无关。直到最近，天文学家们才满心期待，希望看到引力减慢宇宙的膨胀。

然而在1998年，研究人员发现了引力作为排斥力的一面。在对远距离超新星（在极短时间内爆发的恒星，有100亿个太阳那么亮）的细致观测中，天文学家发现超新星的亮度要比预期的微弱。一个最合理的解释是，数十亿年前恒星爆炸所释放的光线穿越的距离比理论学家预测的距离远。反过来，这意味着宇宙的膨胀正在加速，而非减速。面对

概述：宇宙膨胀

● 1998年对遥远超新星的观测显示，宇宙的膨胀速度正在加快。在这之后，天文学家们逐步达成宇宙在加速膨胀的共识。

● 通过对更遥远超新星的观测，研究人员找到了在加速膨胀之前还曾存在减速期的证据，这与宇宙学的理论相符。

● 确定膨胀从减速转为加速的时间将揭示暗能量的性质，以及宇宙最终的命运。

如此具有颠覆性的发现，一些宇宙学家认为，超新星亮度的降低另有原因，比如星系间尘埃的遮挡。但在本文刊发前的几年间对更远距离超新星的研究已经确认了宇宙膨胀的加速。

问题在于，宇宙是从一开始就在加速膨胀吗？或者，这仅仅是近期才出现的一个变化，比如50亿年前左右？这个问题的答案关系重大。如果宇宙的膨胀一直在加速进行，那么科学家就不得不彻底修改他们对宇宙演化的认识；但如果像宇宙学家们所期望的，加速是一个近期事件，那么就可以通过研究膨胀是在何时，以怎样的方式开始加速来确定缘由，也许还能借此回答一个更大的问题——宇宙的命运。

两个巨人的搏斗

1929年，天文学家埃德温·哈勃（Edwin Hubble）观测到其他星系正远离我们，宇宙正在膨胀。哈勃发现，距离我们越远的星系退行速度越快，这一现象符合哈勃定律（相对速度等于相对距离乘以哈勃常数）。按照爱因斯坦的广义相对论，哈勃定律源自于空间的均匀膨胀，仅意味着宇宙变得更加广阔了而已（见第65页图）。

按照爱因斯坦的理论，作为一种吸引力，引力这个概念适用于所有已知的物质和能量形式，即使在宇宙尺度上也是如此。因此，广义相对论预测宇宙的膨胀会以某一速率逐渐减慢，这个速率取决于宇宙所包含的物质密度和能量密度。但广义相对论同样允许具有奇异性质的能量存在，这种能量将产生具有排斥性的引力（见第66页方框）。宇宙膨胀正在加速而非减速这一发现，显然揭示了这种能量形式的存在，它便是暗能量。

宇宙膨胀是加速还是减速取决于两个巨人间搏斗的胜负：物质间相互吸引的引力和暗能量产生的具有排斥性的引力。在这场搏斗中起关键作用的是它们各自的密度。物质的密度随着宇宙膨胀而减小，这是因为空间体积增大了。构成发光恒星的物质仅占宇宙的一小部分，而大部分则被认为是暗物质。暗物质无论与普通物质还是与光的相互作用都难以察觉，但仍受引力（吸引性）的作用。尽管对暗能量知之甚少，但宇宙学家认为，暗能量密度不会随着宇宙的膨胀而改变，或者只会缓慢改变。现在，暗能量的密度已经超过了物质的密度。但在遥远的过去，物质的密度应该会大得多，宇宙的膨胀也应处于减速的状态（见第69页右图）。

膨胀的空间

　　想象一下，在宇宙还只有其现在一半大的时候，一颗远距离超新星在星系中爆发了（左上图）。爆炸释放的射线到达我们所在的星系时，它的波长已经增加 2 倍，它在光谱中的位置也向红光方向移动了一段（右上图）。（需要注意的是，图中的星系并不是按比例绘制的，它们之间的实际距离要比图中的距离大得多。）假如宇宙的膨胀在减速，那么超新星将比理论预测更近也更亮；而如果膨胀是加速的，那么超新星就会显得更远也更暗（左下图）。

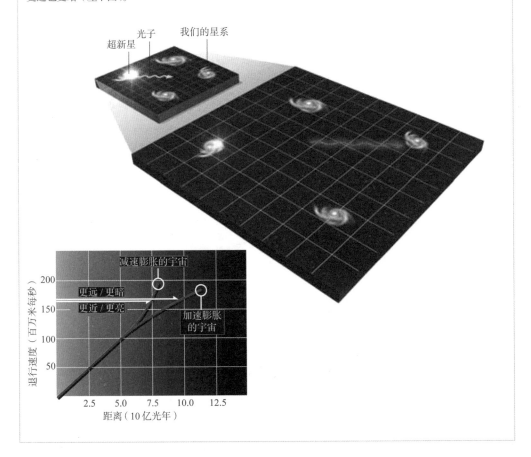

　　出于其他考虑，宇宙学家们并不希望宇宙的膨胀一直以来都呈加速状态。如果真是这样，科学家就很难解释宇宙为何是今天这个样子了 。按照宇宙学的理论，星系、星系团甚至更大的宇宙系统都是由早期宇宙中微小的物质密度不均匀演化而来的，这一点已经通过宇宙微波背景上的微小温度起伏证实。高密度的物质区域用它强大的吸

引力具有排斥性？

按照牛顿的理论，引力总是具有吸引性的，其大小由受力物体的质量决定。爱因斯坦的理论则认为引力（吸引力）的大小还由物体的构成所决定。对于物质的构成，物理学家则用物质的内压力表征。一个物体的引力正比于它的能量密度加上 3 倍压力。比如，我们的太阳是一个具有正压力的（压力方向指向球壳外）、滚烫的气态球体。由于压力随温度的升高而增大，所以太阳的引力就要比同等质量但温度较低的气态球体稍大一些。另一方面，光子气体的压力等于能量密度的 1/3，所以其引力的大小就是同等质量的低温物体的 2 倍。

暗能量的特征是具有负的内压。（类似胶皮这样的弹性物质也具有负压，或者说指向物体内部的压力。）如果压力值降到能量密度的 −1/3 以下，那么根据能量密度加上 3 倍压力所计算得到的引力就将是一个负值，引力也就变成了一种排斥力。量子真空的内压大小是其能量密度的 −1 倍，所以真空的引力就表现为一股强大的排斥力。在其他关于暗能量的假说中，暗能量的内压大概在 −1/3 到 −1 倍能量密度之间。它们中的一些已经被用来解释暴涨期——宇宙加速膨胀中非常早的一个时期，另一些则有望解释暗能量是如何推动目前观测到的加速膨胀的。

引力止住了扩散，由此形成了引力束缚的天体——无论是我们所居住的银河系还是巨大的星系团。但如果宇宙的膨胀自始至终都在加速，那么任何系统在形成之前就会被膨胀摧毁。不仅如此，早期宇宙的两个重要特征——宇宙微波背景辐射的涨落以及在大爆炸数秒后形成的丰富的轻元素——都将与现有的观测结果不同。

虽然如此，找到直接的证据证明之前曾有过缓慢膨胀的时期意义重大。这类证据将有助于科学家证实标准的宇宙学模型，并为宇宙目前加速膨胀的根本原因找到线索。通过望远镜收集来自遥远恒星和星系的光线以回溯过去，天文学家便可利用遥远的天体探索宇宙膨胀的历史。这段历史就藏在星系的距离与退行速度的关系之间。如果膨胀减慢，那么远距离星系的退行速度将比哈勃定律所预测的更大。反之，如果膨胀加速，那么远距离星系的退行速度将低于预测值。换一种说法就是，如果宇宙加速膨胀，那么具有特定退行速度的星系离我们的距离将比哈勃定律预测的更远，其亮度也会比预测值更低（见第65页下图）。

寻找超新星

要利用这种简单的事实进行判断，就得找到一类具有已知内禀光度（天体每秒向外释放的辐射量）且远隔大半个宇宙也能观测到的天体——名为Ia型的超新星就非常适合。即便远在半个可见宇宙之外，这类恒星爆炸也能被陆基望远镜观测到，更不用说哈勃空间望远镜了。在本文刊发前的10年里，研究人员仔细地校对了Ia型超新星的内禀光度，这样就可以通过测量视亮度来确定它们的距离。

利用超新星所在星系发出的光线，天文学家可以通过测算红移来推算超新星的退行速度。如果一个天体正离我们远去，那么它所辐射的光线的波长便会变长。比如，一束光线是在宇宙只有目前一半大小的时候发出的，那么我们观测到的波长就将是它原本波长的2倍，会显得更红。通过大量测定不同距离的超新星的红移和视亮度，研究人员就能得到宇宙膨胀的信息。

不幸的是，Ia型超新星非常罕见，在银河系这样的星系中，平均几个世纪才会出现一次。搜寻超新星的方法便是对同一天区（包含数千个星系）重复拍摄并比较照片。如果在一幅照片中出现了之前没有过的短暂光点，那么它就有可能是超新星。1998年，两个研究小组在观测超新星的过程中得到了宇宙膨胀的线索，该超新星大约爆发于50亿年前，那时宇宙的大小只有现在的2/3。

不过仍有科学家质疑上述研究小组对超新星数据的分析。除了宇宙在加速膨胀外，还有没有其他原因可以导致超新星的亮度低于预测值呢？星系间弥散的尘埃也可能让超新星的亮度变暗。另一种可能是早期超新星发出的光线本身就比较暗，因为当时宇宙的化学构成与今天的并不相同，那时由恒星核反应所释放的重元素并没这么丰富。

幸好这些相互矛盾的假说是可以验证的。如果超新星亮度低于预测值是出于天体物理原因（比如随处可见的尘埃的遮挡，或者早期超新星本身就比较暗弱），那么变暗的程度应随着天体红移增加。但如果变暗是宇宙近期加速膨胀造成的，且之前还存在一段减速期的话，那么来自减速期超新星的光线应相对亮一些。当宇宙小于它目前大小的2/3时，对超新星爆炸的观测将告诉我们哪一种假说是正确的。（当然，还有可能，某种未知的天体物理现象既符合加速造成的影响，也与减速的影响效果一致，但科学家普遍不赞成这种略显武断的解释）。

然而，寻找如此古老且遥远的超新星并非易事。在宇宙只有目前一半大小的时候，恒星爆炸所形成的超新星的亮度仅有天狼星（夜空中最闪亮的那颗恒星）的百亿分之一。要观测这样的天体，陆基望远镜就不再可靠了，不过哈勃空间望远镜是可以信赖的。2001年，我们的成员之一里斯宣布，空间望远镜在重复观测中意外地发现了一颗极其遥远的Ia型超新星（命名为"SN 1997ff"）。在确定了恒星爆炸的光线红移之后，这颗爆发于100亿年前（也就是宇宙仅有目前1/3大小时）的超新星要比尘埃假说所预测的亮很多。这是减速期存在的第一个直接证据。我们相信，更多高红移超新星的观测将能提供确凿证据，并确定出从减速到加速的转折点。

2002年，一台名叫"高级巡天照相机"的新型成像仪安装到了哈勃空间望远镜上，哈勃空间望远镜从此成为了名副其实的超新星猎手。里斯领导的小组力求借助大天文台宇宙起源深空巡天计划，发现所需的超远距离Ia型超新星。研究小组最终找到了6颗诞生于至少70亿年前（那时的宇宙还不到目前的一半大小）的超新星。这些超新星连同SN 1997ff，是目前已发现的距离我们最遥远的Ia型超新星。观测证实了早期减速期的存在，并将从减速变为加速的这个时间点定位于约50亿年前（见第69页左图）。这个结果与理论的预测一致，让宇宙学家们很受鼓舞。宇宙的加速膨胀曾是一个让人意外的新难题，但这让我们有机会重新认识我们以为已经理解的宇宙。

宇宙的命运

远古的超新星还为我们提供了关于暗能量（宇宙加速膨胀的根本原因）的新线索。暗能量效应最可能的解释是真空能量，它在数学上相当于爱因斯坦于1917年提出的宇宙学常数概念。当时爱因斯坦试图建立一个静态的宇宙模型，于是他引入了一个"宇宙学假想因子"，以平衡物质间相互吸引的引力。在这一模型框架下，因子的密度应是物质密度的一半。而要让宇宙达到所观测到的加速状态，因子的密度就应是物质密度的2倍。

这些能量密度从何而来？根据量子力学不确定性原理，真空中充斥着粒子。这些粒子从虚空中借来时间和能量，随生即灭。但当理论学家计算量子真空的能量密度时，得到的数值却是异常大，大出了至少55个数量级。如果真空能量密度真有这么大，宇宙中所有的物质将立即分崩离析，星系也永远不可能形成。

这被认为是理论物理遭遇的最大窘境，但其实也可能是个极好的机会。虽然重新计算的结果有可能符合宇宙的加速膨胀的观点，但许多理论物理学家仍相信，在引入新的对称原理后，正确的计算应使量子真空的能量归零，因为即使是量子概念上的"无"也意味着权重为零。如果事实如此，那么宇宙的加速膨胀就另有原因。

理论物理学家们提出了五花八门的方案，有其他的隐藏的新维度，还有自然界中有时被称为第五元素的某种新的场。总的来说，这些假说都认为暗能量的密度并不是恒定的，而是会随着宇宙的膨胀逐渐减小。（不过也有人提出，暗能量的密度其实是随着宇宙的膨胀在增大的。）其中最激进的想法是，暗能量根本不存在，爱因斯坦的引力理论必须加以修改。

转折点

最近对远距离超新星的观测表明，在宇宙开始加速膨胀之前还存在着一个减速期（左图）。天文学家发现，如果宇宙始终在膨胀，或者星系间存在尘埃，那些红移大于 0.6 的 Ia 型超新星会比实际观测的更加明亮（图中每个点是具有相近红移的超新星的平均值）。结果显示，宇宙膨胀由减速变为加速的转折点大致是在 50 亿年前。如果天文学家能更精确地确定这一转折的时间，我们也许就能了解暗能量的能量密度是如何随时间演变的，或许还能弄清暗能量的本质（右图）。

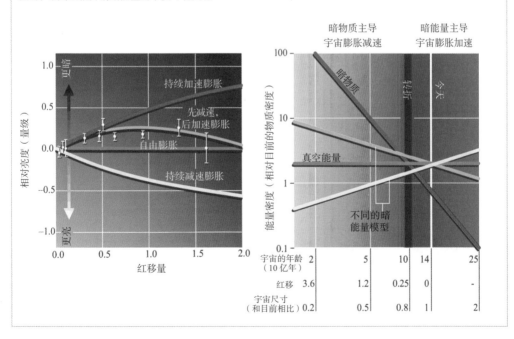

69

　　不同的理论模型对应不同的暗能量密度变化规律，也就有着不同的转折点，即宇宙膨胀由减速变为加速的时间点。与认为暗能量密度保持不变的理论相比，暗能量密度随宇宙膨胀而减小所对应的转折时刻应来得更早些。即使是引力本身经过修改的模型也给出了明确的转折时刻。最近的超新星观测结果与假设暗能量密度为常数的理论相符，同那些暗能量密度在变化的模型也并不冲突，只有那些认为暗能量密度变化幅度很大的模型被排除了。

　　为了缩小理论范围，哈勃空间望远镜继续收集超新星的数据，以确定过渡期的具体细节。虽然只有空间望远镜有能力探索宇宙膨胀的早期历史，但仍有数个陆基望远镜项目力图提高对近期宇宙加速膨胀的测量精度，以求揭示暗能量的物理性质。其中最为雄心勃勃的项目要数由美国能源部协同美国国家航空航天局提出的联合暗能量任务（JDEM）。JDEM是一台专门用于寻找并精确测量上千颗Ia型超新星的广域空间望远镜，直径为2米。它有望在下一个10年内发射升空，在那之前，探测遥远恒星爆发的任务只能交给哈勃望远镜。

　　揭开宇宙加速膨胀的面纱意味着确定宇宙的命运。如果暗能量密度是一个常数，或者随着时间在增长，那么大约在1,000亿年后，除了几百个星系外，所有星系都将因为红移得太厉害而无法被看到。但如果暗能量的密度在减小，物质再次主导宇宙，那我们宇宙的边界将再次拓展，我们会看到更广阔的宇宙。更加极端也更加致命的未来也依然是可能的。如果暗能量密度不减反增，宇宙将最终开始"玩命地加速"，星系、太阳系、行星乃至原子核都会一个接一个地被撕碎。而如果暗能量密度跌成负值，那么我们的宇宙将再次坍塌。唯有弄清暗能量的本质，方可预见我们宇宙的未来。

扩展阅读

Do Type Ia Supernovae Provide Direct Evidence for Past Deceleration of the Universe? Michael S. Turner and Adam G. Riess in *The Astrophysical Journal*, Vol. 569, Part 1, pages 18–22; April 10, 2002. Available online at **arXiv.org/abs/astro-ph/0106051**

The Extravagant Universe: Exploding Stars, Dark Energy and the Accelerating Cosmos. Robert P. Kirshner. Princeton University Press, 2002.

Connecting Quarks with the Cosmos. Committee on the Physics of the Universe, National Research Council. National Academies Press, 2003.

Is Cosmic Speed-Up Due to New Gravitational Physics? Sean M. Carroll, Vikram Duvvuri, Mark Trodden and Michael S. Turner in *Physical Review Letters* (in press). **arXiv.org/abs/astro-ph/0306438**

囚禁离子
实现量子计算

> 在构建用单个原子来执行计算的超强计算机的道路上，研究人员已经迈出了第一步。

撰文 / 克里斯托弗·门罗（Christopher R. Monroe）
戴维·瓦恩兰（David J. Wineland）
翻译 / 周荣庭
审校 / 潘建伟

本文作者之一戴维·瓦恩兰因提供了对量子理论突破性的研究方法，获得 2012 年诺贝尔物理学奖。本文刊发于《科学美国人》2008 年第 8 期。

本文译者周荣庭，翻译本文时为中国科学技术大学科技传播系副教授。

本文审校潘建伟，中国科学技术大学长江学者特聘教授、博士生导师。他系统地开创了量子通信的实验研究领域，首次成功制备了三光子、四光子、五光子纠缠态，并在多粒子纠缠的理论研究方面取得多项重要成果。

　　囚禁离子计算机能够编码离子串，并且利用它们来处理数据。这些离子串在某种程度上就如同牛顿基础力学体系中悬浮的金属球（如图所示），通过振荡运动相互作用。研究人员可以用调制的激光束照射离子，以这样的方式来操控它们。

克里斯托弗·门罗是美国马里兰大学的物理学教授，也是该校与美国国家标准与技术研究所组建的联合量子研究所的研究员。门罗的研究方向包括电磁捕获、激光冷却和原子及离子的量子控制等。

戴维·瓦恩兰1965年在美国加利福尼亚大学伯克利分校获得学士学位，并于1970年在哈佛大学获得博士学位。瓦恩兰是位于科罗拉多州博尔德的美国国家标准与技术研究所时间频率分部离子存储研究组的组长，该组的主要研究方向为激光冷却和基于囚禁离子的光谱学。

　　过去几十年来，随着技术的进步，计算机的运行速度和可靠性都获得了显著提高。就目前的计算机芯片而言，小到1平方英寸（约6.5平方厘米）的硅片上即可容纳近10亿个晶体管。未来的计算机元件的尺寸将会继续缩小，直至接近单个分子大小。当元件的尺寸接近甚至小于分子级别时，由这种元件制成的"计算机"和目前的计算机看起来会有天壤之别，因为此时支配元件运行的原理将是量子力学——一种可用来解释原子和亚原子运动的物理规律。量子计算机的最大潜力在于，在执行某些关键运算时，它的速度要远远快于现有的计算机。

　　在这些计算任务中，最具知名度的难题当数"将一个充分大的自然数分解成两个素数的乘积"。对计算机来说，处理两个素数相乘的运算是轻而易举的工作，哪怕这些素数有数百位的长度；然而，将一个自然数分解成素数因子的反向运算，交由计算

量子计算机

- 量子计算机可以利用原子、光子或人造微结构物体来存储和处理数据。这样的计算机有望破解一度被我们认为不可能解决的运算难题。
- 对囚禁离子进行操控是量子计算研究中最前沿的领域。研究人员可将数据存储于离子，并将信息从一个离子转移至另一个离子。
- 科学家认为，基于囚禁离子的计算机研发已不存在根本性的障碍。

机解决就异常困难，以至于它成了当今各种形式数据加密应用的基础——无论是电子商务的数据加密，还是国家机密的信息传送，概无例外。1994年，在贝尔实验室工作的彼得·肖尔（Peter Shor）指出：一台量子计算机在理论上能够轻易破解上述加密算法，因为它进行自然数因式分解的速度与任意一种已知的经典算法速度相比，有指数级提高。到1997年，同在贝尔实验室的洛夫·格罗弗（Lov K. Grover）也证明，量子计算机有望显著提高对未经排序的数据库进行检索的速度。这种检索就如同只知道某个人的电话号码，要在电话本里查出他的姓名一样。

然而，构建一台量子计算机绝非易事。作为量子计算机的硬件，原子、光子或人造微结构物体以量子比特来存储数据，它们首先要满足两个几乎相互排斥的条件：量子比特必须与周围环境有充分的隔离，否则它们会遭遇外部干扰，从而终止自身的计算工作。这种被称为"退相干"的破坏性过程，成为了量子计算机的克星；但是，量子比特之间又不得不发生强烈的相互作用，并且最终必须要被准确测量，以便显示它们的计算结果。

全球科学家正在各显神通，为第一台原型量子计算机的问世而努力。我们所做的研究集中在逐一利用带一个电荷的正离子来处理信息，这种正离子是由原子失去一个电子而形成的。我们已经可以捕捉一短串离子——利用附近的电极产生的电场将这些粒子限制在真空装置中。这样，它们就能接收输入的激光信号，并且彼此共享数据。

桌面实验已经证明了量子信息处理的可行性。研究人员用激光器（左图中的蓝色装置）产生光束，光束被镜面反射之后穿越桌面到达包含囚禁离子的装置（上图）。离子经激光冷却后失去动能，便于研究人员对它进行操纵。

我们的目标是开发可升级的量子计算机：这意味着该系统中量子比特的数目允许增加到几百甚至上千。这样的系统可以完成普通计算机无法完成的复杂处理任务，充分释放量子技术的潜能。

囚禁离子

　　量子力学是以波为基础的理论。就像两根或更多根琴弦发出的声波能够形成和弦一样，不同的量子态也能够组合成叠加态。例如，一个原子可以在同一时间处在两个位置，或者处于两种不同的激发态。对于处于叠加态的量子粒子被测量时的情况，传统的方式是这样解释的：这种状态会坍缩成一个单一的结果，每种结果在测量中出现的概率各有不同，这种概率由叠加态中各种波的相对比例确定（见第76页图）。一台量子计算机的潜力来源于量子的叠加态：常规的数字比特取值非0即1，但量子比特不同，它在同一时刻可以既是0也是1。一个由两个量子比特构成的系统能够同时拥有四个值——00、01、10和11。一般说来，一台有 N 个量子比特的量子计算机可以同时操作 2^N 个数字；一个只有300个原子的集合，如果每个原子存储一个量子比特，那么它们拥有的数值将比宇宙中所有粒子的总数还要多。

　　这些数量庞大的量子叠加态通常是纠缠的，这意味着各个量子比特的测量是相互关联的。量子纠缠被视为粒子之间一条无形的连线，这是经典力学无法解释的，被爱因斯坦称为"鬼魅般的超距作用"。

例如，在我们所做的离子阱实验中，每个电动悬浮离子的行为都像一个微型条形磁铁；量子状态0和1分别相当于每个原子磁体可能具有的两个方向（比方说"上"与"下"）。当激光制冷通过原子散射光子耗尽了它们的动能时，离子便被约束在电磁阱里几乎静止不动。这些离子处在真空室中，与环境隔离，但它们之间的电子

2的幂次

　　囚禁离子计算机拥有的巨大潜力根植于这样一个事实：一个拥有 N 个离子的系统就能同时存储 2^N 个数字。这就意味着当 N 增大的时候，2^N 的值将呈指数级增长。

$2^5 = 32$

$2^{10} = 1,024$

$2^{50} = 1,125,899,906,842,624$

$2^{100} = 1,267,650,600,228,229,401,496,703,205,376$

斥力使它们发生了强烈的相互作用，从而产生量子纠缠。当比人的头发丝还细的激光束照射到单个原子上时，存储在量子比特里的数据就可以被操纵和测量。

近几年来，科学家开展了多项利用囚禁离子进行量子计算的原理验证性试验。研究人员已经制造出多达8个量子比特的纠缠态，而且证明这样的雏形量子计算机能够进行简单的运算。这直接表明增加囚禁离子将获得更多的量子比特数，当然还存在很多技术挑战。依照过去计算机的成功经验，进行量子计算还需要一些不同类型的量子逻辑门，每个量子逻辑门都将由一些囚禁离子构成。科学家可以借鉴现有的纠错技术，在量子世界中用多重离子对每个量子比特编码。这样，只要误差率足够低，信息的冗余编码技术就可使系统容忍这些误差。最终，一台实用的量子计算机至少要存储和操纵数以千计的囚禁离子。这些囚禁离子都置于微芯片上，在电极的作用下构成复杂的阵列。

制造一台能够执行所有可能计算的"通用型"量子计算机，所需的首要条件就是

量子纠缠

鬼魅般的超距作用

下图中的"不明立方体"（A）就像是一个处于叠加态的离子，对它进行测量就会获得两个确定状态（0或者1）中的一个值。当两个离子处于纠缠的叠加态（B）时，哪怕两个离子之间并不存在物理上的连接，测量也会使两个离子具备同样的状态（要么都是0，要么都是1）。

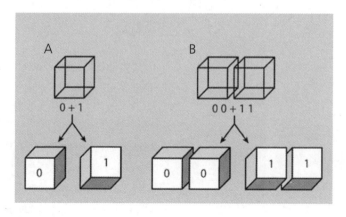

可靠的存储器。当我们将一个量子比特置于0和1的叠加态时，该离子的磁力方向同时指向上、下两个方向；"可靠的存储器"就意味着，该量子比特在被处理或者测量之前，必须维持原有的叠加态。研究人员早就知道，处于电磁阱中的离子可以作为性能卓越的量子比特内存寄存器，它们量子比特叠加态的生命周期（也称为"相干时间"）已经超过10分钟。这些叠加态之所以相对长寿，是因为离子与周围环境之间的相互作用极其微弱。

制造量子计算机的第二个关键条件，是要能够操纵单一的量子比特。如果量子比特是基于囚禁离子的磁力方向的话，那么研究人员可以在某一特定的时间段内，使用振荡磁场来翻转一个量子比特（将它从0变为1，反之亦然），或者使它处于一个叠加态。由于囚禁离子之间的距离非常短（通常只有几微米），为单个离子设置振荡磁场难以实现，但这一点又非常重要，因为我们

基础知识

真值表

一台基于囚禁离子的计算机有赖于逻辑门来执行运算，比如控非门。它可以由两个离子构成，分别是离子 A 和离子 B。这个真值表说明：如果A（控制比特）的值为0，逻辑门会让B保持原有状态；如果A的值为1，逻辑门将会改变B的状态，将它的取值从0变为1，或从1变为0。如果A处于叠加状态（既为0又为1），逻辑门就会将两个离子变为纠缠的叠加态（就像第76页插图中B所显示的状态）。

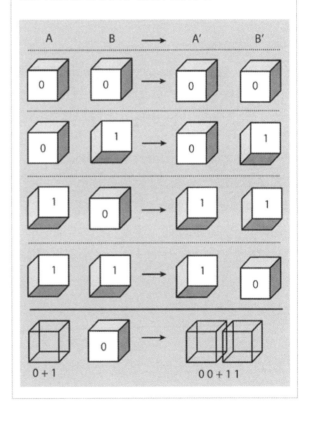

经常试图改变某一个量子比特的方向，而又不想影响相邻离子的状态。当然，将激光束集中于任一指定的量子比特（或者多个量子比特），即可解决这一问题。

制造量子计算机的第三个基本条件，是要有能力在量子比特间实现至少一种逻辑门。这种逻辑门可以与经典的逻辑门形式相同，比如传统计算机处理器的基本构成模块"与门"和"或门"，但它必须能够对量子比特独有的叠加态产生作用。一个双量子比特的常见逻辑门被称为"控非门"。我们把这两个量子比特称为输入A和输入B。A是控制比特：当A的值为0时，在控非门的作用下，B的值保持不变；当A的值为1时，控非门便会使B发生翻转，把它的值从0变为1，或者从1变为0（见第77页图）。这种逻辑门也被称为条件逻辑门，因为对量子比特B的作用（是否翻转B的比特值）取决于量子比特A的状态。

为了在两个离子量子比特之间实现条件逻辑门，我们需要在它们之间产生一个耦合——换言之，它们需要彼此对话。因为两个量子比特都带正电荷，在库仑斥力的作用下，它们的运动会产生强烈的电耦合。1995年，奥地利因斯布鲁克大学的胡安·伊格纳西奥·西拉克（Juan Ignacio Cirac）和彼得·措勒尔（Peter Zoller）提出了一种方法，利用库仑相互作用来间接耦合两个离子量子比特的内部状态，并实现控非门。下面我们用一个类比对这些控非门做一个扼要的解释。

首先，设想一个碗里有两颗弹珠。假定这两颗弹珠都带电，而且互相排斥。每颗弹珠都想位于碗的底部，但在库仑斥力的作用下，它们最终会停在碗壁相对的两侧的稍高位置。在这种情况下，两颗弹珠倾向于一前一后地运动：比如，它们能够在保持一定间距的同时，沿着行列方向在碗里来回摆动。一对位于离子阱里的量子比特也会出现这样的共同运动，它们会像两个被弹簧连接在一起的摆锤一样来回摆动。研究人员可以将激光束调制到电磁阱的固有振荡频率，进而通过产生的光压来激发这样的共同运动（见第79页图）。

更为重要的是，只有当离子的磁力方向朝上，对应的量子比特值为1时，激光束才对离子产生作用。而且，当这些微型条形磁铁在空间中摆动时，它们会发生旋转，旋转的幅度取决于单个或两个离子的量子比特值是否为1。最终结果是，如果用一束特定的激光在一段精确的时间内持续照射离子，我们就可以构建一个控非门。当量子比特在叠加态被初始化时，控非门的作用就会使离子产生纠缠，构成一个基本的操作，进而实现多个离子间任意的量子计算。

离子串

建造囚禁离子计算机的一种方法是，通过离子间的共同运动将它们联系起来。此时，离子串悬浮在两组电极阵列之间的电场里。因为带正电的粒子相互排斥，施加于某一离子的任何振荡运动（如激光造成的振荡）会传递到整条离子串上。激光还可以翻转离子的磁力方向，这就可以对离子串携带的数据进行编码——向上可以对应为 1，向下对应为 0。

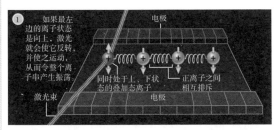

① 如果最左边的离子状态是向上，激光就会使它反转，并使之运动，从而令整个离子串产生振荡。

激光束

电极

同时处于上、下状态的叠加态离子

正离子之间相互排斥

电极

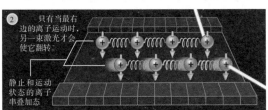

② 只有当最右边的离子运动时，另一束激光才会使它翻转。

静止和运动状态的离子串叠加态

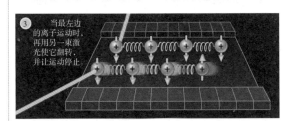

③ 当最左边的离子运动时，再用另一束激光使它翻转，并让运动停止。

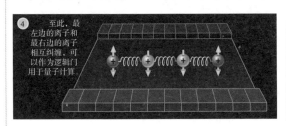

④ 至此，最左边的离子和最右边的离子相互纠缠，可以用作为逻辑门用于量子计算。

展望未来

然而，将这个系统的离子数升级到更多时就会面临诸多难题。离子数超过20的长串几乎无法受到控制，因为这么多离子共同运动的集体模式会相互干扰。因此，科学家开始开发网格阱，它可以使系统内存里某条离子串中的离子移动到处理数据的另一离子串中，这样离子形成的量子纠缠就允许数据从网格阱中一个区域转移到另外一个区域。

处理器

处理器

电极

内存

内存

美国国家标准与技术研究所已经开发出一种多区域离子阱。

多家实验室在实现控非门方面取得了进展，其中包括来自因斯布鲁克大学、密歇根大学安阿伯分校、美国国家标准与技术研究所和英国牛津大学的研究团队。但是，这些实验室实现的控非门并不理想，因为它们都受到了诸如激光强度变动和周边电场噪声等因素的影响，正是这些因素危及了离子在激光激发下的运动完整性。目前，研究人员已经可以制造出一个双量子比特的控非门，保真度稍高于99%，即运行中产生误差的概率低于1%。不过，对量子计算机而言，只有在纠错率达到99.99%的时候，它才能正常工作。对所有研究囚禁离子的小组来讲，一项主要的攻关任务是尽可能减少背景噪声的干扰，并达到上述纠错率；尽管这样的任务会遇到艰难险阻，但通往成功道路上的根本性障碍已不复存在。

离子高速公路

研究人员能通过囚禁离子制造出性能全面的量子计算机吗？非常遗憾，那些含有超过20个量子比特的长离子串几乎是不可控的，因为它们那些共同运动的集体模式会相互干扰。因此，科学家已经开始探寻这样的方法：将量子硬件划分成可控板块，通过在量子计算机芯片上穿梭运行的短离子串来执行运算。电荷力可以在不扰乱离子内部状态的情况下驱动离子串运动，因而可以保存它们所携带的数据。研究人员也可以将一个串与另一个串产生纠缠来执行处理任务，这些任务需要多个逻辑门的运算。某种程度上说，这种结构类似于我们熟知的数码相机上使用的电荷耦合器件（CCD）。就像CCD可以驱动电荷穿过一组电容器阵列一样，量子芯片也可以驱动一串离子在线性网格阱中穿梭。

美国国家标准与技术研究所进行的诸多囚禁离子实验，都会让离子穿梭于多个区域构成的线性阱。然而，这种方法在扩展到更大的系统中时，就需要更为精密复杂的结构，以便众多电极可使离子在任一方向上运动。这些电极必须十分微小，大概介于$10^{-7} \sim 10^{-8}$米之间，这样才能精确地限定并控制离子穿梭运动的过程。幸运的是，基于囚禁离子的量子计算机的制造者可以充分利用微细加工技术，诸如微机电系统、半导体光刻等技术。这些技术已经成功地应用到传统计算机芯片的制造之中。

2007～2008年，有几个研究小组已经展示了第一批集成离子阱。密歇根大学和马里兰大学物理学实验室的科学家应用具有半导体结构的砷化镓来制作量子芯片。美国国家标准与技术研究所的研究人员开发了一种新型的离子阱几何结构，可使离子悬浮于芯片表面。阿尔卡特－朗讯公司和美国桑迪亚国家实验室的研究小组，则在硅芯片上设计出一种更为奇特的离子阱。这些芯片上的离子阱开发尚有很多后续工作要做。由离子阱周边表面散发出的原子噪声仍需减少，这或许可以通过液氮或液氦冷却电极来实现。研究者还必须巧妙地设计好离子穿过芯片的路径，以避免这些粒子受热以及它们的位置被打乱。例如，离子穿梭于T字形接口这样简单的拐角，就需要电荷力的精确同步。

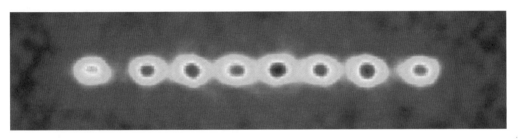

由8个钙离子组成的悬浮串被限制在一个真空室中，经激光冷却后几乎静止不动。这样的离子串即可用来执行量子计算。

光子连接

与此同时，另一些科学家则在探寻用囚禁离子构建量子计算机的替代方案，这种方案可以避开控制离子运动所遇到的部分难题。与通过离子的振荡运动来耦合这些离子不同，研究人员将光子与量子比特联系起来。2001年，西拉克、措勒尔以及他们的同行——密歇根大学的段路明（Luming Duan）、哈佛大学的米哈伊尔·卢金（Mikhail Lukin）描述了他们的设想：让每个囚禁离子发射出光子，这些光子的偏振或颜色等属性，就会和离子发射器内部有磁性的量子比特状态相纠缠；然后，光子将沿着光纤传到光分束器。光分束器往往用于将光束一分为二，然而，它在这里有着相反的用途：光子从两个相反的方向抵达光分束器，如果这些粒子的偏振和颜色相同，它们将顺着同一条路径出现。但是，如果这些光子的偏振和颜色不同——这意味着那些囚禁离子处于不同的量子比特状态——这些光子就会互相干扰，并沿不同的路径射

另一种方法

连接离子和光子

另一种基于囚禁离子的计算机应用替代方案是，把离子和它们发射的光子连接起来。两个相距甚远的囚禁离子(紫色)，均孤立于一个真空管中（见下面的照片），可被激光脉冲激发，并将光子发射到光纤中。光子的频率取决于离子的磁力方向；离子发射的光子处在比例对半的叠加状态——一半状态向上，一半状态向下，分别处于不同频率的叠加态（本例中即一半红色，一半是蓝色）。如果来自两个离子的光子处于相同状态，光分束器就会把它们同时导入一个光电探测器。不过，如果这两个光子处在不同的状态，它们将被导入不同的探测器。一旦这种情况发生，两个离子就会纠缠在一起，因为研究人员无法识别哪个离子发射了哪个光子。

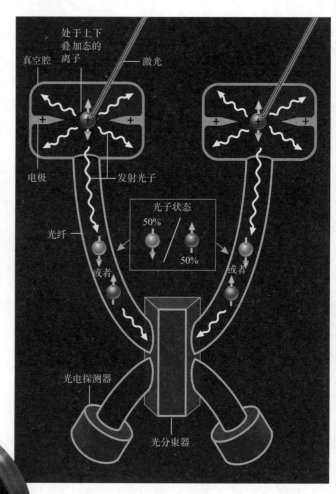

处于上下
叠加态的
离子

激光

真空腔

电极

发射光子

光纤

光子状态

50%

50%

或者

或者

光电探测器

光分束器

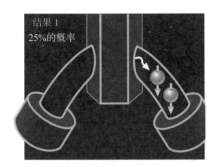

结果 1
25%的概率

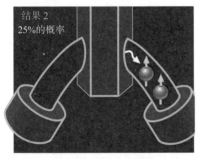

结果 2
25%的概率

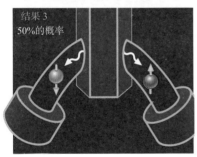

结果 3
50%的概率

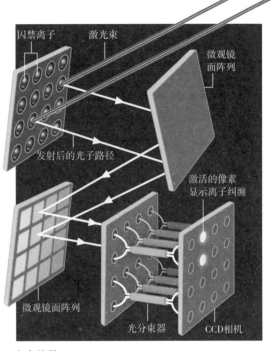

囚禁离子　激光束　微观镜面阵列

发射后的光子路径

激活的像素显示离子纠缠

微观镜面阵列　光分束器　CCD相机

未来前景

研究人员对这种连接光子的方案颇感兴趣，因为它提供了一种相对简单的方法来连接大量的离子。激光束能够直接射到囚禁离子的阵列上，发射出的光子能够穿越一组光束分配器。一台CCD相机即可探测到两个离子是否发生了纠缠，而每一个纠缠都会增加囚禁离子计算机的处理能力。

入一对光电探测器（见第82、83页图）。这里颇为关键的是，在这些相互干扰的光子被检测到以后，我们就无法分辨哪个离子发射了哪个光子，这一量子现象将引发离子之间的纠缠。

然而，这些发射出来的光子并不是每次都能被成功地收集和检测到。事实上，绝大部分时间里，这些光子都丢失了，致使离子无法获得纠缠。但是，我们还是有望纠正这样的错误：只要多次重复这一过程，一直等到检测仪同时检测到这些光子为止。这样的情形一旦出现，即使这些离子相距甚远，操纵一个量子比特也会影响到另一个量子比特，从而让构建控非门这样的逻辑门成为可能。

来自密歇根大学和马里兰大学的科学家，已经成功地使两个相距约1米的囚禁离子的量子比特发生纠缠，这正是通过囚禁离子发射出的光子干涉现象实现的。该实验中最大的障碍是纠缠发生的概率很低。将这些单个光子捕获进入光纤的可能性非常小，以至于这些离子每分钟产生的纠缠只有几次。若要显著提高这个概率，就需用高效的反光镜将每个离子围在一个所谓的"光腔"之中。这种光腔可以极大地提高光纤中离子发射的耦合，但这在目前的实验中还难以实现。尽管如此，只要这种干涉最终发生，研究者就可以利用这个系统进行量子信息处理（这个过程就好比在一个新的房间内安装有线电视，虽然你可能要多次拨打电话让服务提供商来安装这个系统，但只要同轴电缆安装好，你就可以收看电视）。

此外，研究人员可以将量子逻辑门的运算扩大到更多的量子比特上，这就需要通过光纤来连接另外的离子发射器，并重复该进程，直到产生更多的纠缠连接。同时应用光子耦合和此前提到的运动耦合，还有可能将相距遥远甚至位于地球两端的几个囚禁离子簇连接起来。这正是隐藏在"量子转发器"背后的理念。在量子转发器中，一些小型量子计算机以一定距离周期性排布联网，用于维护一个可以穿行数百千米的量子比特。如果没有这个系统，数据通常会永久性丢失。

量子的前景

现在看来，建造一台量子计算机，轻松地完成让今天的传统计算机陷入困境的艰巨挑战，比如分解大数因子等，还为时尚早。不过，量子信息处理的某些特性已在现实世界有了用武之地。比如说，一些双量子比特门的简单逻辑运算可以用在原子钟上，这种设备利用原子在不同量子状态间转换时产生的辐射频率来精确测定时间。研究人员还能应用囚禁离子纠缠技术增加光谱测量（根据受激原子的发射光进行分析）的灵敏度。

量子信息领域的科学发展使计算规则发生了根本性变化。对囚禁离子的收集工作则是这个领域最前沿的研究方向，因为这些研究所取得的环境隔离水平，是其他大多数物理系统无法比拟的。同时，借助于激光，研究人员可以轻易制备和测量少数离子形成的纠缠量子叠加态。在未来几年中，我们期待着新一代囚禁离子芯片问世，为制造拥有更多量子比特的量子计算机铺平道路。到那时，科学家最终将建造出我们梦寐以求的量子计算机，破解一度被我们认为无解的难题！

微小的量子世界

从某种意义上说，以单个原子为存储器元件构建的计算机已是计算机小型化的天然极限。但是，正如物理学家理查德·费曼（Richard Feynman）在他1959年题为"微小世界仍有许多空间"的演讲中所说的那样：

当我们到达了这个非常微小的世界，例如由7个原子组成的电路，我们会发现许多可以用来实现全新设计的新事物。原子在微观层面的特征与在宏观层面截然不同，因为在微观层面上，原子将要遵循量子力学的法则。

扩展阅读

Quantum Information Processing with Atoms and Photons. Christopher R. Monroe in *Nature*, Vol. 416, No. 6877, pages 238–246; March 14, 2002.

Rules for a Complex Quantum World. Michael A. Nielsen in *Scientific American*, Vol. 287, No. 5, pages 66–75; November 2002.

The Limits of Quantum Computers. Scott Aaronson in *Scientific American*, Vol. 298, No. 3, pages 62–69; March 2008.

填补
"绿光空白"

半导体可以产生除绿色外所有颜色的激光。但新的绿色激光二极管制造技术将很快使全光谱显示成为现实。

撰文 / 中村修二（Shuji Nakamura）
　　　迈克尔·赖尔登（Michael Riordan）

翻译 / 陈振

审校 / 朱启

　　本文作者之一中村修二因发明高亮度蓝色发光二极管，获得 2014 年诺贝尔物理学奖。本文刊发于《科学美国人》2009 年第 4 期。

　　本文译者陈振，翻译本文时为美国加利福尼亚大学圣巴巴拉分校固态发光和能量中心及该校电子与计算机工程系助理项目科学家，研究方向为氮化镓基材料和器件。

　　本文审校朱启，旅美作家，时任加利福尼亚大学圣巴巴拉分校中国学生学者联谊会首席顾问。

中村修二是美国加利福尼亚大学圣巴巴拉分校材料系教授,并担任该校固态发光和能量中心主任。他因为在蓝色激光二极管和发光二极管中的工作获得了2006年千禧科技奖。

迈克尔·赖尔登在美国斯坦福大学和加利福尼亚大学圣克鲁斯分校教授物理及科技发展史。他与人合著了《晶体之火:晶体管的发明及信息时代的来临》。

对于四季如春的南加利福尼亚来说,1月份正是一年中稀有的雨季。2007年1月下旬一个星期六的上午,外面下着雨,美国加利福尼亚大学圣巴巴拉分校校委会的成员们正在召开周末分析例会。校长杨祖佑(Henry Yang)突然接到一个紧急电话。他匆匆向身边的助手交代了几句,就抓过自己的外套和雨伞,急急忙忙地穿过雨幕下微寒的校园,走进了固态发光与显示中心的大楼。本文作者之一中村修二就是这个科研中心的成员,因为发明了第一个蓝色发光二极管,他刚刚获得千禧科技奖。而在取得这项突破性进展之后,中村修二又进入固态(半导体)发光领域继续从事开创性研究。十几年来,他相继研发出了绿色发光二极管和目前的蓝光播放器中的核心器件——蓝色激光二极管。

杨祖佑校长在10分钟后到达科研中心,人们正聚集在一间小小的测试实验室里。"中村修二也是刚到不久,还是穿着那件皮夹克,正站在那里询问。"杨校长回忆道。中村修二的同事史蒂文·登巴斯(Steven DenBaars)和詹姆斯·斯佩克(James C. Speck)正与几个研究生及博士后讨论着什么。大家一边讨论,一边轮流看显微镜。轮到杨校长时,他从显微镜中看到,一束耀眼的蓝紫色光从玻璃般的氮化镓芯片中发射出来。

几天以后,美国加利福尼亚大学圣巴巴拉分校固态发光与显示中心的合作伙伴之一,日本京都罗姆公司的一个科研小组也采用类似材料完成了上述壮举。蓝色发光二

88

极管本身并不是一个巨大的革命，但日本日亚化学工业株式会社（位于日本德岛，中村修二在那里工作到2000年）、索尼公司和其他一些公司在制造蓝光播放器所用的廉价氮化镓蓝光激光器时都陷入了困境。这些二极管的传统制造方法存在一些固有的缺陷，导致成品率低且成本高。

绿色激光

● 固态激光器可以直接产生红光和蓝光，但不能产生绿光。

● 科研表明，"绿光空白"在2009年已被填补。

● 这些进展可以使全激光图像投影仪缩小，以安装在手机中。

美国加利福尼亚大学圣巴巴拉分校和罗姆公司的研究小组正在研发一种新的方法，用氮化镓及相关合金的晶体层来制造激光二极管。这种方法不仅意味着成品率更高，还有望取得更大的突破：制造出坚固紧凑的氮化镓绿光激光器——这是科学家和工程师梦寐以求的。这种绿色发光二极管将比目前的器件更加高效，会发出更多的光。

进化使人类对绿色最为敏感，但各种激光器却无法直接发出绿光。上述成果即将改变这一现状，填补全色激光显示和激光投影仪所需的红绿蓝色光三原色中的"绿光空白"。这将使激光投影仪更快地应用于电视机和电影院，显示出比其他系统更为丰富的色彩；手持"微型投影仪"也将更快地应用到手机之类的电子产品当中。大功率绿色发光二极管还可应用于脱氧核糖核酸（DNA）测序、工业流程控制、水下通信等许多领域。

新视角

20世纪90年代中期，人们开始使用氮化镓及其合金材料来制造发光二极管和激光二极管，这一重要进展催生了高亮度蓝光固态发光技术。此前，大多数研究者把研究重点放在硒化锌及其相关化合物上。新方法将一层非常平整的、纳米级厚度的铟镓氮薄膜夹在两层氮化镓之间（见第92页图），这种结构被称为异质结构或者量子阱。

通过施加适当的电压，研究者建立起一个垂直于这些层的电场，来驱动存在于铟

绿色激光笔如何工作？

很久以前，绿色激光就可以通过两个步骤产生。首先，由内置半导体激光器产生波长为1,060纳米的红外光。再用红外光去激发共振波长为该激光波长一半（约530纳米）的晶体，绿光便产生了。这种工艺既昂贵，又低效，而且不精确——第二块晶体在使用时温度升高，会改变绿光波长。能够直接产生绿光的激光二极管可以避免这些问题。

镓氮活性层中的电子和空穴（原子之间共价键上的价电子脱离后形成的空洞，可以简单理解为带正电荷的准粒子）。在这狭窄的沟道里，电子和空穴相互复合形成光子。活性层半导体材料的性质精准地决定了这些光子的能量。通过增加合金中铟的含量，可以降低光子能量，从而使光波波长变长，使颜色由紫到蓝，由蓝到绿。

发光二极管中的光子几乎没有停留，立即离开量子阱，最多反射一两次就会射出器件，或者被其他层吸收。但激光二极管能产生相干光，光子大都被限制在沟道中。两个高反射率的镜面，通常是二极管两端经过抛光处理的晶体表面，可使光子在沟道内不停地来回反射，进一步激发电子–空穴复合。通过这种"受激发射"过程产生的激光，就像铅笔芯一样，细而直，颜色也极纯。

氮化镓二极管的传统制法，是把一片蓝宝石薄衬底（或使用越来越多的氮化镓衬底）放入反应室。热气流依次把镓、铟和氮原子沉积在衬底上，每一个单晶层中的元素量都必须精确控制。每一层中的原子按照已经存在的晶体结构自动排列，这些结构则由衬底决定。晶体层一个原子一个原子地生长，平行于衬底C面，垂直于晶体六边形结构的对称轴（见第94页图）。

不幸的是，带正电荷的镓离子或铟离子和带负电荷的氮离子一层层间隔排列，它们之间的静电力和内应力会产生垂直于C面的强电场，强度可能高达每微米100伏，相当于在一个普通人的头顶和脚底加上大约2亿伏的高压。电场抵消了外部施加的电压，把电子和空穴拉开，使它们难以复合并产生光。实际情况是，电子堆积在长长的量子舞厅的一端，空穴则聚集在另一端，双方都不愿意走到对面去彼此相见。

当发出的光线由紫变蓝、由蓝变绿时，令人困扰的量子限制斯塔克效应就变得特别严重：随着二极管中通过的电流逐渐加大，越来越多的载流子会屏蔽一部分使电子和空穴彼此分开的内部电场。随着这些电场部分被屏蔽，能量较高的电子和空穴有机会复合，使发光波长朝光谱的蓝色方向偏移（即蓝移）。由于存在这些问题，10多年来，绿色激光二极管和高效率绿色发光二极管都只能是一个无法实现的梦想（演讲者常用的激光笔也能发出绿光，但采用的方法无非是让半导体激光器发射红外辐射，再通过一种复杂而低效的倍频技术转换为另一种激光罢了）。

美国加利福尼亚大学圣巴巴拉分校和罗姆公司研究小组开创的方法试图回避这些问题，他们首先沿大块结晶氮化镓的M面切片，然后把所得到的M面薄晶抛光（见第94页图）。在这些所谓的非极性衬底上制造的二极管，不会遇到常规极性C面器件的问题，这是因为由极化和内应力引起的"麻烦"的电场要弱得多。

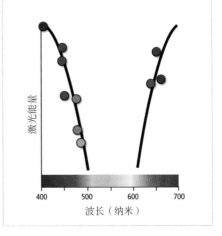

绿光空白

科学家们很早就发明了能发射红光的半导体激光器。21世纪以来，他们又征服了波谱中的蓝色和紫色部分。然而，当他们试图把这些激光的发射波长推进到绿色波段时，产生的激光功率便急剧下降。

生长在氮化镓衬底上的二极管，也比蓝宝石上的二极管发光效率更高，这是因为它们的结晶缺陷更少。结晶缺陷是指相互连续的不同层间界面上细小的不规则和不匹配，这种缺陷处的电子和空穴在复合时会产生不必要的热量，而不是我们想要的光。这些缺陷在生长过程中很容易向上蔓延，贯通二极管中的各个连续层，形成所谓的线位错，并直达活性层。当日亚化学工业株式会社和索尼公司首次尝试生产蓝色激光二极管时，这些缺陷就造成了极大的破坏。和蓝宝石衬底相比，采用氮化镓衬底生长氮化镓或相应的合金，出现缺陷的情况就少得多。因此，生长在非极性氮化镓上的二极管可以发出更多的光，并减少相应的热量释放。

非极性技术最早是在20世纪90年代后期提出的。2000年以来，好几个研究小组都开始尝试利用这种技术，这里面就包括美国加利福尼亚大学圣巴巴拉分校的登巴斯和斯佩克的小组。由于缺乏高质量的氮化镓衬底，早期器件性能一般。然而从2006年开始，日本东京的三菱化学株式会社（另一个合作伙伴位于美国加利福尼亚大学圣巴巴拉分校中心），开始向罗姆公司和美国加利福尼亚大学圣巴巴拉分校的研究小组提供优良的低缺陷M面氮化镓衬底。这些边长不到1厘米的衬底，是从铅笔橡皮擦般大小的小氮化镓晶体上切下来的。

基础知识

半导体激光器运行机制

在固体激光器里，电子遇到带正电荷的粒子（空穴），彼此复合并产生光。要调整这束光的波长，科学家必须改变半导体的内部材料。但是这样做可能会导致其他问题。

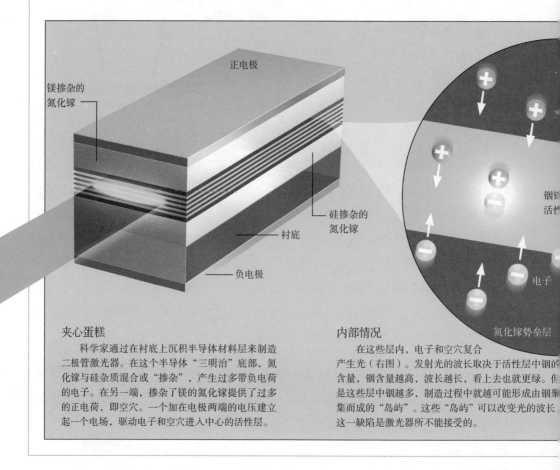

夹心蛋糕

科学家通过在衬底上沉积半导体材料层来制造二极管激光器。在这个半导体"三明治"底部，氮化镓与硅杂质混合或"掺杂"，产生过多带负电荷的电子。在另一端，掺杂了镁的氮化镓提供了过多的正电荷，即空穴。一个加在电极两端的电压建立起一个电场，驱动电子和空穴进入中心的活性层。

内部情况

在这些层内，电子和空穴复合产生光（右图）。发射光的波长取决于活性层中铟的含量，铟含量越高，波长越长，看上去也就越绿。但是这些层中铟越多，制造过程中就越可能形成由铟聚集而成的"岛屿"。这些"岛屿"可以改变光的波长，这一缺陷是激光器所不能接受的。

有了新材料，2006年年底，罗姆公司和美国加利福尼亚大学圣巴巴拉分校制造出了更高效的发光二极管，并在2007年年初开始努力研制更具有挑战性的激光二极管。2007年1月27日，在那个下雨的星期六的上午，美国加利福尼亚大学圣巴巴拉分校研究生马修·施密特（Matthew Schmidt）在实验室里完成了制造激光二极管最后的步骤，他把二极管拿到附近的测试实验室接上了电源。当他增大通过二极管的电流时，突然，一束蓝紫色光束发射出来了。

"哇！"施密特想，"我终于可以毕业了！"

他马上打电话给他的导师登巴斯。登巴斯的第一个念头是马修·施密特在开玩笑，但他还是很快通知了杨校长和研究小组中的其他人。于是便有了本文开头的那一幕。他们都在数分钟内抵达实验室，亲眼看到了这个令人惊讶的成果。这是第一个非极性氮化镓激光二极管，工作波长为405纳米；罗姆公司几天后制造的第一个类似器件也能发出同样波长的激光。通过这些二极管的电流只有日亚和索尼生产的商用器件的2～3倍，这表明任何发热问题都是可控的。

走向绿色

在取得上述突破之后，美国加利福尼亚大学圣巴巴拉分校团队决定放弃极性二极管方面的大部分工作，专注于非极性器件，并且开始研究基于"半极性"氮化镓衬底的相关生长方法。半极性晶片切割角与主轴线约成45°角（见第94页图）。虽然在半极性衬底上制备的二极管中，内部电场要比非极性二极管中的电场高，但仍比极性二极管中的电场低得多。美国加利福尼亚大学圣巴巴拉分校的研究人员希望能够用制备出的这些二极管中的一种，制造出第一个绿色激光二极管，甚至波长更长的高功率发光二极管。罗姆公司也在这些领域发力，把精力集中在了非极性衬底上。

然而，新衬底本身并不足以超越蓝色。绿色激光二极管需要在铟镓

解决方案

新衬底

衬底是一片薄薄的晶体。生长在它之上的东西，往往能继承它的晶体结构。蓝光播放器和PS3游戏机中所使用的蓝光激光器，就生长在蓝宝石上。蓝宝石作为一种衬底材料，价格相对便宜，也容易得到。但是如果用它来做衬底，就很难得到绿光激光器。鉴于这种情况，科学家们只能用其他晶面来替代。

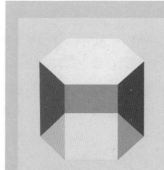

C面：经典切割面

尽管C面在蓝色激光中普遍应用，但还是有些缺点，例如，它引起的电场会把电子和空穴分开。当波长移向更长的绿色波段时，问题将变得更为严重。

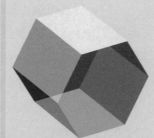

M面：昂贵的替代品

有两个研究团队在使用晶体的M面来生长激光二极管。它的切割面是晶体的侧面。生长在这个面上的二极管不会有电场的麻烦，但衬底材料要比C面贵得多。

半极性：妥协的产物

第三个选项是半极性衬底，它的切割面和晶体主轴成45°角。这些衬底上的电场不太强，与M面衬底相比，它们似乎可以制成更好的激光器和发光二极管。

氮活性层中添加更多的铟，但额外的铟会加大内应力并影响晶体结构。它增加了晶体缺陷的数量，反过来又降低了光输出，并产生多余的热量。尽管缺陷增加，发光二极管仍然可以工作，但当颜色由蓝变绿时，效率会明显下降。而且，激光二极管更加挑剔，不能容忍如此多的缺陷。到本文刊发时，这种激光二极管取得的最大波长是488纳米，在频谱中处于蓝绿色（或青色）区域。

铟镓氮层还必须在大约700℃的温度下生长，才能够防止铟原子从它与其他原子的结合物中分离出来。然而，与它相邻的氮化镓层生长温度却明显高出许多，达到

商业应用

手持投影仪

到 2009 年，最小的手持投影仪尺寸与一个遥控器大小相当，使用的是发光二极管。2009 年年底，首个使用激光二极管的同类产品应该可以上市。即便用倍频技术产生的绿色激光，同样可以显现分辨率高，颜色丰富的图像。未来基于绿色激光二极管的产品显示效果更鲜艳，能效更高，投影仪的尺寸也将缩小，可以装入手机。让我们来看看两款正在不断改进的、基于激光技术的投影仪原型机和一些基于发光二极管的投影仪。

维视图像公司 Show WX

在这款激光投影仪原型机中，红色、蓝色和绿色激光汇聚在一个针尖大小的镜片上。当光从反射器上反射出去后，镜片就会来回快速扫描，把像素一个个投射到屏幕或者墙上。没有透镜意味着这种投影仪不需要聚焦。

分辨率：848 × 480 像素（和 DVD 相当）

上市时间：2009 年晚些时候

蓝光光学公司

英国蓝光光学公司是一家新成立的公司，同样致力于开发激光投影仪。它们的产品使用硅衬底液晶芯片，芯片上包含上千个液晶窗口。芯片快速开关像素点，使光通过并形成图像。该公司计划在 2010 年初制造出激光投影仪系统并交付第三方制造商。

分辨率：854 × 480 像素

上市时间：2010 年

3M 公司 MPro110

2008 年，基于发光二极管的 MPro110 上市，它是第一款在美国销售的手持式投影仪。虽然尺寸略大于三星的 MBP200，但这款硅基液晶电视投影仪的显示效果与电视相当。3M 公司正在授权这项技术的更新版本，旨在将它推广到手机等其他应用领域中。

分辨率：640 × 480 像素（相当于标清电视）

售价：359 美元

三星公司 MBP200 微投影仪

这款基于发光二极管的投影仪采用了得克萨斯仪器公司开发的微型数字光投影芯片。白色发光二极管发出的光首先通过一个迅速变化的色轮，投射在一个由数以千计的镜片组成的阵列上。每块镜片的宽度约为人头发丝的 1/5，每秒打开和关闭数千次。最终，光线从这些镜片反射出来，形成图像。

分辨率：480 × 320 像素（相当于 2009 年的智能手机）

上市时间：2009 年晚些时候

东芝公司发光二极管微投影仪

该款产品也使用了数字光投影芯片技术。

分辨率：480 × 320 像素

价格：399 美元

1,000℃。高温导致的原子分离会形成不均匀的铟合金，我们称之为"岛屿"。这种"岛屿"又会导致不同位置的电子和空穴复合能量不同。这一变化使发射光谱范围太宽，无法产生激光所需的单色相干光。因此，在铟镓氮层上通过提高反应温度生长易损的氮化镓层时必须特别小心，以免形成过多"岛屿"。然而，随着铟浓度的增高，这种晶体生长过程会变得更为艰难。

在极性二极管中，要减少这些"岛屿"的形成更加困难，超强的内部电场使人们不得不制备超薄的铟镓氮活性层，其厚度不超过4纳米，只有大约20个原子厚。这种做法有助于让电子和空穴紧靠在一起，提高相遇发光的机会。由于非极性和半极性二极管内部的电场几乎可以忽略，铟镓氮活性层就可以做得较厚，可达20纳米。尽管这些更坚固的层中仍有"岛屿"形成，但它们大多出现在与氮化镓层相接的界面附近。限制这些"岛屿"可以增加激光所需的狭窄光谱出现的机会。更厚、更坚固的活性层也有助于用其他方式简化制造工艺，取消二极管多层结构中原先用来限制和引导光子的"包层"。

自从2007年1月取得技术突破以来，美国加利福尼亚大学圣巴巴拉分校和罗姆公司的研究小组一直走在最前沿，稳步推进这项新技术，几乎每个月都会取得新成果。2007年4月，美国加利福尼亚大学圣巴巴拉分校报道，波长为402纳米的非极性蓝紫色发光二极管的量子效率，即发射的光子数和注入的电子数之比，已达到45%以上。这表明，该器件的性能在短短一年内提高了100倍。数月后，该研究小组又报道了发光波长高达519纳米的半极性绿色发光二极管，效率接近20%。不幸的是，这些二极管的发光波长蓝移严重，原因仍然不明。

在本文刊发前不久，美国加利福尼亚大学圣巴巴拉分校制造了半极性黄色发光二极管，工作波长为563纳米，效率高于13%，这是第一个用氮化镓及其合金制造的高效黄色发光二极管。非极性激光二极管的性能也开始朝相对应的极性器件靠拢。2008年5月，罗姆公司制得的非极性激光二极管，发光波长高达481纳米，已经非常接近极性二极管所创造的488纳米的纪录了。

大时代

但是，在实验室中制备一个器件，往往与商业中的大规模生产不一样。也许，对于非极性和半极性氮化镓激光二极管和发光二极管而言，无论是紫色、蓝色、绿色还是黄色，制约它们大规模生产的最大障碍是，能否找到价格合理且足够大的衬底。目前，三菱化学株式会社提供的氮化镓衬底是从小型晶体材料中切割而来的，表面积约为1平方厘米。如果要量产，这个面积还应提升20倍。

罗伯特·沃克（Robert Walker）是位于美国加利福尼亚州门洛帕克的席拉创投公司的半导体工业专家，他认为要制造经济的激光二极管，衬底直径至少要大于5厘米，成本要控制在每片2,000美元左右。此外他还提到，要制造更简单（同时也更便宜）的发光二极管，衬底的成本还得降低一个数量级才行。极性蓝光、绿光二极管已经发展得非常成熟，比如北卡罗来纳州达勒姆的科锐公司（也是美国加利福尼亚大学圣巴巴拉分校固态发光与显示中心的合作者），他们在2007年下半年在碳化硅衬底上制造出了发光器件。非极性和半极性二极管必须与这些成熟技术展开竞争。

三菱化学株式会社正在扩大生产，提升制造工艺的效率，以实现非极性氮化镓衬底的商业化。研发出非极性氮化镓衬底制造方法的藤户健史（Kenji Fujito）认为，这是一个缓慢而艰难的过程。目前，三菱化学株式会社只能制造出足够美国加利福尼亚大学圣巴巴拉分校和罗姆公司研究使用的非极性或半极性氮化镓衬底。藤户称，他们至少需一到两年才能制造出直径为5厘米的衬底。沃克则预测，无论是三菱化学株式会社还是其他衬底供应商，例如北卡罗来纳州罗利的Kyma科技公司，都还需要好几年的时间，才能提供价格可以接受的非极性衬底。但美国加利福尼亚大学圣巴巴拉分校的登巴斯教授预计，非极性二极管会更快上市，因为这些衬底的产量更高，可以使总成本降低。

研究工作还在继续进行。罗姆公司、美国加利福尼亚大学圣巴巴拉分校，以及其他一些研究小组，已经着眼于研发第一个绿色激光二极管。2008年9月，美国加利福尼亚大学圣巴巴拉分校报道了非极性和半极性氮化镓二极管在蓝绿光波长（480纳米）和绿光波长（514纳米）的激光光学泵浦受激发射。用另一束激光泵浦二极管作为激发源，与真正的激光二极管中采用电流来驱动二极管的方式差距并不大。在2009年晚些时候，无论哪个研究小组宣布实现了电子激发的受激发射，我们都不会感到惊讶。

扩展阅读

The Blue Laser Diode: The Complete Story. Second edition. Shuji Nakamura, Stephen Pearton and Gerhard Fasol. Springer, 2000.

New GaN Faces Offer Brighter Emitters. Robert Metzger in *Compound Semiconductor*, Vol. 12, No. 7, pages 20–22; August 2006.

Non-polar GaN Reaches Tipping Point. Steven DenBaars, Shuji Nakamura and Jim Speck in *Compound Semiconductor*, Vol. 13, No. 5, pages 21–23; June 2007.

探测中微子

利用日本神冈一座矿山内的超级探测器，科学家证明了中微子会在飞行过程中发生振荡，从而证实了中微子有质量。

撰文 / 爱德华·卡恩斯（Edward Kearns）

梶田隆章（Takaaki Kajita）

户冢洋二（Yoji Totsuka）

翻译 / 张程

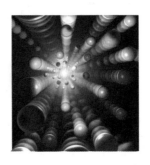

本文作者之一梶田隆章因通过中微子振荡证实中微子有质量，获得2015年诺贝尔物理学奖。本文刊发于《科学美国人》1999年第8期。

爱德华·卡恩斯、梶田隆章和**户冢洋二**是超级神冈探测器合作组的成员。卡恩斯是波士顿大学的物理学教授；梶田是东京大学物理学教授，他作为数据分析组组长，领导了超级神冈实验中对质子衰变和大气中微子的探究；户冢是超级神冈实验的发言人，时任东京大学宇宙线研究所所长，该研究所主持了超级神冈项目。

对一个人来说一文不值的东西，却可能被另外一个人视为珍宝。对一个物理学家而言，"背景噪声"毫无用处，它们是多余的反应，通常来源于一些普通的、已经被深刻理解的物理过程。真正有价值的是"信号"，我们可以从这样的反应中获得有关宇宙的新知识。举例来说，在过去20多年里，好几个研究组都在寻找质子放射性衰变的信号。这种信号埋藏在由中微子引发的反应所构成的背景信号中，所以即使它真的存在，也极其罕见，难以探测。作为原子的主要成分之一，质子似乎永远不会变化，而它的衰变将为大统一理论（一种很多人认为超出粒子物理标准模型的理论）提供强有力的支持。为了屏蔽无休止的宇宙射线，超级质子衰变探测器被安置在地球上极深的地下矿井或隧道中，然而由宇宙射线所产生的穿透能力极强的中微子，却是无论如何也躲不开的。

第一代质子衰变探测器于1980～1995年运行，它们没有探测到任何信号，更确切地说，是没有探测到质子衰变信号。然而在此过程中，研究者发现，看似平淡无奇的中微子背景噪声实际上并不那么容易理解。日本的神冈探测器就是这代探测器中的一个，位于距离东京大约250千米（155英里）的采矿小镇神冈，全名为"神冈核子衰变实验"。美国俄亥俄州克利夫兰盐矿中的IMB实验与它的原理类似，都是将灵敏的探测器安放在高纯水中，等待观测到质子衰变信号。

然而，中微子与水中原子核碰撞引起的闪烁与质子衰变信号类似，而有1个质子衰变，就有1,000个中微子与原子核反应。在这么大的背景噪声中寻找质子衰变信号，无异于大海捞针。尽管没有看到质子衰变的迹象，科学家对这1,000个中微子反应的分析却取得了意外收获：他们发现中微子变化无常，一种中微子在飞行过程中可以变成另一种。如果结论没错，这一现象对传统理论的挑战绝不亚于质子衰变，因而格外令人兴奋。

中微子是一种神奇的、幽灵般的粒子，它主要来源于太阳，每平方厘米的皮肤（以及地球上所有其他物质）每秒都有600亿个中微子穿过。它们很少与别的粒子发生相互作用，所以通常情况下，这600亿个粒子会径直穿过你的身体。事实上，即使你将一束中微子打在厚达1光年的铅板上，绝大部分粒子都会出现在铅板的另一端而完全不发生散射。所以像神冈探测器那样大的探测器每年能捕捉到的中微子，实则只是穿过它的所有中微子中的极小一部分。

中微子有三种类型，或者说三种"味"：电子中微子、μ子中微子和τ子中微子，分别对应于标准模型中的电子、μ子和τ子。它们都是带电粒子，μ子和τ子比电子重。通过和原子核相互作用，电子中微子可以产生电子，μ子中微子可以产生μ子，τ子中微子可以产生τ子。在科学家第一次提出中微子这个概念之后的70年里，物理学家们一直假定它没有质量。但是，如果它们可以在不同的味之间相互转换，根据量子理论，它们很有可能是有质量的。这样一来，这些极轻的粒子的总质量，将会比宇宙中所有恒星的质量加起来都大。

超级神冈探测器位于日本神冈山中一处正在开采的锌矿内。它的不锈钢水槽内盛着50,000吨超纯水。这些水十分纯净，光线深入其中近70米时才损失一半的强度（对于一般的游泳池来说，光线到达数米深时就会损失一半的强度）。这些水被11,000个光电倍增管监测着，这些仪器分布于水槽的侧壁、底部和顶部。每个光电倍增管都是一个人工吹制的真空玻璃泡，其直径为0.5米，玻璃泡内壁镀着薄薄的一层碱金属。在非常偶然的情况下，一个高能量的中微子会与水中的一个原子核发生碰撞，此时光电倍增管就会记录下反映这种现象的圆锥形切伦科夫光。图示为在水槽注水时，技术人员在漂浮的筏子上清理光电管。

更大的中微子探测器

在粒子物理领域，取得突破的方法通常是建造更大的设备。因此，日本在神冈探测器的基础上建造了超级神冈探测器，规模相当于前者的10倍。它装有50,000吨水，一系列光敏探测器朝向水池的中心，以捕捉由质子衰变或质子受中微子撞击产生的信号。这两种反应产生的粒子都会发出蓝色的切伦科夫光，从而可被观测到。切伦科夫光最早由苏联物理学家帕维尔·切伦科夫（Pavel Cherenkov）于1934年发现，它好比光学中的"声爆"现象：正如超声速飞行的飞机会产生冲击波，当带电粒子（如电子或μ子）在介质中的运动速度超过介质中的光速时就会发出切伦科夫光。介质中的光速小于真空光速c，所以这一运动并不违背爱因斯坦的相对论。水中光速比真空光速小约25%，然而一些高能粒子在水中的运动速度十分接近真空光速，它们便会沿飞行轨迹发出锥状的切伦科夫光。

在超级神冈探测器里，带电粒子通常只能飞行几米，切伦科夫光锥投影在光子探测器的壁上，形成一个光环（见右图）。环的大小、形状和强度暗示了带电粒子的性质，由此我们便可以推测出它是由哪种中微子产生的。由电子产生的切伦科夫图案与由μ子产生的很好区分：由于电子会产生一簇粒子，它的切伦科夫光环边缘模糊，与μ子干净利落的圆环形成鲜明对比。根据切伦科夫光，我们还可以获得电子或μ子能量与方向的信息，通过

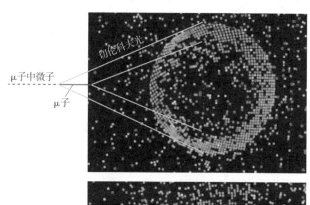

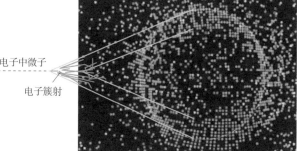

切伦科夫光锥是高能中微子撞击原子核并产生带电粒子时发出的。在这个过程中，μ子中微子产生μ子，μ子移动约1米并在探测器上投下一个清晰的光环（如上图所示）；电子中微子则产生电子，这个电子会生成一小簇负电子与正电子，每个都有单独的切伦科夫光锥（如下图所示）。这样，探测器上就会留下模糊的光环。图中的绿点表示在同一个探测时长内探测到的光。

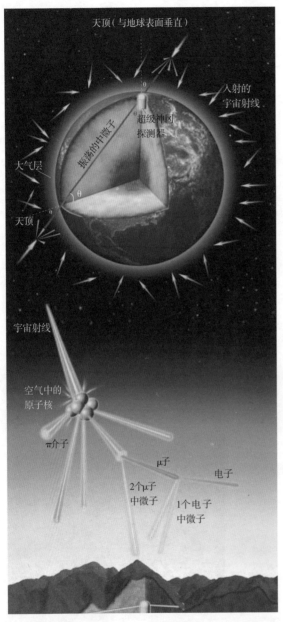

高能宇宙射线轰击一个大气中的原子核时，会产生一簇粒子，其中大多数是π介子（如图中下半部分所示）。这些π介子在衰变过程中，每产生1个电子中微子就会相应地产生2个μ子中微子。我们理应在相反的方向探测到相同的中微子事例率（如图中上半部分所示），因为这两个方向的中微子都来自天顶角为θ时入射大气的宇宙射线。如果μ子中微子的运动距离较长，在运动的这段时间里它的味就会发生变化，这种事例率之间的比例关系也会遭到破坏。

这些可以恰当地估计中微子的相关信息。

然而，第三种中微子——τ子中微子可就不那么容易被超级神冈探测器探测到了。τ子中微子只有在能量够高时才能与原子核发生反应，产生τ子。μ子的质量大约是电子的200倍，τ子的质量大约是电子的3,500倍。绝大多数大气中微子的能量都能达到μ子的质量（根据爱因斯坦质能方程，粒子的能量与质量成正比），但只有极少一部分能达到τ子的能量，所以绝大多数τ子中微子会直接穿过探测器而不会被探测到。

不过，实验物理学家们关心的最基本的问题是数量。在建造了一个精美绝伦的中微子探测器后，首要任务自然是数一数我们究竟探测到了多少中微子。与此相关的另一个问题是，"我们的预期是多少？"想要得到答案，我们必须先分析一下中微子的产生机制。

超级神冈探测器监测的是大气中微子，这种中微子是由宇宙射线轰击大气层顶端产生的。绝大多数入射物质（我们称其为初级宇宙射线）是质子，其中还夹杂着一些较重的原子核，如氦核、铁核。这些粒子与大气中的分子碰撞，产生若干二级粒子，其中绝大多数是 π 介子和 μ 子，它们将在空气中短暂飞行，并迅速衰变成中微子（见第104页图）。只要大致了解了每秒钟轰击大气的宇宙射线粒子的数量，以及每次碰撞可以产生多少 π 介子和 μ 子，我们就可以预言有多少中微子将会出现。

数据分析中的比值技巧

不幸的是，这种预估的误差高，只能精确到25%，所以我们需要借助一种常用的技巧：通常情况下，两个量的比值比单个量更容易确定。在超级神冈探测器中，π 介子衰变链尤为重要。π 介子衰变产生1个 μ 子和1个 μ 子中微子，μ 子继而衰变成1个电子、1个电子中微子和1个 μ 子中微子。不管有多少宇宙射线粒子轰击大气层，也不管有多少 π 介子由此产生，μ 子中微子和电子中微子的比例都应为2∶1。真正的计算当然要比上述过程复杂得多，其中还要涉及对宇宙射线粒子束的计算机模拟，但是最终得出的比值误差仅为5%。与单独计算各种粒子的数目相比，这样的结果自然可以为我们的实验提供更好的参考。

对中微子的计数持续了两年后，超级神冈探测器研究团队惊奇地发现，他们实际探测到的 μ 子中微子和电子中微子的比值是1.3∶1，而非此前预测的2∶1。即使我们考虑到中微子的不稳定性、中微子与原子核的作用方式，以及探测器的响应，最大限度地拓宽假设，也无法解释为什么 μ 子中微子的比例如此之低——除非中微子可以从一种类型变成另一种类型。

为了验证这个令人震惊的结论，我们可以再次使用比值法。这次在计算比值时，我们要研究来自各个可能方向的中微子的数量。到达地球的初级宇宙射线粒子在各个方向上的分布几乎是均匀的，但仍有两个因素会破坏这种均匀性。首先，地球磁场会改变一些宇宙射线粒子的轨迹，能量越小的粒子越容易受影响，这就会改变这些粒子到达地球的方向分布。其次，沿切线方向掠过地球的宇宙射线所产生的次级粒子并不能深入大气层，因此这部分粒子所引起的结果和径直入射的粒子也有所不同。

不过，几何学方法可以为我们提供帮助：当我们沿偏离垂直线一定角度的方向观

察天空，然后再以相同的角度向下观察大地时，"向上"和"向下"观测所"看"到
的中微子数量应该是一样多的。这些中微子都是宇宙射线以相同角度撞击大气层时产
生的，它们之间唯一的区别是，一些碰撞过程发生在我们头顶，而另外一些发生在地
球的另一侧（见第104页图）。于是，我们筛选出能量足够高的中微子（产生这些中
微子的宇宙射线受地球磁场影响而发生的偏转很小），并结合上述考虑，用从下向上
运动的中微子数量除以从上向下的。如果中微子不发生振荡，也就是它的味不在飞行
中变化，那么最终得到的比值应该严格等于1。

我们看到，向上和向下运动的高能电子中微子的数目完全相等，这与我们预期的
一致，但是向上运动的μ子中微子仅为向下运动的一半，这一现象再次向我们暗示，
中微子在运动中会发生变化。此外，实验结果还揭示了这种变化中的一些性质：由于
向上运动的电子中微子没有明显增多，所以向上运动的μ子中微子不可能变成电子中

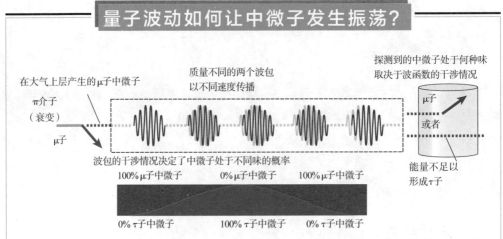

量子波动如何让中微子发生振荡？

在大气上层产生的μ子中微子

π介子
（衰变）

μ子

质量不同的两个波包
以不同速度传播

探测到的中微子处于何种味
取决于波函数的干涉情况

μ子

或者

能量不足以
形成τ子

波包的干涉情况决定了中微子处于不同味的概率

100%μ子中微子　　　0%μ子中微子　　　100%μ子中微子

0%τ子中微子　　　100%τ子中微子　　　0%τ子中微子

　　π介子衰变时（图中上半部分左边）会产生中微子。从量子力学的观点来看，中微子显然是由两个质量
不同的波包叠加而成的（紫色和绿色，图中上半部分中间）。这两个波包以不同速度传播，质量小的波包在
前，质量大的在后。在这个过程中，两个波包会相互干涉，在中微子飞行轨迹的任一位置上，干涉的图案决
定了我们探测到的中微子处于何种味——μ子中微子（红色）或τ子中微子（蓝色）。和所有量子效应一样，
探测的结果是一个概率事件，在探测位置离中微子产生的位置很近的时候，探测到μ子中微子的概率最高；
但是这个概率是振荡分布的，随着距离的增加，探测到τ子中微子的概率变得比μ子的更高，然后又是μ子
比τ子概率更高，如此持续"振荡"下去。当中微子最终和探测器反应的时候（图中上半部分右边），上帝掷
出了"量子骰子"：如果结果是"μ子中微子"，那么就会探测到μ子中微子；如果结果是"τ子中微子"，
而中微子的能量又不足以产生一个τ子中微子的时候，那么超级神冈探测器就什么也探测不到。

微子，只可能变成τ子中微子。它们不会在探测器内部与物质发生相互作用，所以可以穿透探测器，而不会被探测到。

阴晴不定的味

上文所述的两个比值为μ子中微子变成τ子中微子提供了有力证据。但是，为什么会发生这样的变化呢？在量子物理学中，粒子在空间中的运动一般用波来描述：除质量、电荷等性质之外，粒子还具有波长，可以像波一样产生衍射等现象。此外，一个粒子的波还可以由两个不同的波叠加构成。现在，假设这两个波对应不同的质量，它们之间的差异不大。在波的传播过程中，较轻的波会跑到较重波的前面去，两个波的干涉图样就会沿着粒子的运动轨迹变化（见第106页图）。这种干涉和音乐中的"拍"十分相似，当两种十分接近又不尽相同的节奏同时存在时，就会产生这种现象。

在音乐中，这种效应会导致音量发生振荡，而在量子物理学中，发生振荡的量是探测到某种中微子的概率。一开始，中微子是μ子中微子，也就是说，探测到它是μ子中微子的概率为100%。在运动了一段距离之后，它变成τ子中微子，这时我们探测到τ子中微子的概率为100%。在其他地方，这个粒子可能是μ子中微子，也可能是τ子中微子，到底探测出哪种结果，就要看运气了。

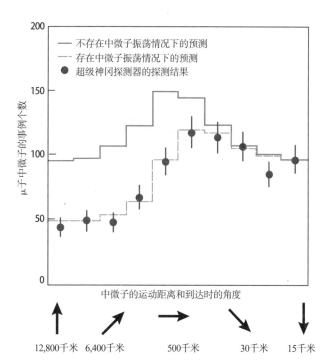

超级神冈探测器测量的高能μ子中微子在不同入射角度上的分布，其结果与中微子振荡的预测（绿色）符合得很好，而与没有加入振荡机制的预测（蓝色）并不相符。向上运动的中微子（图中最左边）运动距离相当长，这导致它们中有一半的味都发生了变化，从而没有被探测到。

1930	1933	1956	1962	1969
沃尔夫冈·泡利（Wolfgang Pauli）提出一种尚未观察到的假想粒子，它带走了某些放射性衰变中损失的能量，从而解决了能量守恒问题。	恩里科·费米（Enrico Fermi）将泡利提出的粒子列入β衰变理论的方程，这种粒子被称为中微子。	弗雷德里克·莱因斯（Frederick Reines，中间）和克莱德·考恩（Clyde Cowan）利用萨凡纳河核反应堆首次探测到中微子。	在布鲁克黑文，第一个加速器中微子束证实电子中微子和μ子中微子之间存在差别。	小雷蒙德·戴维（Raymond Davis, J利用霍姆斯特克矿600吨清水首次测太阳中微子。

这种粒子的振荡看似奇异，实际上，在我们熟知的另一种粒子——光子身上也可以观察到类似的现象。光有不同的偏振方式，有竖直的、水平的，有左旋圆偏振，还有右旋圆偏振。它们的质量都一样（所有的光子质量都为0），但是在一些光活性材料中，左旋光的传播速度大于右旋光。一个竖直偏振的光子可以视为由这两种圆偏振叠加而成，当竖直偏振光在光活性材料中传播时，随着两种成分的相位差发生变化，光的偏振方向也会不断旋转（即振荡）。

与光子的振荡有所不同，我们在超级神冈探测器中观察到的中微子振荡并不需要类似光活性材料这样的传播介质。不论中微子是在空气、岩石，还是在真空中运动，只要两种中微子有足够大的质量差，味的振荡就可以发生。一个中微子到达超级神冈探测器时发生振荡的程度取决于它的能量以及它在产生后运动的距离。向下运动的μ子中微子在抵达探测器前只飞行了数十千米（大气中微子产生于地球大气层），它发生的振荡只相当于一个振荡周期极小的一部分，所以这部分中微子的味不会有太大改变，我们探测到的基本还是μ子中微子（见第104页图）。自下而上的μ子中微子产生于数千千米外，它们在飞行过程中发生了若干次振荡，平均而言，在最后的测量中，这些μ子中微子中只有一半还是μ子中微子，剩下的一半则变成了τ子中微子，它们直接穿过了超级神冈探测器而没有被探测到。

上述解释只是一个大致图像，不过中微子振荡理论很有说服力地解释了μ子中微子与τ子中微子的比例，以及上行/下行中微子的事例率这些实验事实，使其现在被大家广泛接受。我们还做了大量研究以弄清μ子中微子数量与其能量、入射角度之间的

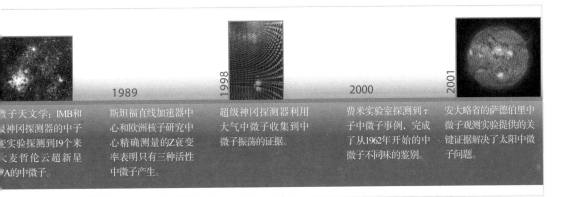

微子天文学：IMB和
神冈探测器的中子
实验探测到19个来
大麦哲伦云超新星
A的中微子。

斯坦福直线加速器中
心和欧洲核子研究中
心精确测量的Z衰变
率表明只有三种活性
中微子产生。

超级神冈探测器利用
大气中微子收集到中
微子振荡的证据。

费米实验室探测到τ
子中微子事例，完成
了从1962年开始的中
微子不同味的鉴别。

安大略省的萨德伯里中
微子观测实验提供的关
键证据解决了太阳中微
子问题。

关系，假设了一系列可能的振荡模式（其中也包括不振荡的情况），并将这些模式所预言的结果和实际测量的数据加以比较。真实数据和非振荡假设下的结果差异很大，却与具有特定质量差以及其他物理参数下的振荡模式比较一致（见第107页图）。

在实验开始后最初的两年里，我们采集到约5,000个事例（在粒子物理实验中，被探测器探测到的一次粒子反应称为一个事例）。通过这些数据，我们排除了统计涨落的可能，确定大气中微子数目异常来源于中微子振荡。尽管如此，来自其他实验或技术的印证仍然十分必要。美国明尼苏达州和意大利的一些探测器也为μ子中微子的振荡提供了证据，但是它们探测到的事例较少，在统计学意义上其确定性还是略逊一筹。

更多的佐证

更多的证据来源于对大气中微子反应的大量其他研究：大气中微子与探测器周围岩层中的原子核的碰撞。电子中微子仍旧会产生大量次级粒子，但这些粒子在到达超级神冈探测器所在的洞穴之前就会被岩石吸收殆尽。能量较高的μ子中微子会产生高能μ子，它们可以在岩石中穿行数米，最终进入探测器。我们只记录自下而上入射，穿过地球的μ子中微子所产生的μ子数量，因为自上而下的μ子中微子所产生的μ子混杂在大量穿透岩层的宇宙射线μ子中，因而难于探测。

我们对以各个角度向上入射的μ子都进行了计数，从竖直向上到几乎水平，每一个角度都对应着不同的中微子飞行距离（即从大气层中的中微子产生点到超级神冈探测器附近的μ子产生点的距离），最短的只有500千米（水平入射时的大气层厚度），而最长的可以达到13,000千米（竖直入射情况下，对应地球直径）。我们发现，μ子中微子的能量越低，飞行距离越长，其数目减少得就越厉害，而高能μ子中微子飞行的距离较短，这正是我们的振荡假设所预期的结果。通过细致的分析，我们得到了和先前研究相似的中微子参数。

如果只考虑已知的这三种中微子，根据我们的数据，μ子中微子会变成τ子中微子。量子理论告诉我们，这种振荡的深层原因是这些中微子具有质量——尽管在过去的70多年里，我们一直认为它们没有质量。

不幸的是，量子理论也决定了我们通过该实验只能测量这两种中微子之间的质量平方差，因为振荡波长由这个量决定，而和某一个中微子的质量没有关系。超级神冈探测器的数据所给出的质量平方差在$0.001 \sim 0.01eV^2$之间。参考其他已知粒子质量的规律，不同种类的中微子质量差异可能非常大，这也就意味着较重的中微子质量可达$0.03 \sim 0.1eV$。这又说明了什么呢？

首先，中微子具有质量并不会破坏标准模型。每一种中微子都是由不同质量的几种本征态混合而成的，这就需要引进一系列所谓的中微子混合参数。早先科学家已经在夸克中观察到少量这种混合，但是我们的数据表明，中微子的混合程度更高——任何新的理论想要成功，都必须兼容这一新的发现。

其次，与其他粒子的质量相比，0.05eV非常接近0（要知道，中微子之外最轻的粒

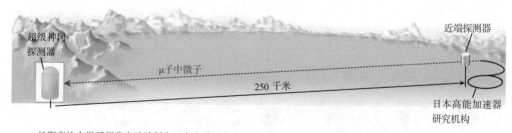

长距离的中微子振荡实验计划在日本和美国实施，科学家可在数百千米外探测加速器产生的中微子束。这些实验将严格验证中微子振荡效应，并且精确测量对这个现象起决定作用的物理常数。

子——电子，质量都达到511,000eV），所以长久以来科学家认为中微子没有质量也是合情合理的。一些理论物理学家也关注到了中微子微小的质量，他们试图创造一种"大统一理论"，在高能量区域将除引力以外的所有相互作用以一种优美的方式统一起来。他们常常使用一种被称为"跷跷板机制"的数学工具。在这种机制中，质量很小但不为零的粒子的存在是很自然的。这种机制中存在一些质量非常大，达到大统一质量尺度的粒子，它们提供了一种"杠杆力"，可以将较轻的中微子与质量是其十亿甚至万亿倍的夸克和轻子区分开来。

这一结果的另一个意义在于，从现在开始，中微子质量应当计入宇宙总质量了。天文学家已经花了一段时间列出了宇宙中的发光物体（如恒星）以及其他不易发现的普通物质（如棕矮星和弥散气体）的质量。将这些质量加起来，可以得到宇宙的总质量。另外，宇宙物质的总质量可以通过星系的轨道运动和宇宙膨胀速率被间接测量出

其他的困惑与可能性

粒子物理学家们也在寻找其他表明中微子具有质量的迹象。1969～1999年，科学家一直在尝试捕捉来自太阳内部核聚变反应产生的电子中微子，但探测结果却总是比最佳太阳模型的预测值要小。

超级神冈探测器也进行了太阳中微子计数实验，结果约为理论值的50%。与此同时，我们也在研究这些探测数据，希望能找到明显的中微子振荡迹象。1999年5月，位于加拿大安大略省的萨德伯里中微子观测站观测到了第一个中微子。这个观测站用了1,000吨重水，它能极大增强对太阳中微子的观测效果。其他的中微子探测器也在不久后陆续投入使用。

在美国洛斯阿莫斯国家实验室进行的另一项实验发现了更明显的中微子振荡迹象：科学家从一个本应只产生μ子中微子的地方发现了电子中微子。但是这个信号和背景过程混合在一起，并没有被独立验证。接下来的几年，科学家将做一些实验去验证它。

由质量引起的μ子中微子和τ子中微子振荡机制看似很合理地解释了超级神冈探测器的数据，但这并不是唯一可能的解释。首先，在一般情况下，中微子波函数是由全部三种味混合而成的。超级神冈探测器的数据虽然可以涵盖一部分电子中微子、μ子中微子振荡的情况，但法国绍兹核电站的一个实验表明，超级神冈探测器中发生的电子-μ子中微子振荡是非常有限的。

另外一种解释是，μ子中微子转化成了一个目前不为人所知的味。不过欧洲核子研究中心对Z^0粒子的研究表明，中微子只有三种活跃的味（"活跃"是指这种味参与了核子间的弱相互作用）。所以如果有新的味，也只能是"惰性"的，即这种中微子只通过重力与其他粒子相互作用。一部分物理学家倾向于这个观点，因为目前来自三种不同效应（太阳中微子、大气中微子和洛斯阿拉莫斯的数据）的观测结果没法用一套中微子质量（包括电子中微子、μ子中微子、τ子中微子的质量）来解释。

科学家也提出了其他的中微子振荡机制，包含了比中微子质量更加深奥的效应。

来。但我们发现，直接测量的结果比间接测量低了20%。我们的研究虽然表明中微子有质量，但质量太小，不足以解开这个谜团。尽管如此，在大爆炸中产生的、弥散在空间中的中微子，它们的总质量也几乎等于所有恒星质量之和。这些中微子或许影响了大尺度天文结构，例如星系团的形成。

最后，我们的数据还直接推动了两个新实验。基于一些小型探测器得到的结果，许多物理学家已经决定不再依赖宇宙射线这一不稳定的中微子源，转而利用高能加速器产生中微子。不过，中微子还要有足够长的飞行距离，这样振荡效应才能被观测到，所以中微子束的目标探测器需要建在几百千米以外。美国明尼苏达州的苏丹矿山中就有一个这样的探测器，这台探测器将用于研究费米实验室加速器所产生的中微子。费米实验室位于伊利诺伊州芝加哥郊外的巴达维亚，距离苏丹730千米。

毫无疑问，一个性能优良的大气中微子探测器必定也擅长探测加速器产生的中微子。所以在日本，我们用超级神冈探测器来监测250千米外的日本高能加速器研究机构加速器实验室产生的中微子。与大气中微子不同，来自日本高能加速器研究机构的中微子束流可以随心所欲地打开或关闭，并有确定的能量和方向。最重要的是，我们在中微子源附近放置了一个与超级神冈探测器相似的探测器，以便在振荡开始前先测量这些 μ 子中微子的状态，计算近端探测器和远端探测器计数的比值，这样就可以证实振荡效应并减小误差。在这篇文章被刊发出来的时候（1999年8月），第一束人造中微子束流正在日本的崇山峻岭下呼啸穿梭，50,000吨的超级神冈探测器将捕获其中一小部分中微子。捕捉到的中微子具体有多少，就要看下一段故事了。

扩展阅读

The Search for Proton Decay. J. M. LoSecco, Frederick Reines and Daniel Sinclair in *Scientific American*, Vol. 252, No. 6, pages 54–62; June 1985.

The Elusive Neutrino: A Subatomic Detective Story. Nickolas Solomey. Scientific American Library, W. H. Freeman and Company, 1997.

The Official Super-Kamiokande Web site is available at **www-sk.icrr.u-tokyo.ac.jp**

The K2K Long Baseline Neutrino Oscillation Experiment Web site is available at **neutrino.kek.jp**

The Super-Kamiokande at Boston University Web site is available at **hep.bu.edu/~superk/index.html**

探索太阳中微子问题

通过研究太阳中微子在抵达地球之前的转变，萨德伯里中微子观测站已经解决了困扰了科学家30多年的难题。

撰文 / 阿瑟·麦克唐纳（Arthur B. McDonald）

乔舒亚·克莱因（Joshua R. Klein）

戴维·沃克（David L. Wark）

翻译 / 李哲

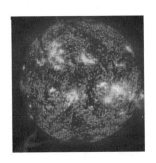

本文作者之一阿瑟·麦克唐纳因通过中微子振荡证实中微子有质量，获得2015年诺贝尔物理学奖。本文刊发于《科学美国人》2003年第4期。

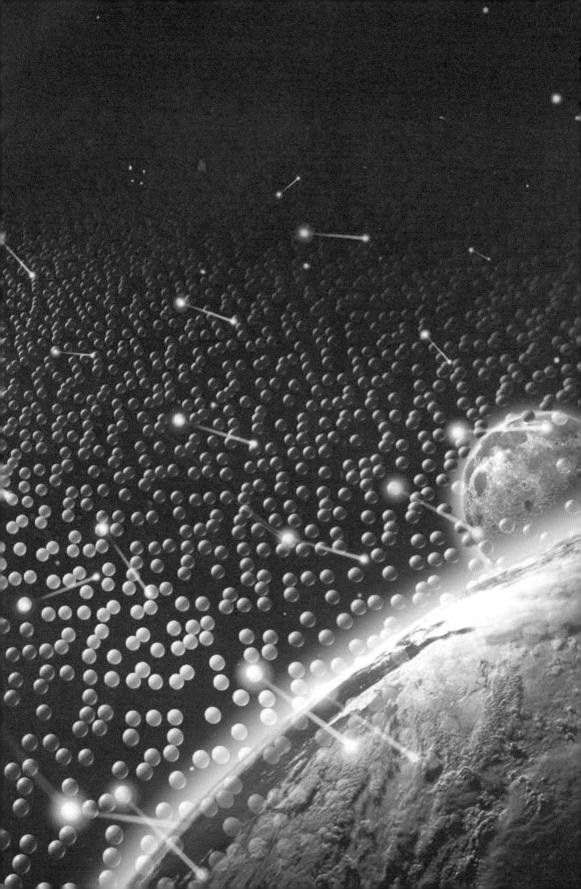

阿瑟·麦克唐纳、乔舒亚·克莱因和戴维·沃克是萨德伯里中微子观测站（SNO）合作计划中130多人实验团队的成员。麦克唐纳是加拿大新斯科舍省悉尼本地人，从1989年SNO成立以来就担任SNO研究所主任。他还是加拿大金斯顿女王大学的物理学教授。克莱因于1994年获得了普林斯顿大学的博士学位，然后在宾夕法尼亚大学开始了SNO的相关研究。克莱因目前是得克萨斯大学奥斯汀校区的物理学助理教授。沃克过去13年都在英国工作，任职于牛津大学、萨塞克斯大学和卢瑟福–阿普尔顿实验室，他一直尝试向板球迷们解释内场球的飞行规律。除了SNO以外，他还参与了其他很多中微子实验。

　　很难想象，在地下2,000米处建造的一个有10层楼那么大的探测器居然是用来研究太阳现象的。然而，正是这个探测器解决了困扰科学家数十年之久的难题，并向人们揭示了太阳内部的物理过程。早在1920年，英国物理学家阿瑟·爱丁顿（Arthur Eddington）就提出，太阳的能量来自于内部的核聚变。可是当20世纪60年代科学家尝试用实验验证该想法的细节时，却遇上了大麻烦：太阳核聚变反应会产生独特的副产物——被称为幽灵粒子的中微子。在观测这些粒子的数量时，科学家发现观测到的数量远不及理论预测的多。直到2002年，位于加拿大安大略省地下的萨德伯里中微子观测站的观测结果才帮助物理学家解决了这个难题，彻底证实了爱丁顿的猜想。

　　和所有在地下进行的太阳研究一样，SNO的主要目标也是监测从太阳内核产生的大量中微子。但和之前30多年的其他实验不同的是，SNO用重水作为监测中微子的材料。重水分子相当于普通水分子中的氢原子多了一个中子（这种原子被称为氘原子）。正是这些额外的中子让SNO得以同时监测所有"味"（中微子的类型）的中微子。利用这种新的观测方式，SNO证明，之所以之前观测到的中微子数量与理论不符，并不是因为实验手段不够精确，也不是因为爱丁顿对太阳能量来源的猜想错了，而是因为中微子具有一个当时还不为人所知的新特性。

　　谁能想到，科学家本想通过实验验证关于太阳现象的最佳理论，却第一次发现了描述物质最基本粒子的最佳理论——标准模型的缺陷。现在，我们对太阳内部的理解，要比对微观世界的理解更准确。

太阳中微子问题

第一个关于太阳中微子的实验是由后来任职于宾夕法尼亚大学的小雷蒙德·戴维斯在20世纪60年代中期做的。这个实验的目的是证明太阳的能量来自于核聚变这一假说。该实验开创了利用中微子来研究太阳的先河，使之成为一个新的研究领域。戴维斯的实验是在南达科他州利德附近的霍姆斯特克金矿进行的，他利用放射化学技术监测中微子。探测器内装有615吨液态四氯乙烯（干洗液的主要成分），中微子会将液体中的氯原子转化为氩原子，进而被探测到。尽管理论预测每天都可以观测到一个新的氩原子，但戴维斯在实验中平均每隔2.5天才能观测到一个。[2002年，戴维斯和东京大学的小柴昌俊（Masatoshi Koshiba）因在中微子物理学方面的先驱性工作共享了诺贝尔物理学奖。]在这之后的30多年中，科学家用很多不同的技术得到了相似的结果：所观测到的太阳中微子数量总是明显小于理论预测值，低的时候是预测值的1/3，高的时候也不过是预测值的3/5，具体数值和所研究的中微子能量有关。鉴于物理学家无法理解为何实验和理论差距这么大，利用中微子来研究太阳内部物理过程的计划只能先暂时搁置。

在实验物理学家继续做中微子实验的同时，普林斯顿高等研究院已故科学家约翰·巴考尔（John Bahcall）与其他几位理论物理学家改进了用来预测太阳中微子产生速率的理论模型。这些理论模型虽然很复杂，但只依赖于很少的几个假设：太阳的能量来自于核聚变，而这会改变元素丰度；聚变能量产生了向外的压力，平衡了向内的引力；能量通

概述：振荡的中微子

从20世纪60年代开始，在地下进行的多个实验均已发现实际观测到的太阳电子中微子数量要比理论预测的少，这个未解之谜被称为太阳中微子问题。

2002年，SNO发现，在太阳内部产生的很多电子中微子在运动至地球的过程中转变为其他味的中微子，而这些中微子在以前的实验中没有被检测出来。

SNO的实验结果验证了爱丁顿提出的太阳能量来自核聚变的假说，并证明长期被认为没有质量的中微子实际上是有质量的。尽管粒子物理学的标准模型在其他很多方面都非常成功，但中微子有质量这一事实首次指出了它的缺陷，迫使科学家必须做出修改以解释这一新发现。

过辐射光子和对流传输。尽管这些太阳模型预测的中微子量仍然大于实验测量值，但这些模型所做出的其他预测，如对太阳表面日震学振荡的频谱描述，则和实验观测结果高度一致。

理论预测的中微子数量和实验结果的神秘差异被称为太阳中微子问题。尽管很多物理学家坚持认为，理论与实验不符的原因在于中微子极难观测，以及对太阳中微子产生率的计算可能有误，但随着时间推移，一个革命性的新解释慢慢获得了科学家的认同。粒子物理标准模型认为，中微子没有质量，并分为三种：电子中微子、μ子中微子和τ子中微子，也就是三种味。太阳中心的核聚变反应只产生电子中微子，戴维斯等人的实验也只专门监测这一种味的中微子。在太阳中微子的能量范围内，只有电子中微子可以把氯原子转化为氩原子。但假如标准模型不是绝对正确的，即三种味的中微子之间并非泾渭分明，而是可以通过某种方式互相转变，那么太阳产生的电子中微子就有可能变成其他味，从而不会被实验监测到。

最广为接受的一个理论是中微子振荡机制，它描述了中微子在不同味之间发生转换的过程（见第118、119页图）。这个理论认为不同味的中微子（电子中微子、μ子中微子和τ子中微子）均由三种中微子态混合而成（记为1、2、3），而这三种态有着不同的质量。电子中微子可能是态1和态2的叠加，而μ子中微子可能是这两种态的另一种叠加形式。理论预测，在从太阳到地球的过程中，中微子的叠加形式会发生变化，从而在不同味之间发生振荡。

关于中微子振荡的有力证据来自于1998年超级神冈探测器合作组的数据，科学家发现在大气层上方由宇宙射线产生的μ子中微子会离奇消失，且消失概率与其运动距离有关。中微子振荡理论认为，μ子中微子有可能转化成了τ子中微子，很好地解释了μ子中微子的消失。在宇宙射线能量范围内的μ子中微子很容易被超级神冈探测器观测到，但τ子中微子却不行。（参见上一篇，爱德华·卡恩斯、梶田隆章和户冢洋二撰写的《探测中微子》，刊发于《科学美国人》1999年第8期）。

类似的机制也可以解释太阳中微子问题。一种模型认为，中微子振荡发生在中微子从太阳到地球的途中，即在真空的宇宙中穿行的这8分钟路程中。另一种模型则认为，在整段路程的前2秒，即中微子穿过太阳内部时，由于不同味的中微子和物质

变幻莫测的中微子

中微子的振荡机制

电子中微子（左）实际上是两类（1类和2类）中微子量子态的同相叠加。因为这两类中微子的波长不同，所以当它们运动一段距离后会出现相位差，形成一个μ子中微子或τ子中微子（中），再运动一段距离后又振荡回一个电子中微子（右）。

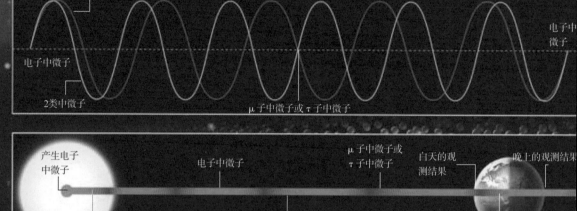

振荡发生在哪里？

在太阳中心产生的电子中微子可能在太阳内部发生振荡，也有可能在到达地球前8分钟路程的宇宙空间中振荡。振荡发生的具体位置和中微子的性质有关，如两类中微子的质量差以及在叠加态中的具体系数。中微子穿越地球时可能还会产生额外的振荡，这导致白天和晚上的观测结果存在差异。

一个可能的中微子事例的真实数据

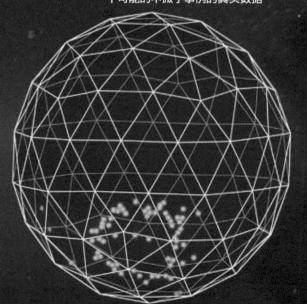

SNO 如何监测中微子？

SNO 通过观测电子在高速运动时产生的切伦科夫光来监测中微子（见下页图）。在SNO内部的重水（蓝色大球体）中，中微子有三种产生高能电子的方式。第一种方式是在氘核分解反应（a）中，中微子（蓝色）把一个氘原子核分解为一个质子（紫色）和一个中子（绿色）。分解出来的中子会和其他氘原子核结合，并释放出伽马射线（波浪线）。伽马射线会继而激发一个电子（粉色），该电子产生的切伦科夫光（黄色）能被仪器监测到。第二种方式是在中微子吸收反应（b）中，一个中子会吸收一个中微子，转化为一个质子和一个高能电子，只有电子中微子会产生这个吸收反应。还有一种概率较小的反应是中微子直接与电子发生碰撞（c）。由于宇宙射线中的μ子无论在探测器外部还是内部都会产生切伦科夫光，科学家们可以通过产生的切伦科夫光的强度和位置区分宇宙射线μ子（红色）和中微子。因为实验装置位于2,000米深的地下，来自宇宙射线的μ子受到屏蔽，其数量可以被降低至可以接受的范围。

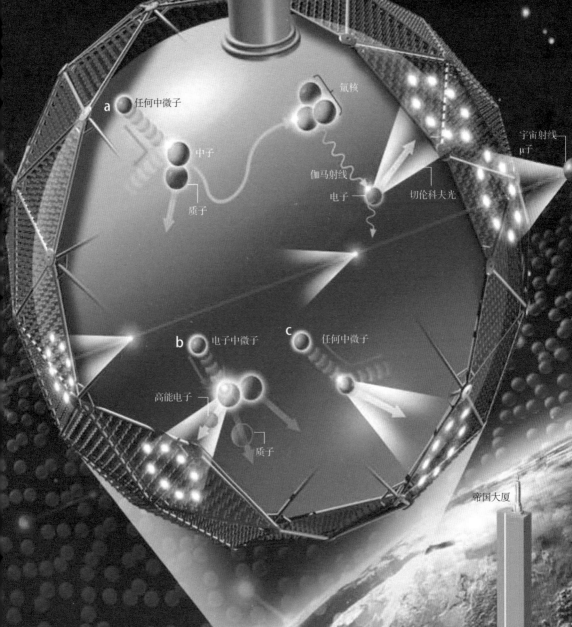

一个直径18米的类球多面体上设有9,500多个光电倍增管，它们就像萨德伯里中微子观测站的眼睛。这些光电倍增管用来监测一个直径12米的丙烯酸容器内的1,000吨重水，每个光电倍增管都达到能监测到一个光子闪光的精度。整个装置被悬放在普通水中。建造整个装置的所有材料都必须被严格纯化，除去自然存在的放射性元素，以避免太阳中微子的计数结果被干扰信号掩盖。

发生作用的方式不同，中微子振荡会加强。这两种模型各自基于不同的中微子参数范围，例如不同味中微子的质量差和叠加方式。虽然超级神冈探测器和其他实验已经提供了证据，但太阳中微子问题仍可能是由中微子振荡之外的原因引起的。直到2002年以前，科学家都没有找到太阳中微子振荡的直接证据，即直接观测到太阳中微子发生转变的过程。

萨德伯里观测站

建立萨德伯里中微子观测站的初衷就是为了寻找这样的直接证据。观测站用1,000吨重水检测中微子，中微子遇到重水会发生好几种不同的反应过程，其中一种反应只对电子中微子有效；而其他反应则能捕获所有三种中微子且无法把它们分辨出来。假如抵达地球的太阳中微子只包含电子中微子，即没有发生中微子振荡，那么对三种味一起监测的观测结果应该和只监测电子中微子的结果一样。反之，若观测到的三种味的中微子总数远大于电子中微子的数量，则将证明太阳中微子的味发生了变化。

为什么SNO既能只监测电子中微子，又能同时监测所有味的中微子？奥秘就在于重水中的氘原子核。氘内的中子会产生两种不同的中微子反应：中微子吸收和氘核分解。中微子吸收是指中子吸收一个电子中微子，并释放出一个电子；氘核分解是指一个氘核分解为一个质子和一个中子。只有电子中微子可以产生中微子吸收反应，而任何味的中微子都可以引起氘核分解反应。SNO也能监测另一种反应——中微子导致的电子散射，该反应也可以用来统计非电子中微子的数量，但对μ子中微子和τ子中微子而言，该反应远没有氘核分解灵敏（见第118、119页图）。

SNO并不是最早使用重水做实验的。早在20世纪60年代，凯斯西保留地大学的詹金斯（T. J. Jenkins）和迪克斯（F. W. Dix）就尝试用重水探测太阳中微子。他们在地面上放置了约2,000升（2吨）重水，但太阳中微子的迹象被宇宙射线产生的效应所掩盖了。1984年，加利福尼亚大学欧文分校的陈华生（Herb Chen）提议，从加拿大的坎杜核反应堆项目中抽出1,000吨重水，置于萨德伯里的沃伊贝镍公司克莱顿镍矿底部。在这么深的地下，宇宙射线可在一定程度上被屏蔽掉，科学家可以清晰地记录由太阳中微子产生的中微子吸收和氘核分解反应。

这个提议促成了SNO合作计划，最初的领导人是陈华生和加拿大安大略省金斯顿女王大学的乔治·尤安（George Ewan）。最终，SNO探测器得以问世。科学家在一个直径12米的透明丙烯酸酯容器中装了1,000吨重水。重水外的一个直径18米的类球多面体上，安置了超过9,500个光电倍增管用来监测重水（见第120页图），每个光电倍增管都可以监测到单个光子产生的闪光。整个装置浸在超纯水之中，所在洞穴则位于地表2,000米下。

人类对太阳和中微子80年的探索历程

人类花了将近一个世纪才完全确认了太阳能量的来源是核聚变。在这期间，中微子的角色也从猜测性的假说变成了关键性的实验工具。中微子振荡现象告诉物理学家们，在未来数十年中仍然有新的基础物理原理等待着人们发现。

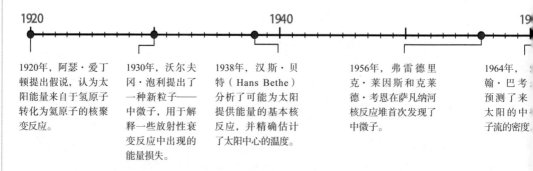

1920			1940		19

1920年，阿瑟·爱丁顿提出假说，认为太阳能量来自于氢原子转化为氦原子的核聚变反应。

1930年，沃尔夫冈·泡利提出了一种新粒子——中微子，用于解释一些放射性衰变反应中出现的能量损失。

1938年，汉斯·贝特（Hans Bethe）分析了可能为太阳提供能量的基本核反应，并精确估计了太阳中心的温度。

1956年，弗雷德里克·莱因斯和克莱德·考恩在萨凡纳河核反应堆首次发现了中微子。

1964年，约翰·巴考预测了来自太阳的中微子流的密度

SNO的测量结果

科学家之所以可以在极深的地下监测太阳中微子，是因为中微子和物质之间的相互作用非常微弱。白天时，中微子可以轻易穿透2,000米厚的岩石到达探测器处。即使是晚上，当它们从地球另一侧穿过来时，也几乎同样不受影响。由于太阳中微子与物质的相互作用极弱，它们非常适合用于研究太阳的天体物理学问题。在太阳中心产生的大部分能量需要花上万年的时间才能到达太阳表面，以太阳光的形式辐射出去。而中微子则只需花2秒钟就可以从太阳能产生之处离开太阳，向我们飞来。

既然连整个太阳和地球都很难影响到中微子，要想用1,000吨重的探测器监测到它们实非易事。虽然绝大部分中微子都会穿过SNO而不留下任何痕迹，好在总还有非常少量的中微子会偶然撞上电子或原子核，并产生足够被仪器观测到的反应能量。只要中微子数量多到一定程度，即使反应概率再小，也还是会发生。幸好太阳中微子确实数量惊人，每秒钟每平方厘米内就有500万个高能太阳中微子穿过，因此SNO的1,000吨重水每天可以记录到约10个中微子反应事例（在粒子物理实验中，被探测器

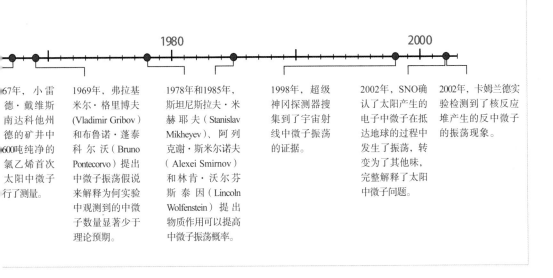

1980 2000

67年，小雷德·戴维斯南达科他州德的矿井中600吨纯净的氯乙烯首次太阳中微子行了测量。

1969年，弗拉基米尔·格里博夫(Vladimir Gribov)和布鲁诺·蓬泰科尔沃(Bruno Pontecorvo)提出中微子振荡假说来解释为何实验中观测到的中微子数量显著少于理论预期。

1978年和1985年，斯坦尼斯拉夫·米赫耶夫(Stanislav Mikheyev)、阿列克谢·斯米尔诺夫(Alexei Smirnov)和林肯·沃尔芬斯泰因(Lincoln Wolfenstein)提出物质作用可以提高中微子振荡概率。

1998年，超级神冈探测器搜集到了宇宙射线中微子振荡的证据。

2002年，SNO确认了太阳产生的电子中微子在抵达地球的过程中发生了振荡，转变为了其他味，完整解释了太阳中微子问题。

2002年，卡姆兰德实验检测到了核反应堆产生的反中微子的振荡现象。

探测到的一次粒子反应就是一个事例）。SNO内发生的三种中微子反应都会产生高能电子，继而产生切伦科夫光。切伦科夫光和物体高速运动时产生的声爆类似，是一束光锥，可以被仪器观测到。

但是，我们还必须将中微子反应产生的切伦科夫光与其他粒子反应产生的信号区别开，尤其是在大气层上方不断产生的宇宙射线μ子，它们进入探测器时会产生大量切伦科夫辐射，足以激活每个光电倍增管。好在探测器和地表之间数千米厚的岩层把大部分μ子挡住了，最后探测器监测到的μ子信号降至每小时3次。虽然这还是比每天仅有10次的太阳中微子反应事例多得多，但μ子在通过探测器外层的普通水时也会产生切伦科夫辐射，因此我们很容易通过这一点将其和太阳中微子区分开。

真正棘手的问题在于，探测器材料自身的放射性也会产生计数信号。探测器内部的一切物质，不管是重水本身，还是丙烯酸酯容器，乃至容器上的光电倍增管及其支撑结构中的玻璃和钢铁，都含有微量的放射性元素。此外，矿井内部的空气中也含有放射性的氡气。SNO探测器内部的放射性元素的每一次衰变都会产生高能电子或是伽马射线，最终产生切伦科夫辐射，而这些信号和中微子反应产生的非常相似。虽然SNO所用的水和其他材料都经过了纯化（或是直接使用天然纯净的材料），以排除这些可能的放射性干扰源，但即使只剩几十亿分之一的放射性元素，也足以覆盖真正的中微子信号。

因此SNO的前期任务十分复杂：一方面必须对所有中微子反应计数，并确定三种中微子反应的事例数各有多少，另一方面还要估计出仪器观测到的事例中有多少是由其他原因造成的，例如放射性元素的干扰。每一个步骤都必须分析得非常精确，任何一步出现了哪怕只有百分之几的误差，也会让计算出的电子中微子占总中微子的比例毫无意义。从1999年11月到2001年5月，SNO一共测量了306天，记录到了近5亿个反应事例，但仔细筛除了全部干扰源后，可认为是太阳中微子反应的事例只剩下了2,928个。

SNO并不能确认每次监测到的可能的中微子事例到底来自哪一种反应。如第118页的图示，观测到的事例既有可能是由氘核分解反应产生的，也同样可能是由中微子吸收反应产生的。不过我们在分析了大量反应事例后，可以从统计上对两种反应进行区分。举例来说，氘核分解反应（即重水中氘原子分裂成质子和中子的过程）总是产生一束固定能量的伽马射线，而中微子吸收反应及电子散射所产生的电子对应的能量谱则较宽。类似地，电子散射产生的电子的运动方向是远离太阳的，但氘核分解产生的切伦科夫光却可能指向任何方向。此外，这些反应出现的位置也不尽相同，如电子散射在探测器外层普通水中出现的概率和在内部重水中出现的概率是一样的，但其他反应则不然。利用这些细节信息，SNO的研究人员可以通过统计确定每个反应对应的可观测事例的数量有多少。

这些测量完全可以在核物理实验的范畴之内实现（不必涉及能量更高、尺度更小的粒子物理实验技术）：利用已知能量的放射源，可以通过切伦科夫光来测量相应反应的能量；使用可变波长的激光源，可以测量切伦科夫光是如何通过探测器内各介质（包括水、丙烯酸酯和光电倍增管）并在界面处反射的。而为了确定放射性干扰对实验结果产生的影响，科学家也可以通过类似的实验来实现，比如用专为SNO设计的新技术对水做放射性分析。

在统计分析之后，SNO的最终监测结果中有576个事例被认为来自于氘核分解，1,967个事例来自中微子吸收，还有另外263个来自电子散射，剩下的122个事例是由材料的放射性以及环境中的其他因素造成的。根据这些仪器记录到的事例数，以及氘核分解、中微子吸收和电子散射的微小概率，我们可以推算出有多少中微子通过了SNO。最终，根据探测器观察到的1,967个中微子吸收反应事例推算，每秒钟每平方厘米有175万个电子中微子通过了SNO探测器，这只是太阳模型预测的中微子数量的35%。所以，SNO首先确认了其他太阳中微子实验中的发现：从太阳抵达地球的电子中微子数量远少于太阳模型的预测。

关键的问题在于，抵达地球的电子中微子数量是否也显著少于抵达地球的总中微子数量。事实上，探测器观察到的576个氘核分解反应事例意味着，每秒钟每平方厘米有509万各种味的中微子通过了SNO，这远比通过中微子吸收所测得的电子中微子的数量（175万个）多。计算结果非常精确，这两个数字之差是实验误差的5倍多。

测得的氘核分解反应的事例数表明，抵达地球的509万个太阳中微子中，有近2/3

其他中微子实验

霍姆斯特克：南达科他州利德的霍姆斯特克金矿内设有一个太阳中微子探测器。最早用氯原子监测中微子的实验就是1967年在这里开始做的，当时用了600吨四氯乙烯。

神冈：超级神冈探测器位于此地，用50,000吨轻水作为探测器，研究宇宙射线中微子、太阳中微子以及从250千米之外的日本高能加速器研究机构设施中产生的 μ 子中微子（K2K 实验）。另一个小一点的探测器——卡姆兰德也设在这里。卡姆兰德用到了1,000吨液态闪烁材料，当带电粒子通过这种材料时会导致材料发光。卡姆兰德监测了附近的日本和韩国的核反应堆中生成的反电子中微子。这里原来还有一个名叫神冈探测器的轻水探测器，用于观测宇宙射线中微子和太阳中微子，但后来被改造成了卡姆兰德。

俄美联合镓元素太阳中微子实验：实验设施位于俄罗斯高加索山脉的巴克桑。实验用到了50吨镓，可以监测太阳内部质子－质子链聚变反应产生的低能中微子。

格兰萨索国家实验室：在罗马约 150 千米以东的大萨索山内有着世界上最大的地下实验室，人们通过高速公路隧道进出。这里的太阳中微子实验包括1991年开始的太阳中微子实验（Gallex/GNO，用了液态三氯化镓，其中含有 30 吨镓）和低能太阳中微子实验（Borexino，用 2,200 个光电倍增管监测 300 吨闪烁材料）。

加速器中微子实验：伊利诺伊州费米实验室的实验装置。μ 子中微子束和反 μ 子中微子束从地面向下穿越 500 米抵达探测器，探测器用 800 吨矿物油来监测它们。该装置的目的是验证 1995 年由洛斯阿拉莫斯国家实验室所做的 LSND 实验得到的饱受争议的结果，实验从2002 年开始收集数据。

米诺斯：该装置会从费米实验室向 735 千米外明尼苏达州的苏丹探测器发射中微子束。探测器内有 5,400 吨铁，周围镶嵌着塑料的粒子探测器。它从 2005 年开始收集数据。

是μ子中微子和τ子中微子，但是太阳内部的聚变反应只能产生电子中微子，这就表明在从太阳到地球的旅途中，部分电子中微子发生了转变。所以SNO的实验结果给出了直接证据，说明中微子并不像标准模型中描述的那样，是三种互相独立的不同味的零质量粒子。经过了30年的不懈努力，只有超级神冈探测器和SNO观察到了与标准模型不符的实验结果。中微子的味会发生改变这一事实直接而有力地表明，微观世界中还有太多的未解之谜。

那么太阳中微子问题本身呢？发现了电子中微子可以转化成其他味的中微子，是否能完全解释过去30年内的实验结果呢？事实正是如此。从氘核分解数据推算出的509万这个数量和太阳模型的预测高度一致。如今我们终于可以自信地说，我们真正理解了太阳产生能量的原理。在过去这曲折的30年中，我们对中微子的性质有了新的认识，最后终于实现了戴维斯最初的目标，同时开始用中微子研究太阳现象。举例来说，通过研究中微子，我们可以确定有多少太阳能是由氢原子核直接聚变产生的，又有多少太阳能是在碳原子的催化下产生的。

SNO的发现还有更深远的影响。假如中微子会以振荡的形式改变味，那么它的质量就不可能是零。在已知的基本粒子中，中微子的数量排在光子之后，是宇宙中第二多的粒子。因此对它的质量估计哪怕出现一点点变化，对宇宙模型的影响都是巨大的。SNO和超级神冈探测器在观测中微子振荡的实验中只测量了不同中微子的质量差别，而不是质量的绝对值。然而，如果质量差不为零，则意味着至少有一些中微子的质量不是零。通过把中微子振荡实验中测得的质量差和其他实验中测得的电子中微子质量上限进行结合，科学家计算出在扁平宇宙模型中，中微子的质量会占到0.3%~21%之多。（扁平宇宙模型获得了其他宇宙学数据的有力支持。）这些质量可不是微不足道的（与占宇宙质量4%的气体、尘埃和恒星总质量大体在同一个数量级），但还不能完全解释宇宙的全部质量。中微子只是目前唯一已知的可能构成暗物质（宇宙质量的未知部分）的粒子，肯定还有很多物理学尚未发现的粒子存在，并且其数量比现在已知的一切物质都多。

未来的研究

SNO正在努力寻找中微子振荡受物质影响的直接证据。前文提到中微子在从太阳内部到达太阳表面的过程中，振荡的概率有可能会增大。假如这个假设成立，那么当中微子穿过整个地球时，振荡的概率有可能会稍微降低一点，也就是说在晚上观测到的太阳所发出的电子中微子会比白天多一点。SNO的数据确实显示晚上监测到的电子中微子比白天多一点，但由于观测存在误差，科学家认为该结果不足以证明这种效应的真实性。

前文描述的SNO结果还只是个开始。本文引用的实验中，监测关键的氘核分解反应的方式是观察其他氘原子捕捉到反应产生的中子时产生的光，但这一过程效率很低，只能产生很少量的光信号。2001年5月，科学家向重水中加入了两吨高纯度的氯化钠（食盐）。氘核分解时产生的中子更容易被氯原子核捕捉，并产生更多光，这让研究者得以将氘核分解反应与中微子吸收及其他干扰因素区分开。

这样，SNO找到了一种独立的新方法，可以更准确地测量氘核分解的发生频率。2003年，相关的实验结果出来了，不仅确认了SNO之前的实验结果，而且以更高的精确度确认了中微子的性质。SNO合作组还建造了一系列名叫正比计数器的超净探测器，并于2003年把该探测器阵列放置在已经去除了盐的重水中，来直接观察氘核分解反应产生的中子。建造这些探测器本身就是一个巨大的技术挑战，因为必须把探测器材料自身的放射性干扰降至最低，保证探测器的每一米长度上每年发生的元素衰变不超过一次。这样的装置可以帮助科学家对中微子性质进行更多细致的测定。

SNO有着得天独厚的优势，其他实验也取得了重要发现。日本、美国联合建造的新探测器卡姆兰德的第一份实验结果在2002年12月公开发表。卡姆兰德探测器和超级神冈探测器设在同一地点，用于研究附近的日本和韩国核反应堆产生的反电子中微子。假如中微子振荡在遇到物质时会增强（这是SNO实验所未能证实的假说之一），那么反中微子在穿过几十或几百千米距离时同样会发生味变。事实上，卡姆兰德监测到的反电子中微子确实数量稀少，很可能是由于在从反应堆穿行至探测器的路程中发生了振荡。根据卡姆兰德的观测结果所得出的中微子性质和之前SNO的结果一致。

未来对中微子的研究可能会让我们窥知宇宙最大的一个奥秘：为何宇宙是由物质而不是由反物质构成的？俄罗斯物理学家安德烈·萨哈罗夫（Andrei Sakharov）最早指出，之所以能从大爆炸时的纯粹能量演化成现在这个以物质为主导的宇宙，一个必要条件就是物质和反物质遵循不同的物理定律，这又叫做宇称不守恒。对粒子衰变的精确测量已经证实了物理定律是宇称不守恒的，但是目前已知的宇称不守恒还不足以解释为何宇宙中有如此多的物质，因此必定有一些我们还未发现的现象中隐藏了更多宇称不守恒，中微子振荡可能就是其中之一。

观察中微子振荡的宇称不守恒现象要分很多阶段。首先物理学家们需要在强流 μ 子中微子束中发现电子中微子，接下来需要建造可以产生更强粒子束流的加速器，以产生高强、高纯的中微子束，让物理学家在不同大陆甚至是地球另一端的探测器中观测到中微子振荡。此外，对于一种罕见的放射性过程——无中微子双 β 衰变的研究也能提供更多关于中微子质量和宇称不守恒的信息。

以上这些实验，可能还得再过10年才能完成。10年看起来很久，但在过去30年中，SNO等所做的里程碑式的实验已经证明了物理学家们既有耐心又有毅力——要想研究像中微子这样神秘莫测的粒子，没有耐心和毅力是不行的。掌握中微子的秘密，对于进一步理解粒子物理学、天体物理学和宇宙学的相关问题至关重要，正因如此，我们不会止步。

扩展阅读

The Origin of Neutrino Mass. Hitoshi Murayama in *Physics World*, Vol. 15, No. 5, pages 35–39; May 2002.
The Asymmetry between Matter and Antimatter. Helen R. Quinn in *Physics Today*, Vol. 56, No. 2, pages 30–35; February 2003.
The Neutrino Oscillation Industry Web site, maintained by Argonne National Laboratory, is at **www.neutrinooscil-lation.org**
The SNO Web site is at **www.sno.phy.queensu.ca**

二

诺贝尔
化学奖

Nobel Prize in Chemistry

阿龙·克卢格 1982年 / 诺贝尔化学奖	迈克尔·莱维特 2013年 / 诺贝尔化学奖
罗杰·科恩伯格 2006年 / 诺贝尔化学奖	保罗·莫德里奇 2015年 / 诺贝尔化学奖

核小体

染色体结构的基本单元由DNA超螺旋盘绕组蛋白核心构成。本文讲述了发现核小体并确定其结构的过程。

撰文 / 罗杰·科恩伯格（Roger D. Kornberg）

阿龙·克卢格（Aaron Klug）

翻译 / 朱机

本文作者之一阿龙·克卢格因研究病毒及其他由核酸与蛋白质构成的粒子的立体结构，获得1982年诺贝尔化学奖。本文作者之一罗杰·科恩伯格因对真核转录的分子基础所做的研究，获得2006年诺贝尔化学奖。本文刊发于《科学美国人》1981年第2期。

罗杰·科恩伯格是美国斯坦福大学结构生物学系的教授。在英国剑桥大学分子生物实验室工作期间，发现了核小体——DNA在染色体中呈螺旋状的最小单位。1978年开始担任斯坦福大学教授，主要研究真核基因转录的原理和规则。

阿龙·克卢格，英国化学家。曾在伦敦大学伯克贝克学院任研究员，从事烟草花叶病病毒及其他病毒结构研究。此后回到剑桥大学，利用晶体学电子显微镜技术研究病毒、染色质等生物大分子的化学结构。

100多年前，人们第一次通过显微镜观察到高等细胞中遗传信息的携带者——染色体的时候，看到了正在分裂的细胞内有两组致密的线状物朝着相反方向移动。这两组染色体随后分别进入两个子细胞，被纳入包裹着核膜的细胞核中。接下来，发生了一件奇怪的事：染色体好像不见了！它们当然并没有真的消失，只是变得非常细，弥散在细胞核内，因而在显微镜下就看不到了。染色体在细胞分裂时会高度凝缩，以便移动和平分；在子细胞内，它们会散开，将细胞生长和执行功能所需的遗传信息暴露出来。

染色体上的信息被划分成更小的单元，即基因。在动植物细胞内，通常一条染色体上依序排列着成千上万个基因。基因决定着蛋白质的结构，蛋白质执行细胞功能。在不同类型的细胞中，比如血细胞、肝细胞、脑细胞等，蛋白质的功能不尽相同。因而，各种类型的细胞所产生的蛋白质也各不相同。可是，一个有机体的所有细胞具有相同的基因。不同的细胞之间、细胞在不同的时间之中的区别取决于哪些基因被表达，或者说哪些基因被翻译成了蛋白质。遗传信息必须有选择性地表达，同时染色体也是有选择性地展开（前者有可能是后者的结果），也就是说，只有在特定时间、特定细胞内被表达的基因区域会最大限度地伸展并暴露出来。丰富多样的细胞类型也正反映出染色体形态结构上非凡的多样性。那么，这种多样性的基础是什么？染色体的结构如此灵活，显然不仅解释了基因的选择性表达，还可以解释直径小于0.01微米的细胞核内是如何容纳总长度达2米左右（以完全展开后的长度来计）的染色体物质。

那么，使得染色体结构如此灵活的基础又是什么？

本文提到的这些研究（由我们和其他一些研究者完成）得出了一部分答案。我们自己的大部分工作在英国剑桥医学研究委员会分子生物学实验室完成，前后花费大约8年时间。有时我们会与他人合作，但绝大部分工作是我们在不同阶段独立开展的。我们与以下几位展开了密切的合作：剑桥大学的琼·托马斯（Jean O. Thomas）、本文刊发时任职于瑞士巴塞尔大学的马库斯·诺尔（Marcus Noll），以及分子生物学实验室的约翰·芬奇（John T. Finch）。在以下行文中，为简便起见，主要采用复数"我们"来表述，不再一一说明各阶段分别由我们或合作者中的哪位完成。

最早的染色体研究集中于揭示染色体的组成。在高等细胞中，染色体的基本成分被称为染色质。染色质由两类化学物质组成：蛋白质和核酸DNA。尽管其中蛋白质含量更高，但染色质的遗传信息却全部储存在DNA中。为什么要有那么多的蛋白质呢？蛋白质的特性使得这个问题特别吸引人。到了20世纪70年代早期，很多研究者的工作表明，染色质中的蛋白质成分主要有5种，都被称为组蛋白。在各种真核生物（染色质被包含在细胞核内的生物），从相对简单的（比如酵母和霉菌）到最为复杂的生物（比如人类）中，都发现了相同的5种组蛋白。揭秘组蛋白成了研究者的一大目标，大家希望搞清楚组蛋白在染色体上的位置，及其具体作用。

20世纪50年代，出现了提示组蛋白作用的第一个证据，即染色质的X射线衍射结果。这项研究由伦敦大学国王学院的莫里斯·威尔金斯（Maurice F. Wilkins）和巴黎遗传分子中心的维托里奥·卢扎蒂（Vittorio Luzzati）等人完成。X射线衍射技术适合研究原子或分子在三维空间以重复形式排列的结构（例如晶体）。威尔金斯和卢扎蒂得到的结果非常引人注目，他们找到的证据表明，染色质具有重复性结构。染色质结构的重复程度虽远比不上晶体，但也是清晰可辨的。并且，这种重复性结构被证实是组蛋白和DNA的混合物。X衍射数据的分析结果提示，重复性结构每隔100埃（1埃=10^{-10}米）左右出现。

要弄懂染色质中出现的有序性，有必要考虑蛋白质和DNA的结构。蛋白质是由20种氨基酸作为基本单元所组成的长链分子。长链会按照氨基酸序列所决定的方式进行自发折叠。折叠后的结构大体上变得更加紧密，但在表面留有一定的空腔和突起，作为选择

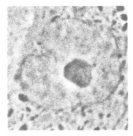

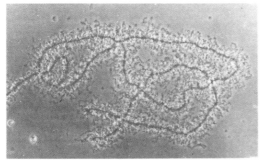
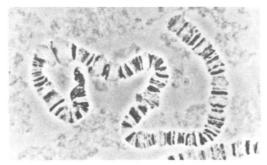

高等生物的染色体在结构形态上表现出极其丰富的多样性。从直径放大3,000倍的显微图片〔由加利福尼亚大学伯克利分校的苏珊·斯托尔曼（Susan Stallman）和扎霍伊斯·康代（Zacheus Cande）制备〕可见，鼠袋鼠活跃的细胞核中（上图左侧）的染色体物质处于高度伸展的状态，完全弥散在细胞核内，因而在显微镜下一团模糊（黑色盘状物是细胞核）；而正在分裂的鼠袋鼠细胞中（上图右侧），染色体则是高度凝缩，显现出粗短的V形。在各种组织的细胞中，在合适的时间点，都可以观察到染色体的这两种极端状态。除此之外，染色体还有几种结构迥异的特殊形式。在很多动物的生殖细胞中可以见到的灯刷染色体就是一种活性形态，此时中轴外侧的环状突起上排列着正在被表达的基因。在直径放大375倍的蝾螈卵母细胞显微照片〔由耶鲁大学的约瑟夫·高尔（Joseph G. Gall）制备〕上可以看到灯刷染色体（中图）。在果蝇幼虫的细胞内可以见到多线染色体，每条由单根染色体的数百个拷贝精确并排列而成。下图是显微镜下直径放大2,500倍的果蝇多线染色体〔由加利福尼亚州立大学诺思里奇分校的乔治·勒费夫尔（George Lefevre）制备〕。

性结合其他分子的位点。蛋白质正是借助这种结合方式实现其功能。举例来说，酶与其他分子结合，催化其他分子的化学转化；抗体结合进入机体的外来物质，从而在免疫反应中起到关键作用。组蛋白在染色质中执行功能则是通过离子相互作用的方式与DNA结合，因为构成组蛋白的很多氨基酸带正电，可以结合DNA上带负电的基团。

重复性结构对DNA构型影响重大。DNA分子又细又长，单根DNA分子贯穿一条染色体。DNA分子由两条链组成，其基本单元为核苷酸，核苷酸序列被视为遗传信息。DNA的两条链相互缠绕，组成缆线一般的双螺旋，相当僵直。这种细杆形的分子本身没有每隔100埃重复出现的结构特征，但染色质中的DNA结合组蛋白之后，就出现了

135

100埃的重复性结构了。有一种解释是，组蛋白结合DNA的方式迫使DNA折叠缠绕，并形成长度为100埃的周期，组蛋白执行了在染色质中组织DNA所必需的结构功能。

另一类完全不同的证据指向了相似的结论。1973年，南澳弗林德斯大学的迪安·休伊什（Dean R. Hewish）和利·伯戈因（Leigh A. Burgoyne）很偶然地在大鼠肝细胞的细胞核内发现了一种核酸酶（核酸酶是可降解DNA的酶）。经核酸酶降解得到的DNA片段可以通过凝胶电泳进行分析。凝胶电泳技术是让分子在电场的作用下在多孔介质内迁移，大小不同的分子经过介质的筛选被分开，实验原理是凝胶中的小分子比大分子移动得快，因而也比大分子跑得更远。休伊什和伯戈因发现，染色质中的DNA被大鼠肝细胞核酸酶降解后，在凝胶中呈现出规律性分布的条带。从条带形状来看，如果以最小的片段作为基本单元，其他片段的大小分别是其2倍、3倍、4倍等整数倍。与这一结果截然相反的是，裸露DNA被核酸酶降解后，得到的片段在凝胶里会出现弥散现象。换句话说，大鼠核酸酶降解染色质时有规律地以一定间隔切断DNA，而降解裸露DNA时则是随机切断的。休伊什和伯戈因推断，染色质中的蛋白质向DNA提供了某种规律性的保护，使其不被核酸酶降解，因而蛋白质必然以一种有规律的模式沿着DNA分布。

回过头来看，我们知道X射线衍射和核酸酶降解的结果都能说明组蛋白–DNA之谜的答案，但当时我们根本不清楚这一点。这些结果所带来的问题比它们能回答的问题还要多。这两项结果都可以用DNA的重复性折叠来解释吗？还是说，这两项结果都是蛋白质的周期性造成的，与DNA受到的结构限制无关？甚至，这两项结果间究竟有没有关联？如果答案和折叠有关，那么DNA长杆实际上沿着什么样的走向弯曲？如果X衍射与核酸酶降解的结果都是因为蛋白质，那么这种蛋白质是不是组蛋白？如果是，究竟是和5种组蛋白都有关，还是只牵涉其中某几种？让上述问题显得更加麻烦的是，当时许多研究者普遍认为组蛋白多多少少与染色体结构的多样性以及基因表达的多样性有关。如果组蛋白只是沿着DNA简单重复，可能就无法起到这些作用；在当时看来，似乎更有可能的是在染色体的不同区域找到5种组蛋白的不同组合，由它们形成复杂多样的结构。

尽管是在这样不确定的大背景下，威尔金斯及其同事还是提出了一个有关DNA重复性折叠的具体设想，用来解释染色质的X射线衍射结果。他们认为，DNA双螺旋自身会卷曲，形成更大的螺旋，其周期（或者说螺距）在100埃左右。而组蛋白被认为与这种"超螺旋"结构有关，但具体如何起作用，他们没有提供更多的细节描述。

超螺旋模型尽管与衍射数据相符，却没有被广泛接受。问题不是出在模型上，而是由于数据不足。按照设想，应该有大量的折叠DNA以100埃的间距重复出现，这样就能解释实验数据。1971年，克里克（F. H. C. Crick）和我们两位作者之一克卢格在分子生物学实验室展开理论研究，分析可以替代超螺旋模型的其他模型。我们两位作者中的另外一位——科恩伯格于1972年来到剑桥，开始做染色质的X射线衍射实验，希望获得更多数据，以便确定替代模型中的哪个是正确的。我们一度保持着这种希望，总以为下一个衍射图样就会解决问题，但一年过去，大约得到100份衍射图样后，这种直接的做法没能让我们与答案离得更近。

但是，我们在X射线衍射上的努力仍然是富有成效的，因为我们同时还在尝试着用DNA和分离出的组蛋白进行染色质的重构，而染色质特征性的X射线衍射图样被用来测定染色质重构的程度。我们的目标是了解哪种组蛋白与DNA的折叠或者卷曲有关。在用DNA和未经分离的全部组蛋白混合时，将近90%的重构都可以完成；但在用DNA和4种纯化的组蛋白中任何一种单独混合来重构染色体的尝试均告失败。我们总结为分离组蛋白的过程会使其变性：蛋白质正常执行功能需要紧密折叠所形成的"天然"构象，而这种构象被我们破坏了。无疑，我们需要一种更温和的抽提组蛋白的方法。

我们的目光转向了前一年由开普敦大学的德尼斯·范德韦斯特赫伊曾（Deneys R. van der Westhuyzen）和克劳斯·冯·霍尔特（Claus von Holt）得到的观察结果。他们正尝试将染色质中得到的组蛋白混合物分离为5种组蛋白：H1、H2A、H2B、H3和H4。

DNA   蛋白质

染色质（高等细胞的染色体物质）由DNA和蛋白质组成，后者包括5种组蛋白。杆状的DNA分子由两条核苷酸长链组成双螺旋结构，核苷酸序列编码遗传信息。图中的管状结构是包裹两条长链最外侧化学基团的封套。蛋白质（非常粗略的示意图）是由20种氨基酸亚单位组成的长链，通过折叠形成的错综复杂的主链（实线）上还有氨基酸侧链。

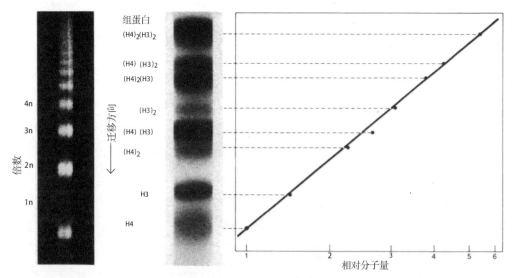

凝胶电泳可以按大小分选分子，因为不同分子在胶中的迁移速率与其分子量的对数呈反比。凝胶电泳的结果为核小体的存在（左图）提供了初步证据，为核小体的组成（右图）提供了线索。用核酸酶剪切染色质得到的DNA片段经过抽提后进行电泳（左图），经荧光染料染色后，可见若干条不连续的条带。这些条带分别对应于单位长度碱基对（底部的1n）的不同倍数。条带图形暗示核酸酶有规律地按一定间隔剪切染色质，剪切位点在两个核小体之间。交联实验（右图）中，用试剂处理组蛋白H3和H4的混合物，使蛋白质聚集体的长链之间形成共价键；再用去垢剂分离未交联的产物。当用电泳把交联产物分开后，以染料着色，可以看到8个条带，分别可对应8种分子的大小：H3和H4的单体，以及交联形成2个H3、2个H4的四聚体时所有可能的中间阶段。

这5种组蛋白十分相似，因而很难分离。它们都是长链分子，长度相近（除了H1的长度接近其他几种的2倍外），氨基酸组成也十分接近，都有大约20%的氨基酸带正电，其他氨基酸主要呈中性。由于组蛋白还倾向于相互黏附，分离起来就更加复杂了。通常用高浓度的酸和尿素可以解决黏附的问题，但这些试剂会造成大部分蛋白质失活。范德韦斯特赫伊曾和霍尔特不循惯例，寻找新的方法，在保留天然折叠结构的同时分离组蛋白。他们用多孔凝胶柱过滤混合的组蛋白，将其完全分离成两组。先从柱子中出来的一组由H1、H3和H4组成，第二组由H2A和H2B组成。

该结果隐含的意义引起了我们的兴趣。通过凝胶过滤分子时，分子通常按大小被分离，因为小分子能钻进胶粒的内孔，而进不去的大分子绕过胶粒，以较快的速度从胶粒间隙跑出柱子。（这与凝胶电泳的情况相反，凝胶电泳的胶是连续的，中间没有凝胶颗粒的填充，因此所有分子都必须从凝胶中通过，大分子的运动速度没有小分子快。）组蛋白在凝胶过滤柱中的表现让我们感到惊讶，因为H3和H4的移动速率竟然和H1是一样的，可它们的分子大小只有H1的一半。能想到的一种可能的原因是，H3和H4会天然结合成二聚体，这样它们的分子大小就和H1单体一样了。现在来看，H3-H4二聚体的想法并不是唯一一种关于凝胶过滤结果的合理解释，二聚体对染色质结构起什么重要作用也没有立刻显现出来，但这代表了在没有什么其他进展时的某种明确的东西，而我们决定去看看这是否正确。最后证明，我们说对了一半。

我们在重复组蛋白–DNA重构染色质的实验时发现，用更温和的分离方法制备的材料的确保留了组蛋白的功能。通过凝胶过滤柱得到的H3-H4聚集体，与H2A和H2B（可以是从同一个柱子中跑出的，也可以是另一次实验中得到的）混合，加入DNA，总能得到染色质，并会出现特征性的X射线衍射图样。

下一步是验证H3-H4二聚体的想法。琼·托马斯在这一阶段加入了我们，他当时正在用"化学交联"技术钻研蛋白质分子之间的相互作用。这种技术由斯坦福大学医学院的格雷格·戴维斯（Gregg E. Davies）和乔治·斯塔克（George R. Stark）发明，效果最强的一种方式是用交联剂亚胺酸酯处理蛋白质溶液。亚胺酸酯会和蛋白质的氨基形成稳定的连接；当交联剂分子与蛋白质聚集体中两根相邻氨基酸长链上的氨基连接时，便形成了大小相当于两条链总和的混合物。所形成的混合物用去垢剂十二烷基硫酸钠（SDS）溶解（分离蛋白质聚集物中未交联的分子，并使长链从紧密的构型中伸展开来），再用凝胶电泳检测（长链被按大小分开）。我们原本以为用亚胺酸酯处理假定存在的H3-H4二聚体，再用凝胶电泳分析，将会得到3种大小的分子，也就是在凝胶中会看到3个条带。其中，1个条带对应于H3和H4的交联，2个条带则出自没被交联的H3、H4单体。可实验结果大大出乎我们的意料，不是3个条带，而是8个条带。它们的分子大小分别对应于H3、H4、H3-H3二聚体、H3-H4二聚体、H4-H4二聚体、H3-H3-H4三聚体、H3-H4-H4三聚体和H3-H3-H4-H4四聚体。重新思考这个结果，我们可以认为它们是由2个H3和2个H4组成的聚集体在交联形成过程中所有可能的中间物。换言之，倘若H3和H4不是以二聚体出现而是作为2对二聚体——$(H3)_2(H4)_2$四聚体出现，就可以很好地解释我们所得到的结果。后续的工作证明，的确存在这样的四聚体。

这对于染色质结构来说可能意味着什么？四聚体的同质性（事实上H3和H4只有一种分子聚集形式）说明这是一种独一无二的结构单元。其他组蛋白以及DNA与这种结构单元可能的关系可以从相对数量来推断。绝大多数有机体的染色质内，H2A、H2B、H3和H4分子的数量大致相等，并且每一个分子对应约25个碱基对长度的DNA双螺旋。假如染色质是由许多相同的单元组成，而每个单元以1个(H3)$_2$(H4)$_2$四聚体为基础，那么这个单元就应该是由2组4种组蛋白组成的八聚体，再加上大约200个碱基对的DNA。

在推断H3和H4的四聚体组成时，我们还参考了其他蛋白质的相似之处，例如在血液中携带氧气的血红蛋白。血红蛋白分子由两种类型的氨基酸链组成，分别被称为α链和β链，它们形成了四聚体：2条α链和2条β链。血红蛋白以及其他一些由多条氨基酸链组成的蛋白质结构，都可以用X射线衍射的方法来确定其原子组成的细节。人们从中发现了一个显著的共同点：这些蛋白质裹得十分紧密，外形近似圆球。它们的表面完全没有足够大的孔洞，大到可容DNA那般大小的分子进入。类似的，如果染色体结构单元内的组蛋白组合（8个组蛋白分子，每种组蛋白有2个）也是紧密包裹的复合物，那么与组蛋白在一起的DNA就只可能缠绕在复合物的表面；贯穿染色体的单根DNA长链要经过一组组蛋白（或者一个结构单元）再到下一组。于是，染色体的面貌呈现为一连串小球形状的基本单元，很像一条线上彼此挨着的一串珠子。

想得到更完整的面貌，我们还需要知道尺寸，这一点根据已有的信息可以粗略估测。假设珠串对应了X射线衍射实验揭示的重复性结构，那么串珠球心之间的距离就可以依照X衍射数据设定为100埃。进一步可以假设，长长的珠串就是未凝缩的染色体在电子显微镜照片中可见的染色质丝。这些纤丝的粗细在不同的研究报道中为30～300埃，最常见的在100埃左右，可以被视为串珠的直径。

以上这些纯属猜测，属于朋友间说说无妨但不会正式对外讲的那种。可是，当我们意识到串珠结构可以解释休伊什和伯戈因的核酸酶消化实验时，事情就不一样了：串珠上的DNA和串珠之间不被绑定的DNA是间隔的，这可能就是核酸酶消化实验中出现规律条带的原因，因为没被绑定的DNA更有可能被切断。降解得到的片段可能是单个串珠DNA的整数倍。我们现在可以猜测，单个串珠上的DNA长度约为200个碱基对。直接预测片段大小给我们的"串珠模型"提出了第一个考验。

结果再无疑问。技术文献中已经有了提示。休伊什和伯戈因在他们的论文中引用过英国格拉斯哥大学的罗伯特·威廉森（Robert Williamson）在另一篇文章中观察到的相似的DNA片段图案。我们查阅了威廉森的结果，发现他记录到的DNA片段大约是200个碱基对的整数倍，这与我们根据串珠模型推测的片段大小一致，真是太好了。从这一刻起，我们的想法看起来已经正确无疑了。但要证明这一点却是另一回事。

威廉森测得的片段大小只是约数，他的DNA片段与休伊什和伯戈因实验中的片段有什么关系尚不清楚。因此，当务之急是要重复休伊什和伯戈因的实验并精确测算片段大小。我们决定尝试一种基于凝胶电泳的新测量方法，把未知大小的DNA片段与已知核苷酸序列（因此分子量已知）的标记物片段并排。当时刚加入我们的马库斯·诺尔完成了这个分析。他测得的前3个片段的长度分别是205、405和605个碱基对。如此一来，我们关心的片段大小问题就解决了。

另一项富有应用价值的发现是，并非只有大鼠肝细胞的核酸酶具有每隔200个碱基对切断染色质DNA的特性。这一发现要感谢美国国立关节炎、代谢和消化疾病研究所的加里·费尔森菲尔德（Gary Felsenfeld）和美国俄勒冈州立大学的肯萨尔·范霍尔德（Kensal E. van Holde）所做的工作，当时他们正从事微球菌核酸酶消化染色质的研究，这种酶是从一种叫微球菌的细菌中纯化来的。经过微球菌核酸酶的长时间消化，约半数的DNA被完全降解，约半数的DNA受到保护未被降解，仍保留着100～175个碱基对的长度。未被降解的部分在离心时的沉降速度要快于同样长度但完全展开、没有结合组蛋白的DNA，由此可判断，受保护的部分保持着完整的颗粒形态。

我们想知道这些颗粒是否与我们认为的"串珠"相符，于是做了微球菌核酸酶消化染色质的实验，并用凝胶电泳分析DNA片段。经过短时间的消化，出现了之前在大鼠肝细胞核酸酶实验中看到的条带形状，同样以大约200个碱基对为单元大小，其他条带则是单元大小的整数倍；经过较长时间的消化，几乎所有DNA都被切成了单元大小（根据费尔森菲尔德和范霍尔德的报告，最终会被降解为更小的片段，这一点在后文还将详细说明）。这些实验表明，按一定长度的间隔沿着DNA切断染色质是由染色质的结构特性决定的，而不是某种特定的核酸酶造成的。（此外，由于微球菌核酸酶更容易买到，不像大鼠肝细胞酶只能在实验室提纯，用微球菌核酸酶大大方便了后续的实验。）

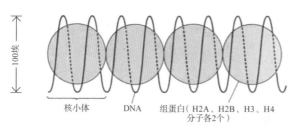

核小体　　　　DNA　　组蛋白（H2A、H2B、H3、H4
　　　　　　　　　　　　　　分子各2个）

对于100埃宽的染色质纤丝结构，1974年提出的最初设想是，长度为200个碱基对的DNA片段接连盘绕在一串珠子上，珠子则是由4种组蛋白（H2A、H2B、H3、H4）每种各2个共同组成的八聚体。当时对组蛋白复合物的真实形状和DNA的绕法都还不清楚。

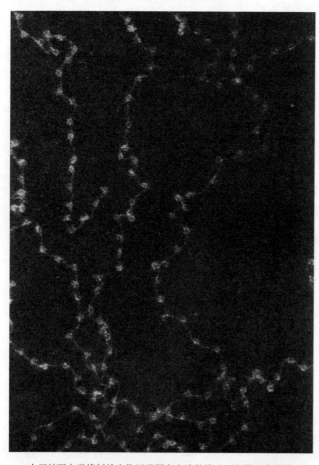

在田纳西大学橡树岭生物医学研究生院的埃达·奥林和唐纳德·奥林制备的电镜照片中，染色质纤丝显示出"串珠"形态。在奥林夫妇制备的这张显微图片上，鸡红细胞的细胞核内的染色质用醋酸铀进行负染，直径放大325,000倍。染色质在制备过程中被拉伸开来，增大了核小体之间的距离，因而可以更明显地看到核小体。

差不多与此同时，我们了解到另外一项完全独立的研究，由橡树岭国家实验室的埃达·奥林（Ada L. Olins）和唐纳德·奥林（Donald E. Olins）夫妇、美国马萨诸塞大学的伍德科克（C. L. F. Woodcock）、法国斯特拉斯堡真核生物遗传分子实验室的皮埃尔·尚邦（Pierre Chambon）及其同事，以及斯坦福大学的杰克·格里菲思（Jack D. Griffith）完成。这几位研究者为用于电镜观察的染色质纤丝改进了制备方法，观察到了清晰的、有一定规律的亚结构。纤丝呈现为线性排列的珠状颗粒，颗粒直径约为100埃，由看似裸露的DNA细丝相连。奥林夫妇把他们观察到的东西描述为"线上的颗粒"。他们的观察结果把串珠模型变成了直观的现实。

当然，在电镜照片上看到的颗粒也有可能与组蛋白研究推断出的，以及核酸酶消化实验得到的200个碱基对长度的结构单元毫无关系，所以还需要确定电镜实验和生化实验的关联。最先找到这种关联的是尚邦小组，其次是我们实验室。我们用微球菌核酸酶消化染色质，控制消化的时间，使得200个碱基对长度的DNA单元之间有部分（并非全部）

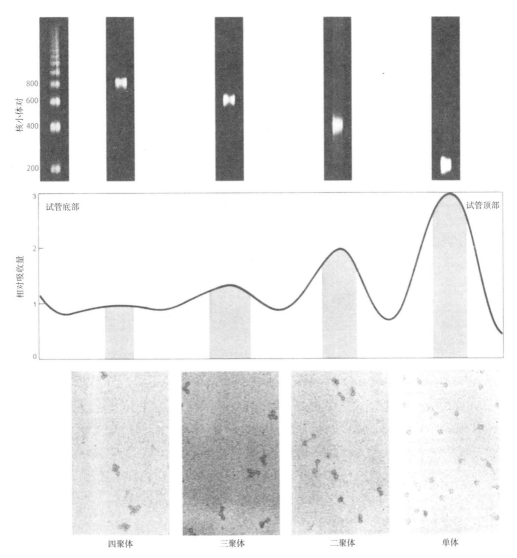

这组实验的结果表明，用生化分析和电镜鉴定出的染色质化学亚单位和物理亚单位其实是同一种物质。用微球菌核酸酶轻微消解染色质得到的产物再以蔗糖密度梯度进行超离心分选，按不同大小分离出组蛋白-DNA复合物；用紫外线照射蔗糖密度梯度可以观察到4个吸收峰（中图）。从各个吸收峰抽提出DNA（阴影部分）分别加入不同泳道进行凝胶电泳（上图），同时用核酸酶降解后未经分选的DNA片段作为对照（上图最左侧）。各组分抽提出的DNA都形成了单根条带，长度分别对应于200个碱基对的基本单元及其二聚体、三聚体和四聚体（上图右侧）。用电镜分别观察各组分中的材料，在直径放大16万倍的图像（下图）中可以看到最轻的组分中有单个珠状单位（下图最右侧），重一级的组分中则有成对的珠子（二聚体），以此类推。

位点被切断，产生含单个单元（单体）、两个单元（二聚体）、三个单元的短链（三聚体）、四个单元的短链（四聚体）的混合物。混合物可以用离心的方法进行分离，因为二聚体沉降速率大于单体，三聚体沉降速率大于二聚体，以此类推。

经过纯化后，再用DNA凝胶电泳的方法检测这些组分。每种组分都在凝胶中呈现为单根条带。其中，单体大小对应于200个碱基对的DNA单元长度，二聚体大小是单元长度的2倍，以此类推。而用电镜观察这几个组分，单体组分中只显示出离散的直径为100埃的颗粒，二聚体组分中只有成对的颗粒，以此类推。如此完美的一一对应，证明了200个碱基对长度的单元就是电镜中看到的颗粒。而同时被电镜实验和微球菌核酸酶消化实验确认的重复性单元就是我们如今所知的核小体。

串珠模型中最后一部分需要可靠的实验支撑的是组蛋白之间的关系。化学交联技术再一次发挥了重要作用，但先前我们关注的是溶液中游离组蛋白之间的联系，这次我们的分析想要拓展到染色质中的组蛋白。为此，我们首先需要获得纯化的、可溶形式的染色质，做法是用微球菌核酸酶对细胞核稍加消化，释放出基本完整的长片段染色质。接下来遇到的难题是，染色质中的组蛋白在与亚胺酸酯试剂混合时没有游离的组蛋白那么活跃，因而发生的交联要少得多。后来托马斯改变实验条件增强了反应，将这一难点攻克，获得了非常显著的结果：在形成的所有交联产物中，最多到组蛋白八聚体，但没有超过八聚体的。此外，交联得到的八聚体的分子量与预计的一样，每组为H2A、H2B、H3、H4各2个。

当组蛋白和DNA之间的离子键在高浓度盐溶液中被打开时，组蛋白与DNA分离，我们获得了确实存在八聚体的真凭实据。分离的八聚体可以被完全交联，在电泳实验中产生单一的条带；在不发生交联的状态下也可以用离心沉降的方法证明八聚体的存在。最终，我们结合交联实验和核酸酶消化实验的结果证明了组蛋白八聚体与200个碱基对长度的DNA单元的关系。

串珠模型为组蛋白-DNA问题提供了一种解答，但也留下了很多悬而未决的有趣问题。这个模型告诉我们有一种大小为100埃的珠状基本单元——核小体，但我们却不知道这个基本单元具体的形状和结构；它确认了基本单元中的组蛋白成分是由8个组蛋白分子形成的复合物，但没有明确说明这些分子的空间排列；最主要的是，它向我们说明了DNA是紧密折叠的，但怎么折叠却毫无线索。此外，还有第5种组蛋白H1，它位于哪里，起什么作用？

DNA肯定经过了折叠，这一点只要对比串珠直径（约100埃）和串珠上的DNA长度（约700埃）就不难推断。而这意味着DNA有急剧的弯折或紧密的卷曲，而另一方面，众所周知，DNA分子是僵硬的，这两点要同时满足非常困难。组蛋白如何介导DNA的弯曲缠绕成了一个令人着迷却又无计可施的问题，关于其机制有很多设想被提出——什么样的设想都有，就是没有正确的。

于是，关注点从找出组蛋白在DNA折叠中所起的作用转变为确定DNA的排布走向，实验方法也随之从生物化学转为X射线晶体学。即使缺少晶体学证据，我们对于DNA的走向也有一点是已经明确的：DNA一定在组蛋白的外周。染色质消化实验可以最为直观地表明这一事实，但不是用微球菌核酸酶，而是用胰DNA酶I——微球菌核酸酶不能在固体表面有效剪切DNA，因而主要是在核小体之间切断DNA，而胰DNA酶I可以轻松地将固体支撑物上的双螺旋中的一条链切开。

我们实验室的诺尔得到了初步结果，DNA酶I剪切产生的单链片段在电泳实验中表现出了比微球菌核酸酶消化产物更为精细而且是重复排列的条带式样。一系列电泳条带对应的DNA大小大约是10个核苷酸的整数倍。（后来显示是10.4个核苷酸的倍数。）对这个结果最简单的解释是，每一次剪切都受限于DNA的一侧（组蛋白的存在阻碍了酶与DNA另一侧的接近），因而DNA的两条链随着双螺旋的周期

迁移方向 ⟶

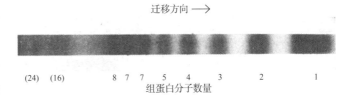

(24)　(16)　　8 7 7　5　4　　3　　　2　　　　1
组蛋白分子数量

用交联试剂处理染色质，得到的交联产物通过电泳分离。电泳结果显示，条带包括组蛋白单体（1），也有形成八聚体（8）的所有中间交联产物。（这种凝胶不能区分不同类型的组蛋白。）结果表明，组蛋白分子具有很强的8个一组的结合特性。凝胶顶端的微弱条带很有可能是基本八聚体所形成的二聚体和三聚体。

迁移方向 ⟶

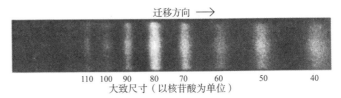

110 100　90　　80　　70　　60　　　50　　　40
大致尺寸（以核苷酸为单位）

用胰DNA酶I（取代微球菌核酸酶）处理染色质得到的单链DNA片段，经过凝胶电泳的分离，形成离散的条带，其位置对应于约10个核苷酸的整数倍。这种酶被认为只能切断DNA双螺旋（每圈约10个核苷酸）的一侧，另一侧受到了核小体组蛋白核心的保护。换句话说，本实验中显示的DNA是在核小体表面缠绕组蛋白的DNA。

145

排列而被交替地暴露和保护，每圈大约10个核苷酸。换言之，如果DNA位于核小体的表面并缠绕在组蛋白外面，就可以解释胰DNA酶I的消化结果了。

我们先前基于组蛋白形成紧密包裹的球状复合物这一观点提出过一个设想：不是组蛋白包裹着DNA，而是DNA包裹着组蛋白。更确切的说法应该是：基本的染色质纤丝是一根线绕在珠子上，而不是珠子串在线上。上述实验结果支持了我们的设想。约翰·帕尔东（John F. Pardon）和布赖恩·理查兹（Brian M. Richards），以及他们在西尔研究实验室的同事所完成的中子散射实验提供了一个完全不同类型的证据，支持DNA位于核小体外侧。后来这个证据又得到朴次茅斯理工学院莫顿·布拉德伯里（Morton Bradbury）课题组的进一步确证。他们的工作表明，DNA要比蛋白质距离核小体中心更远。

在溶解条件下，用核酸酶消化和X射线散射等方法可以揭示核小体的特定性质，然而要全面描述其结构只能借助晶体学的分析，因为晶体学可以提供完整的三维结构信息。于是我们在1975年夏天着手准备适合结晶的核小体。

从微球菌核酸酶消化产物中纯化得到的核小体并不都含有正好200个碱基对的DNA，因此这些核小体无法结晶。（因为核酸酶在核小体之间的剪切并不是发生在某个单一的位点，而是在DNA上某一段距离范围内，所以存在大小上的差异。）在核小体之间的剪切结束之后再用微球菌核酸酶进一步消化，可以消除大小不等的现象。进一步的消化去除了核小体两端的DNA，统一得到了DNA长度固定的颗粒：约146对核苷酸。核小体经过酶处理而缩短的形式被称为核小体核心颗粒；先前连接2个核小体但在延长的消化过程中被去除的DNA则被称为接头DNA。

收集到的核心颗粒具有均一性，不仅体现在消化后剩余的DNA大小一致，还体现在其蛋白质成分都一样。每个核心颗粒都含有全部的8个组蛋白分子（H2A、H2B、H3、H4各2个分子），也都丢失了染色质中的几乎所有其他组分，包括至关重要的第5种组蛋白H1。最终，我们的同事伦纳德·卢特尔（Leonard C. Lutter）设法制备出了完全一样的核小体核心，而这些产物最后形成了漂亮的单晶。我们实验室的丹妮拉·罗兹（Daniela Rhodes）、蕾·布朗（Ray Brown）和芭芭拉·拉什顿（Barbara Rushton）用了好几年时间从7种不同属的生物中获取核小体核心颗粒并长出晶体。得到的这些晶

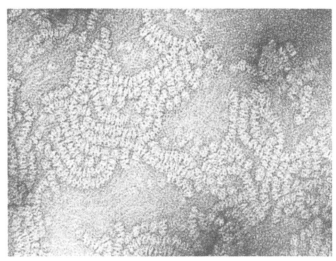

核小体核心颗粒在大小和组分上具有均一性，可以生长出良好的晶体。在这些电镜照片上，薄晶体中的核心颗粒被放大约425,000倍，用醋酸铀进行负染。核小体核心的端视图（左图）显示，它们呈六角形排列；中心之间的距离（即核心颗粒外径）为110埃。正在生长的晶体中可以看到核心颗粒堆叠柱的侧面（右图）。核心的外观是扁平的盘子状，具有二分对称性，高约55埃。它们是楔形的，因而会堆叠成有弧度的长柱。

体全部产生了十分相似的X射线衍射图样，证明核小体核心颗粒具有普遍特征。晶体学实验的成功确实说明，染色体上的绝大多数核小体具有相同的结构。20世纪70年代，人们还普遍认为是组蛋白水平上的变化造成了染色体结构多样性和基因表达多样性，那时几乎没有人会相信染色体中的大部分DNA具有规律的重复性结构。

推断大分子晶体的三维结构是个耗时长久的过程，因此我们结合X射线衍射和电镜的方法，专注于获取低分辨率的核小体核心颗粒图。这样做可以让我们把握核心颗粒的整体结构，从而为一个重要的问题提供答案：DNA在核小体中如何卷曲？

在核小体核心颗粒薄晶体的电镜照片中，某一方向的视图显示出了以六角形排列的圆形物，圆形物直径为110埃，刚好是核小体的尺寸。之所以有这样的外观，是因为核小体核心颗粒堆叠后形成柱子。柱子直径可以用X射线精确测量，从而让我们知道了核小体的外径。电镜照片中晶体另一方向的视图（与前一张呈90度）按理说可以显示柱形的侧面，但由于多根柱子重叠，单根柱子和单个核小体核心颗粒难以看清。正在生长、还未重叠多层的晶体最适合用于观察单根柱子。从侧面可以看到核心颗粒像盘子一样堆叠起来，每个高度大约55埃。柱子起伏不平，说明这些盘状颗粒并不平

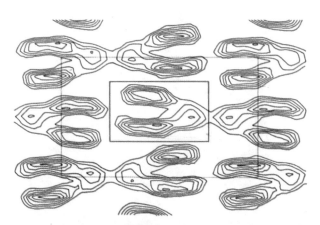

结合X射线衍射数据和电镜结果得到的核心颗粒堆叠柱侧面电子密度图。图中所示是该视图的总密度投影图。浅色矩形框出的是晶体的晶胞，也就是重复单元。图谱分辨率可以解析20埃以上的元素。图中每个颗粒（深色矩形）的密度大致可分为两半，呈现楔形。

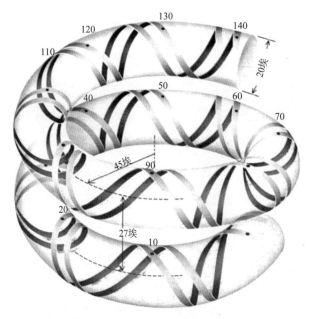

决定核小体核心为二分对称的是DNA的走向。DNA走向为外直径110埃、螺距27埃的DNA超螺旋，DNA双螺旋本身直径为20埃，各圈相当紧凑。超螺旋每圈大约80个碱基对；核小体经过酶切后得到的核小体核心包含140个碱基对，DNA超螺旋在上面缠绕了1.75圈。

坦；它们是楔形的，如同拱门拱顶石的形状。也就是说，核小体核心并不是圆球状，更像一个个矮矮的圆桶，其直径约为110埃，高为55埃。

为了从电镜照片中获得更多细节信息，有必要做晶体的X射线衍射实验，并辅以我们实验室过去15年里开发出的多种图像处理和三维重构技术。这些措施都是利用晶体的重复性来展现颗粒反复出现的真实特征；显微照片中的"噪声"和核小体叠加时的差异通过颗粒的分布进行平均。电镜实验时颗粒的制备和染色过程会使单个颗粒发生结构变形，这可以通过晶体X射线衍射的数据来消除。因此，X射线和电镜结合可以得到晶体电子密度的等高线图谱。一般在用X射线晶体学研究较小的蛋白质时会用到这种图谱，但这里我们借助了电镜来研究更大、更复杂的晶体结构。

我们用这种方法获得了晶体在三个方向上的视图，或者说是沿着晶体的三个主轴方向的电子密度分布图。其中最有价值的是垂直于核心颗粒柱的方向，这个方向柱子的重合最少（见第148页第一张图），可以明显看到核小体核心颗粒呈现楔形，并且电子密度呈现出大致对称的两半（与投射平面附近的二重对称轴相符）。

要实现这种二分对称结构，最简单的DNA排布方式是由DNA双螺旋卷曲成更大的螺旋——超螺旋，超螺旋在核心颗粒中央绕着组蛋白缠2圈。超螺旋的这2圈显然很紧凑，因为核心颗粒的高度只有55埃，而DNA双螺旋的直径大约20埃。从DNA双螺旋的结构以及核心颗粒的直径可以计算出，2圈超螺旋应该是大约160个碱基对。可是，核心颗粒上的DNA长度只有146个碱基对，只够1.75圈。由于比2圈略短，核心颗粒的一侧就会小一些，呈现楔形的一部分原因也在于此。

上述图谱的分辨率仅为22埃，也就是说，距离远小于22埃的两个特征就很难区分了。只有通过更复杂的所谓"同晶置换"的方法，才能获得更高的分辨率。为此我们实验室正在努力尝试。此外，我们的首批结果显示的是核小体的总体密度，并不能区分DNA的密度和蛋白质的密度。为了区分蛋白质和DNA各自的贡献，我们转而求助于低分辨率的中子散射技术，采用对比变异法。这种方法已应用于密度不同的双组分大分子溶液，例如病毒（含有核酸和蛋白质）或细胞膜（含有蛋白质和脂质）。该技术的基本原理是，让溶剂的密度和其中一种组分的密度相同，因而观察到的就只是另一种组分的散射。以不同比例混合普通水和重水（水分子中的氢原子换成同位素氘原子）可以调节溶剂的密度。当溶剂中有39%的重水时，溶剂的散射与蛋白质的散射相同，实际上"看到"的中子只有DNA的；有65%的重水时，DNA的散射和溶剂的散射一致，观察到的散射仅来自蛋白质。

之前已经有人把这种对比变异法应用于核小体核心颗粒溶液，前文已经提到。但是，由于核心颗粒在溶液中方向随机，因而只能获得一个维度上的信息。而我们采用中子散射技术研究核小体核心颗粒用到的是晶体，所以可以在三个维度上测定蛋白质和DNA的关系。中子散射能力弱，需要大块单晶。生长晶体的工作在我们实验室完成，之后的实验则交给了芬奇和劳厄-朗之万研究所（位于法国格勒诺布尔）的格雷厄姆·本特利（Graham Bentley）和阿妮塔·勒维（Anita Lewit）等人。他们获得了DNA和蛋白质各自的投影图（见第150页图）。其中，DNA的图谱让我们肯定了之前基于电镜和X射线分析对DNA走向所下的结论；蛋白质的谱图显示，组蛋白八聚体本身为楔形，说明

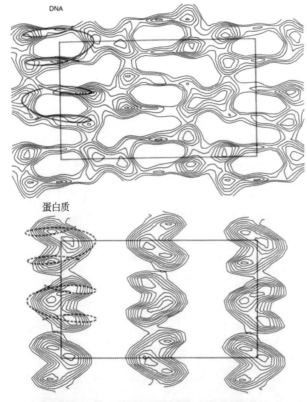

DNA

蛋白质

中子散射图分别显示了核小体核心晶体中的DNA密度（上图）和蛋白质密度（下图）。其中，DNA密度符合DNA超螺旋1.75圈的投影（深色）。DNA超螺旋（虚线）也与蛋白质（组蛋白八聚体）外围正好匹配。

正如之前的预测，组蛋白形成了供DNA缠绕的螺旋坡道。

可以区分中子衍射结果中DNA和蛋白质各自贡献的另一种方法是用物理手段去除核小体中的DNA，然后直接研究组蛋白八聚体。八聚体可以在高浓度盐溶液中分离出来并保持稳定，这一点前文已有描述。我们正在尝试将分离出的八聚体进行结晶，以求得到完整的结构。这番尝试在本文刊发时还未成功，然而在此过程中我们获得了非常规律的纤丝。我们用电镜检查了这些有序的聚合物，并做了图像处理，方法与前面所述的核小体核心晶体基本一样。由于这些聚合物特有的几何特征，一张图像上包含了各个角度的八聚体视图。这些视图可以用一种新方法进行综合，从一系列二维投影图推断出三维结构图。这种方法是1968年由戴维·德罗西（David J. DeRosie）和我们两位作者之一克卢格发展出来的。

八聚体的结构以三维立体形式体现出了之前在X射线和中子衍射实验中观察到的核小体核心颗粒的各种投影，尤其是其楔形和二分对称的特征。结构外形显示，正是组蛋白八聚体限定了DNA沿着前面所述的超螺旋路径排布；也正是八聚体决定了核小体的组织结构。

由于八聚体结构图分辨率太低，其中的单个组蛋白分子无法分辨。但我们可以通过八聚体和DNA超螺旋的关系来从单个组蛋白角度理解八聚体结构图。这里用到了组蛋白–组蛋白的交联结果，也用到了组蛋白–DNA化学交联的实验结果，实验由莫斯科分子生物学研究所的安德烈·米尔扎别科夫（Andrei D. Mirzabekov）等人完成。他们找到了DNA超螺旋分别与4种组蛋白相互作用的特异性位点。我们在核小体模型中沿着DNA走向确定这些位点在八聚体结构上哪个区域，最终排定了8个组蛋白分子的三维位置。

根据立体空间分布，可以推断各个组蛋白对于核小体DNA折叠起何作用。其中，(H3)$_2$(H4)$_2$四聚体限定了DNA超螺旋的中央圈；2个(H2A)(H2B)二聚体分别结合在四聚体两侧的两个面上，并分别与DNA连接，使超螺旋变得完整。这样的结构可以解释之前很多研究者发现的一个现象：仅仅有H3、H4而缺少H2A、H2B时，能和DNA形成类似核小体的特征，但仅有H2A和H2B时则不能。

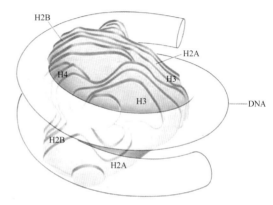

核小体核心模型，管状物模拟的是DNA超螺旋，缠绕在组蛋白八聚体模型上。组蛋白八聚体模型根据从电镜图片推断出的三维立体图谱构建。八聚体外周的棱脊形成了大致连续的螺旋坡道，供长度为146个碱基对的DNA盘绕。各个组蛋白分子所处的位置（该分辨率不能确定组蛋白分子的界线）则是基于化学交联数据设定。

以上结果较为详细地勾勒出了核小体的内部结构，然而在核小体长链上，也就是基本的染色质纤丝上，相邻核小体之间是什么样的关系仍然没有明确的图景。为了解相邻核小体的关系，有必要再次思考微球菌核酸酶消化染色质的结果。如前所述，在核小体之间已经被切断之后再用微球菌核酸酶进行消化，会有额外的DNA被去除，核小体会转变为核心颗粒。我们在仔细考察这一变化过程时，注意到了在DNA长度为166个碱基对的中

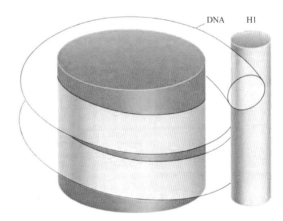

第5种组蛋白H1的作用要用完整的核小体模型而不是核心颗粒模型说明。DNA超螺旋在组蛋白八聚体（图中以圆柱体表示）上缠绕整整2圈（166个碱基对）。H1分子（实际形状在本文刊发时还未知）在DNA进出核小体的位置与核心颗粒结合，起到"锁"住整个核小体的实际作用。

间步骤中的一个间歇；组蛋白H1是在从这个中间步骤到最终146个碱基对的核小体核心颗粒的过程中掉落的。既然核小体核心颗粒由对称的两半组成，可以推断在从166个碱基对到146个碱基对的转变过程中，核小体DNA两端各被去掉了10个碱基对。这提示了H1是和核小体DNA两端相连的。此外，166个碱基对的颗粒包含了完整的2圈DNA超螺旋，因而DNA的两端其实距离非常近，对于单个H1分子来说，有可能同时与盘绕了2圈的DNA的两端相结合。我们因此推断，H1的位置在核小体侧面，DNA超螺旋的进出端。

H1位于核小体的外侧，对于DNA在核心颗粒上的缠绕不起关键作用，从这个意义上来讲，H1显然属于辅助蛋白。H1的功能只能是和染色质纤丝的进一步浓缩有关。过去几年，一直有人猜测H1与染色质的浓缩有某种关系，然而H1在什么水平上执行这一功能却不清楚。威斯康星大学的汉斯·里斯（Hans Ris）之前发现，电镜观察完整的染色质时可以看到两种直径的细丝，一种100埃，另一种300埃，具体哪种则取决于预备材料中是否有螯合剂（隔绝金属离子的试剂）。对于直径为300埃的纤丝是什么，出现了不同的解释。有人认为是单根100埃的纤丝缠绕起来的结果，有人认为是两根100埃的纤丝松散地并排在一起。

为了澄清这一点，我们设法找到了让两种纤丝相互转换的条件。在转换发生时，在电镜下可以观察到100埃纤丝自发卷曲成直径300埃的螺旋形，每圈包含5~6个核小体，并且各圈挨得很近，螺距（相邻圈的中心间距）大约为100埃。我们把这种300埃的结构称为螺线管。（同时进行的X射线实验表明，正是螺线管的螺距产生了特征性的100埃的X射线反射，而不是染色质丝上相邻核小体的中心间距。）我们的结果还表明，在100埃的纤丝形成300埃的螺线管的过程中，组蛋白H1介导了纤丝的折叠：如果用不含H1的染色质重复实验，并不会形成纤丝走向明确的有序结构，只会出现无规则的核小体聚集。螺线管尽管有序，但未必是完全规则的，因为在染色质进一步浓缩时它很有可能还需要以某种方式折叠卷曲。

瑞士联邦理工学院的弗里茨·托马（Fritz Thoma）和西奥·科勒（Theo Koller）用更精细的实验得出了类似的结果。他们发现，只有在离子强度非常低时才会出现简单的100埃纤丝，此时染色质处于最舒展的形态，核小体松散地线性排列成一条线。随着离子强度增大，纤丝从松散的核小体丝变成了Z形结构，最终变成螺线管。这些实验让我们对H1分子如何介导100埃的核小体丝卷曲成300埃纤丝有了一个特别的设想。

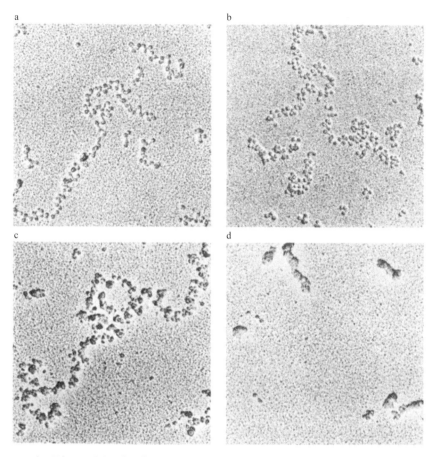

瑞士联邦理工学院的弗里茨·托马和西奥·科勒用电镜照片证实了染色质随盐浓度增加而浓缩。当盐浓度非常低时（图a），染色质形成了直径大约100埃的松散纤丝；核小体之间由DNA短片段相连。随着盐浓度增大，离子强度接近正常生理条件时（图d），染色质形成了直径约250~350埃的较粗纤丝。这种"螺线管"染色质的形成可以通过离子强度逐渐增强时（图b，图c）观察染色质来推断。在最初形成时，核小体长丝有轻微的卷曲。图中染色质的放大倍数为8,000倍。

之所以会出现Z形扭曲的中间状态，是因为DNA在核小体同一侧紧挨着的位置进出核小体，而这个位置就是H1结合的位点，并且在中间状态时相邻核小体的H1区域会相互靠拢，甚至相接。随着离子强度增大，H1区域会形成螺旋形的多聚体，最后产生螺线管的几何形态。化学交联实验显示，H1多聚体确实存在；但其作用是否与假设一致尚待验证。重点在于，H1的聚集伴随着，或许还控制着螺线管的形成。

对300埃纤丝的形成模式所提出的假设，可以说是我们基于现有事实所能取得的

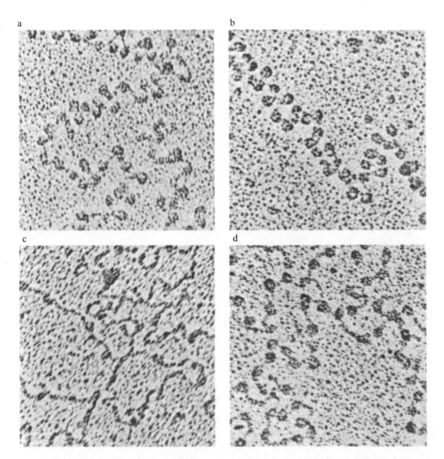

　　组蛋白H1在染色质结构中的定位和功能可以通过比较中等离子强度下染色质纤丝在有无H1时的形态来推断。有H1时，低盐浓度中首先可见的有序结构是松散的Z形扭曲（图a），这是因为核小体上DNA的进出端靠得很近，也是因为核小体倾向把它们的扁平面放在支撑网格上。浓度提高后（图b），Z形扭曲变得更紧。而没有H1时（图c、图d），未观察到染色质出现有序结构；实际上，低盐浓度时（图c），核小体打开，释放出连缀着组蛋白的DNA细索。这些现象说明，H1位于核小体的一侧，起着稳定DNA的作用。图片的放大倍数约为20万倍。

最大进展。要评估我们现在对染色体中DNA的浓缩有多深的理解，可以定量测量压缩包装比，即DNA处于完全伸展状态的长度和达到某个浓缩程度时折叠卷曲状态的长度之比。例如，在核小体上缠绕2圈时的DNA是166个碱基对，长度大约600埃，螺旋高度55埃，压缩包装比接近于10。这条长链进一步卷曲，形成300埃的螺线管，此时压缩包装比乘以5左右的系数，总比变成了50左右。而在细胞分裂时，染色质浓缩程度达到最高，压缩包装比则达到了5,000——大了100倍。当然也可以用其他模型，比如300埃的纤丝进一步卷曲或成环来解释如此高度浓缩的形式如何形成。但到目前为止，没有明确

154

的证据支持其他任何一种合理的模型。

现在我们已经知道了细胞核内广泛分布、含量丰富的组蛋白如何组成染色体结构基本单元的核心，这就把DNA浓缩的问题从如何包装坚韧线状物（DNA分子）的难解之谜转变为了更直接的问题：如何在卷轴上绕线并把相同的线轴打包。

组蛋白并不直接参与遗传信息的表达，但它们可以在染色体上的基因转变为活性状态时促进染色体的结构变化，而染色体结构变化关系到基因的选择性表达。尽管我们目前对基因如何转变为活性状态还知之甚少，但现在有一点已经变得明确，那就是活性染色质上仍然连着组蛋白；更令人惊讶的是，上面还保持着核小体的周期性重复结构。好几个实验室的结果提示，活性染色质除了包含组蛋白外还包含着一些特定的非组蛋白，它们也许会调节核小体结构使之变成某种开放状态。证据之一是，活性染色质对DNA酶I之类的核酸酶更敏感。这是一个新的篇章，我们现在还刚刚开始。

在本文刊发的这个时刻，我们如同坐在漆黑的剧院，刚看到第一幕，看到主角们——DNA和组蛋白的相互关系。然而演员还没有全部登场，谁也不知道剧情会如何展开。

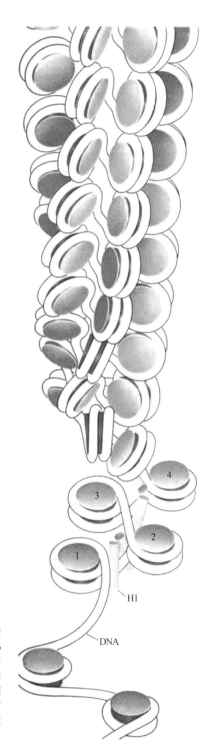

如图所示，随着盐浓度增大（从下到上），可能会有超螺旋结构产生。核小体（1、2、3、4）靠拢，形成Z形扭曲，最终形成每圈约6个核小体的螺线管。（实际螺旋可能没有图中画得这么规律。）从交联数据来看，相邻核小体上的H1分子会相连。从Z型外推到螺线管意味着（未经证明）在较高离子强度时H1的聚集会在螺线管中心产生螺旋形的H1多聚体（图中未显示）。在缺少H1时（图下方），没有形成有序结构。此时H1聚合的细节还不知道；示意图只是表示了H1分子会彼此相连，也会和接头DNA相连。

窥见蛋白质真相

通过计算机模拟，我们发现了水对蛋白质等生物分子的影响，深入研究这种在结构和动力学上的影响，可以进一步揭示蛋白质分子是如何发挥作用的。

撰文 / 马克·格斯坦 (Mark Gerstein)

　　　　迈克尔·莱维特 (Michael Levitt)

翻译 / 张哲

　　本文作者之一迈克尔·莱维特因在开发复杂化学体系的多尺度模型方面所做的贡献，获得2013年诺贝尔化学奖。本文刊发于《科学美国人》1998年第11期。

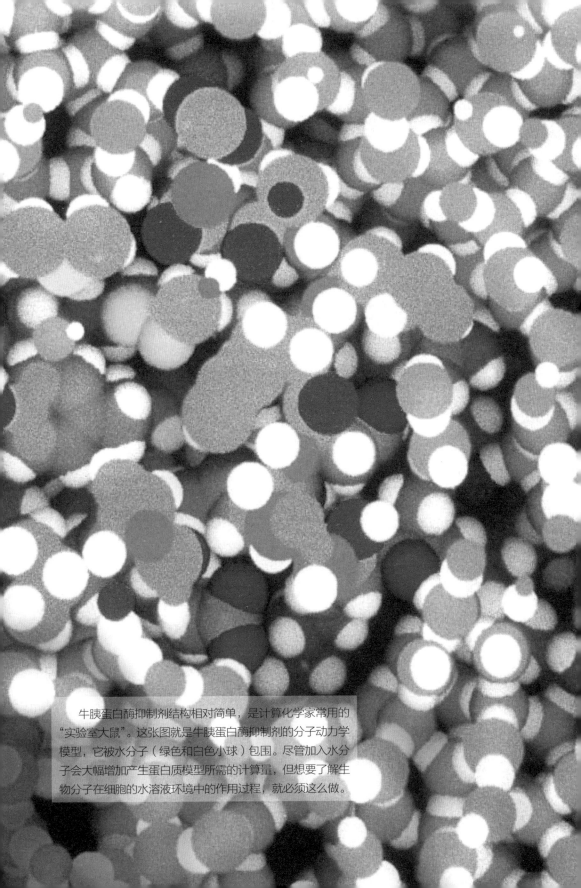

　　牛胰蛋白酶抑制剂结构相对简单，是计算化学家常用的"实验室大鼠"。这张图就是牛胰蛋白酶抑制剂的分子动力学模型，它被水分子（绿色和白色小球）包围。尽管加入水分子会大幅增加产生蛋白质模型所需的计算量，但想要了解生物分子在细胞的水溶液环境中的作用过程，就必须这么做。

马克·格斯坦和**迈克尔·莱维特**自1993年开始合作。当时格斯坦在斯坦福大学结构生物学系做博士后，莱维特是该系的系主任。莱维特1971年博士毕业于剑桥大学。他曾在剑桥大学的分子生物实验室、美国索尔克生物研究所以及以色列魏茨曼科学研究所从事研究。除了经常为制药公司做咨询外，莱维特也在美国加利福尼亚州的帕洛阿尔托创立了生物技术公司——分子应用集团。格斯坦1993年博士毕业于剑桥大学，撰写本文时是耶鲁大学的助理教授。

在世界上大多数地方，水都很便宜，甚至可以说是免费的。但在1986年夏天，本文作者之一莱维特却在连针头都弄不湿的那么一点水上花费了50万美元。这笔钱并不是用来购买这些少得可怜的水，而是花在了租用当时最先进的超级计算机上。要想构建一个模型来研究水如何影响蛋白质的结构和运动，超级计算机必不可少。

计算机模拟的蛋白质是牛胰腺分泌的牛胰蛋白酶抑制剂（BPTI）。BPTI是计算机模拟中人们最喜欢用的对象，因为它相对较小，研究起来比较容易。1977年，哈佛大学的马丁·卡普拉斯（Martin Karplus，与莱维特一起获得了2013年诺贝尔化学奖）和同事就曾模拟过这种蛋白质，不过模拟的是它"在真空中"，并没有与任何其他分子发生作用时的状态。此前，还没有人观察过BPTI与其他分子发生相互作用的样子。现在，我们要模拟的是，当BPTI周围有数以千计的水分子时，它会是什么样子，就像它在活细胞中一样。

事实证明，这50万美元花得很值，莱维特和同事露丝·莎伦（Ruth Sharon）不仅发现了蛋白质在真实世界中的结构和行为——这是之前的BPTI真空模型难以预测的，还为计算化学家模拟自然情况下水对生物分子结构的影响奠定了基础。

20世纪90年代末，由于计算机技术的快速进步，我们用台式电脑就能在几天内模拟出像BPTI这样的蛋白质在水中的形态，需要消耗的不过是80美分的电费。到本文刊发时，科学家已经模拟了50余种蛋白质和核酸（如DNA）在水中的结构。

弄清楚水对生物分子形状的影响为什么如此重要？理论上，分子的结构能反映它的功能，清楚地认识结构就能帮助科学家破译产生生命的生化作用；从更加实际的角度来说，了解生物分子在水中的结构或许能帮助研究人员设计出新的药物。有朝一日，科学家可能会通过增强或减弱某些生化通路来治疗疾病。

水的微观结构

要想理解水是如何影响生物分子的结构，我们首先需要理解水分子本身的特性。这些特性源于水本身的结构，以及这些结构如何对其他分子的电荷分布产生"影响"。

单个水分子（H_2O）为四面体构型，氧原子位于四面体的中心，2个氢原子占据4个角中的2个，而负电荷电子云在另外2个角上。负电荷电子云的形成源于氢和氧的原子结构组合的方式。简单来说，有8个带负电荷的电子围绕着带正电荷的氧原子的原子核：其中2个电子在内层轨道，而另外6个电子在外层轨道。内层轨道最多只能容纳2个电子就已经填满了，但是外层轨道最多可以容纳8个电子。氢原子只有1个电子。因此当1个氧原子与2个氢原子结合时，氧原子会吸引氢原子中的电子，试图填充自己的外层轨道。由于氢原子的电子大多数时间围绕氧原子而非自身原子核运动，因此水分子是极性的：水分子中，在氧原子附近有2团略带负电荷的电子云，而2个氢原子则各自带一些正电荷。这两种电荷会彼此抵消，总体上，水分子就会呈现出电中性。

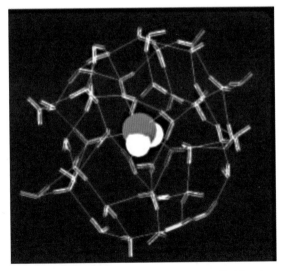

水的独特性质来源于氢键。在这个液态水的模型中，中心分子（红色和白色小球）与其他5个水分子（粉色的V形）形成了氢键（图中绿线）。2个氢原子（白色）与另外2个水分子分别形成氢键，而氧原子（红色）与来自3个水分子中的氢原子各形成1个氢键。在液态水中，每个水分子通常都会形成4个或5个氢键。

化学家们在绘制水分子时通常不画出这两2团电子云，而是把水分子画成V字形（见第159页图）。V字的每个边对应着1个氢–氧化学键（长度约为10^{-8}厘米）。V字形两边的夹角接近105°——略小于正四面体任意两个面的夹角109.5°。

由于水分子存在极性，1个水分子中带正电荷的氢原子很可能会和另外1个水分子中带负电荷的氧原子发生相互作用，这就是氢键。再加上水分子呈四面体构型，每个水分子通常会形成4个氢键：自身的2个氢原子与另外2个水分子中的氧原子形成2个氢键，自身的氧原子和其他水分子中的氢原子形成2个氢键。在固态水（冰）中，水分子通常会按照完美的四面体构型排列形成晶格。而液态水与之不同，其结构可能很随机并且不规则。每个水分子实际形成的氢键数目为3~6个，平均4.5个。由于必须要维持成彼此间由氢键连接的四面体，因此与大多数液体（如各类油或液氮）相比，水的结构更加松散，内部更容易容纳别的分子。

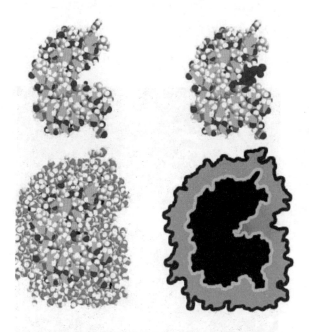

溶菌酶（一种自然界中存在的酶，可以分解细菌细胞壁中的糖分子，从而起到杀菌的作用）的活性部位在该蛋白质最大的沟槽中（左上图）。沟槽的形状恰好可以容纳要裂解的分子（右上图中的紫色小球）。模拟水分子（左下图中的绿白小球）如何与沟槽相互作用有助于科学家绘制活性部位的形状（右下图，绿色的阴影表明水分子很容易被取代）。在设计抑制或增强特定酶活性的药物时，这种活性部位的形状非常重要。

为了建立水的计算机模型，我们需要考虑两种不同类型的力：分子内作用力和分子间作用力。在模拟时，水分子内部的相互作用被设定为作用距离短，像弹簧一样的力，由氢原子和氧原子形成的化学键施加；而不同水分子间的相互作用则作用距离长，本质是电场力。分子内作用力会限定水分子中氢–氧化学键的长度及角度。这些力就像弹簧一样，扭曲化学键的外力越强，化学键本身的抵抗力也越大。

而作用距离长的分子间作用力与分子内作用力却不同：前者随着距离增加而减弱。这种长程作用力的本质就是电荷间的异性相吸，同性相斥。除了氢键外，这种长程作用力还包括范德瓦尔斯力这种较弱的吸引力。

贝尔实验室的阿尼苏尔·拉赫曼（Aneesur Rahman）和弗兰克·斯蒂林格（Frank H. Stillinger）于20世纪60年代末首先对水分子进行了计算机模拟。他们模拟了216个水分子在一个方盒中的运动（选择216个水分子是因为，这个数量是长宽高各为6个水分子的盒子装满水时的分子数）。在5皮秒的模拟时间中（这是当时的计算技术能够模拟的最长时间），这两位研究人员发现水分子间的能量关系会直接决定水分子的运动。模拟结果能够准确定量地重现水分子的很多性质，比如通常的结构、扩散速率和汽化热。

模拟生命

水在生命过程中起着重要作用，它不仅可以与其他水分子形成氢键，还可以和各种生物分子相互作用。由于自身的极性，水分子很容易与其他极性的、带电荷的分子相互作用，比如酸、盐、糖、蛋白质和DNA的各个部位。正因为这些相互作用，水能够溶解极性分子，因此我们把极性分子称为亲水性分子。相反地，水无法和非极性分子（如脂肪）相互作用，这就是为什么我们会观察到水和油并不能相溶。因此非极性分子也被称为疏水性分子。

在蛋白质和DNA等生物分子长链上，既有亲水部分，也有疏水部分。这些分子链折叠形成紧密构型的方式与亲水性和疏水性相关，而折叠方式又决定了蛋白质最终的三维结构。亲水性基团位于表面，能和水相互作用，疏水性基团则在远离水的分子内部。1959年，沃尔特·考茨曼（Walter Kauzmann）提出，这样的疏水效应对蛋白质折叠至关重要，直到本文刊发时，疏水性在蛋白质折叠中的作用仍是研究热点。

当用计算机模拟水溶液中的生物分子时，必须考虑三种不同类型的水：在生物分子周围，与其有强相互作用的"有序水"；有序水外部的水；处于生物分子内部的水。每个细胞都包含有数十亿个水分子。细胞里面除了生物分子就是水分子。事实上，人类细胞的绝大部分都是水，人类体重的60%是水。

那我们如何把生物分子与这些水分子放在一起，模拟各个原子与水之间的相互作用呢？简单来说，首先要描述所有原子的基本相互作用，之后根据牛顿定律让整个系统自行演化。像这样的模拟需要进行两项基本内容：一项是生物分子内部作用及其与水分子的作用（即分子内和分子间作用力）的描述方式；另一项是绘制这些分子随时间运动的步骤，这个步骤称为分子动力学。

分子动力学会产生一连串构型，非常像电影中一帧一帧的画面。每个原子随时间以一系列非连续的步骤运动，两个相邻构型的时间间隔称为时间步长。说到底，某个原子的新位置取决于原来的位置以及在给定时间步长中运动的距离。如果原子没有受到外力，那么运动的距离就取决于它在之前位置上的速度，因为距离等于速度乘以时间。然而，在一个时间步长中，其他原子施加的力会导致这个原子加速，这会改变它的速度。如果在某个时间步长中这个外力恒定，根据牛顿第二定律，速度变化与外力成正比，可以算出新的速度。之后使用这个新的速度就能计算原子在接下来的时间内会到达什么位置。液体中的原子受到很强的相互作用，运动距离不会很长，因此时间步长必须很短，一般在1飞秒（10^{-15}秒）左右。在这段时间内，水分子的运动距离只有自身直径的1/500。

如果模拟时间较长，要计算一个生物分子中所有原子以及有序水分子的每个时间步长，就会产生海量数据。例如，水中的一个小蛋白质会在1纳秒内产生50万组笛卡儿坐标数据，每组数据都描述了大约1万个原子的位置。这样的模拟会详细描述分子随时间运动的情况。在数百万帧画面中，我们能了解到每个分子的旋转、移动以及振动。

为了描述计算机模拟水影响分子动力学的方式，我们可以考虑两个简单的有机分子：异丁烯和尿素，两者形状类似但性质截然不同。异丁烯是在炼制石油过程中得到的一种燃料，呈Y字形，是一种非极性分子（因此是疏水性的），骨架包括4个碳原子，其中2个通过双键连接。而尿素是蛋白质的一种代谢产物，随尿液排出。尿素也是Y字形结构，1个羰基基团（C=O）连着2个氨基基团（NH_2）。与异丁烯不同，尿素极性很强，是亲水性的。

对异丁烯和尿素进行分子动力学模拟时，我们观察到水在这两种分子周围的行为非常不同（见本页图）。水分子会和尿素直接作用，与它的氢原子和氧原子形成氢键，并且水分子彼此间也会形成氢键。相反，水分子并不会和疏水的异丁烯分子形成氢键，而是水分子彼此间形成氢键。有序排列的水分子会形成一个笼子，把异丁烯分子包裹进去。

模拟水分子如何与简单分子相互作用，有助于理解水分子与蛋白质和核酸等复杂生物分子间的相互作用。比如，水是形成DNA必不可少的一部分。之所以之前在真空中建立DNA分子动力学模型失败，是因为构成DNA双螺旋骨架的磷酸基团带有负电荷，彼此间的排斥力会导致双螺旋结构在50皮秒内解体。20世纪80年代末，莱维特和位于伦敦的英国国家医学研究所的米丽娅姆·赫什伯格（Miriam Hirshberg）在建立DNA模型时引入了水分子，后者与DNA中的磷酸基团形成了氢键，从而稳定了双螺旋的结构。两人也成功建立了一个持续500皮秒的DNA模型。随后在水中的模拟表明，水分子会和DNA双螺旋的几乎每个部分都发生相互作用，甚至包括携带遗传密码的碱基对。

不过，水分子无法进入蛋白质结构的内部，因为疏水的部分会在蛋白质内部形成一个紧密的内核。在模拟蛋白质与水分子作用时，也

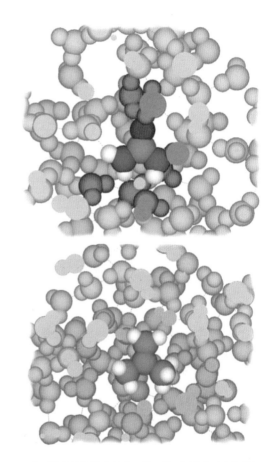

这两种分子的外形几乎一模一样，但是由于它们的极性不同，和水的相互作用会很不同。极性分子在自己的某些原子上会携带部分电荷，反之则为非极性分子。尿素是尿液中的一种极性分子，会与水分子（上图中的紫色小球）形成氢键。相反，非极性的异丁烯并不会与水形成氢键，异丁烯周围的水分子之间会形成氢键，从而形成一个笼状结构（下图中的绿色小球）。

主要关注蛋白质的表面，因为表面的基团不像内部堆积得那么紧密。

水分子与蛋白质表面的相互作用，会产生更有趣的几何构型，在酶（细胞中促进化学反应的蛋白质）表面深的沟槽部分尤为明显。已经形成氢键的水分子很难和这些沟槽匹配，也很容易被配体（酶想要与之反应的分子）取代，这可能就解释了为什么

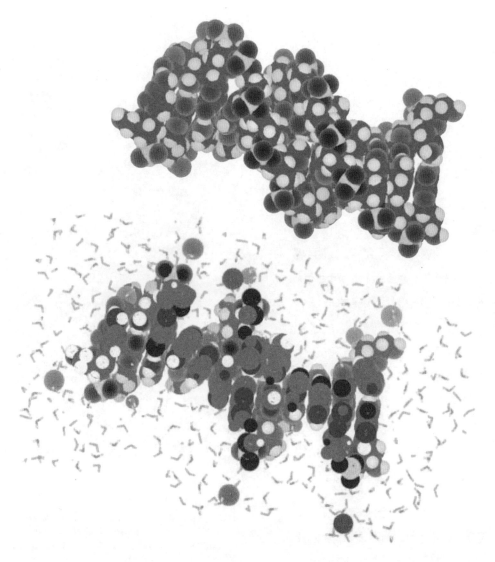

DNA双螺旋（上图）有2个磷酸骨架（红色和黄色小球），围绕在大量的碱基对（灰色、蓝色、红色和白色小球）外。下图截取自DNA在水中模拟图像中的一帧，从图中可以看出水分子（绿色和白色的V字形）能渗入DNA双螺旋结构很深的位置，从而起到稳定的作用。紫色小球代表的是水溶液中的钠离子。

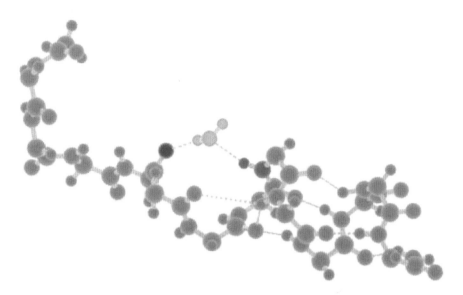

在大多数蛋白质中存在的 α 螺旋更容易在水中展开，这是因为水分子可以替换那些通常把两条螺旋拉在一起的氢键（图中绿线）。图中展示了1个水分子（绿色，相当于一座桥），把1个氧原子（红色）和1个氮–氢基团（蓝色）连接起来的现象，通常这样的过程发生在折叠的螺旋中。

酶的活性部位通常在这些沟槽中。我们经常发现位于空的活性部位中的水分子会模仿真正配体的几何构型和结构，这些发现或许可以用于药物设计。

接近真实的生化过程

在水中模拟生物分子的结果与真实情况有多接近？很不幸，我们还没法给出一个确切的答案，因为没有任何实验技术能够像计算机模拟那样详细给出单个分子相互作用的信息。我们能做的是比较通过模拟和实验分别得到的宏观数据和平均数值。

验证水中生物分子模拟结构最重要的一种方法是中子散射和X射线散射。在中子散射实验中，我们会用一束中子流轰击一小份样品，并记录轰击后中子被样品中的分子散射的图样。分子间的空隙相当于一个小的狭缝，能产生出不同特征的衍射图样。通过分析，我们很容易就能确定不同分子之间的空隙。当把中子散射实验的结果和计算机模拟比较时，我们就会发现，平均来说这些间距是相互吻合的。

为了确定一个分子的动力学模拟情况，我们会把模拟出的生物分子在水中的行为与实验室中观察到的行为放在一起对比。例如，大多数蛋白质至少包含一个 α 螺旋，在这里组成蛋白质的氨基酸会扭曲形成螺旋状。实验表明，加热会造成 α 螺旋重新展开，不过早期在真空环境下模拟一个简单的 α 螺旋时，加热后螺旋并没有展开。只有加入水，莱维特和华盛顿大学的瓦莱丽·达格特（Valerie Daggett）才能够模拟出 α 螺旋的真实行为。

这种计算机模拟非常有效，会给我们带来越来越多关于各种生物分子形状及其在活体生物中如何发挥作用的关键信息。然而，随着在水中模拟的生物分子越来越复杂，我们也不断会遭遇计算机技术的瓶颈，租用超级计算机的费用也会越来越高。曾经，当科学家在期刊上发表生物分子的模型时，他们通常会用清晰明亮的颜色描绘这些分子，并且把它们放在黑色的空白背景中。现在我们知道，水——这些分子所处的背景——和生物分子本身一样重要。

扩展阅读

Water: Now You See It, Now You Don't. Michael Levitt and Britt H. Park in *Structure*, Vol. 1, No. 4, pages 223–226; December 15, 1993.

Packing at the Protein-Water Interface. Mark Gerstein and Cyrus Chothia in *Proceedings of the National Academy of Sciences of the USA*, Vol. 93, No. 19, pages 10167–10172; September 17, 1996.

For electronic archives of molecular structures, visit **bioinfo.mbb.yale.edu** on the World Wide Web.

组装生命的
生物工厂

借鉴工程技术成功的原理和实践，将有助于
生物技术由一个特种行业向成熟产业转型。

撰文 / 生物工厂研究小组

翻译 / 赵瑾

生物工厂研究小组成员包括：戴维·贝克（David Baker）、乔治·丘奇（George Church）、
吉姆·科林斯（Jim Collins）、德鲁·恩迪（Drew Endy）、约瑟夫·雅各布森（Joseph
Jacobson）、杰伊·凯斯林（Jay Keasling）、保罗·莫德里奇（Paul Modrich）、克里斯蒂
娜·斯莫尔克（Christina Smolke）和罗恩·韦斯（Ron Weiss）。其中保罗·莫德里奇因
DNA修复的细胞机制研究，获得2015年诺贝尔化学奖。本文刊发于《科学美国人》2006
年第6期。

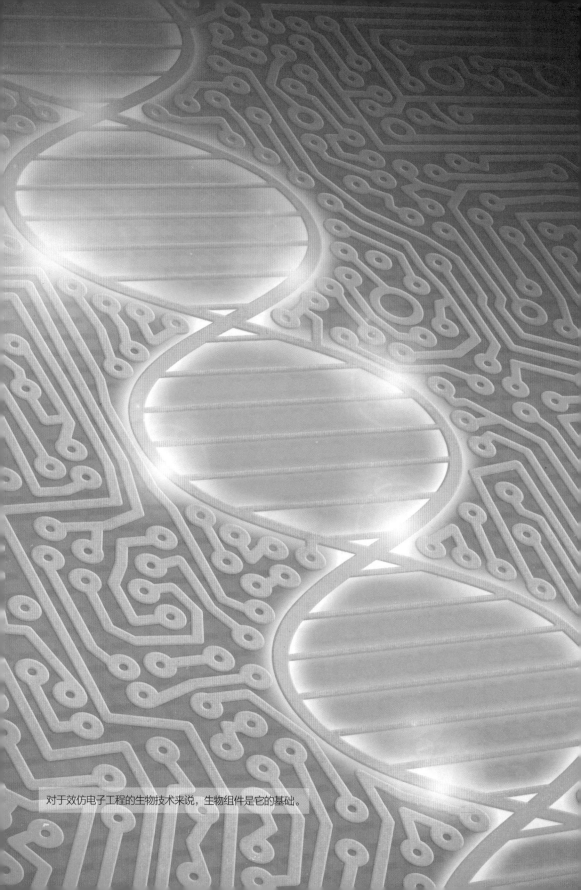

对于效仿电子工程的生物技术来说，生物组件是它的基础。

生物工厂研究小组的成员有：美国华盛顿大学的**戴维·贝克**，美国哈佛大学医学院的**乔治·丘奇**，美国波士顿大学的**吉姆·科林斯**，美国麻省理工学院的**德鲁·恩迪**和**约瑟夫·雅各布森**，美国加利福尼亚大学伯克利分校的**杰伊·凯斯林**，美国杜克大学的**保罗·莫德里奇**，美国加州理工学院的**克里斯蒂娜·斯莫尔克**和美国普林斯顿大学的**罗恩·韦斯**。他们是朋友，是同事，也是合作者。他们作为一个研究小组共同撰写这篇文章，是因为他们专攻领域的多样性决定了他们对生物工厂贡献的多样性，同时这又正好体现了生物工程的跨学科本质。本文的所有作者都是美国马萨诸塞州剑桥的密码子装置公司的科学顾问，这个公司是第一家为了将工程原理应用于合成生物学而开办的商业企业。丘奇、恩迪、雅各布森和凯斯林都是该公司的创立者。恩迪还是非营利性的生物零件基金会的创始人，凯斯林还创立了阿米里斯生物技术公司。

虽然"基因工程"这个词已至少用了30年，DNA重组技术也是现代生物学研究的主流技术，但是大多数生物技术学家所进行的生物相关研究，却与工程技术鲜有共同之处。其中一个原因就是，现有的生物工具，在标准化和实用性方面还没有达到与其他工程技术领域相同的水平；而另一个原因则是，生物学的研究方法和思路还有待改进，尽管生物学研究已经深受工业技术的影响。

举例来说，电子工程的转型起始于1957年。那一年，美国仙童半导体公司（这家公司的所在地就是后来的硅谷）的琼·霍尼（Jean Hoerni）发明了平面技术。这是一种利用光掩模，在硅晶圆内对金属及化学物质进行层叠和刻蚀的系统。利用这种新技术，工程师们不仅能够制造出品质稳定的、整齐的集成电路，还能通过改变光掩模的模式，制造出各种类型的电路。此后不久，工程师们就可以对前人所设计的简单电路进行选择组合，设计出更加复杂、应用范围更广的电路。

在那个年代，电子电路的标准制造方法还比较原始，只是将电路的各个晶体管逐一串联起来。这是一种手工制造过程，其产品质量参差不齐，被新兴电子工业界公认为技术瓶颈。相反，平面技术则大步前进，进展速度惊人，与著名的摩尔定律所提出的速度相差无几。

设计制造半导体芯片的技术与方法相结合的产物——"芯片工厂"，已成为史上最成功的工程范例之一。它也为另一新兴技术领域——生物体系制造业，提供了宝贵的发展模式。

实际上，今天的基因工程师所使用的方法，仍处于较原始的阶段。正如我们的同事——美国麻省理工学院人工智能实验室的汤姆·奈特（Tom Knight）所说的那样："DNA序列的组装技术缺少标准化，致使每一次DNA组装反应在自身尚处于实验阶段的同时，还不得不充当解决目前研究课题的实验工具。"

生物工程在制造方法和组件上的标准化，可以促使兼容组件设计库的建立，并使组件的加工外包成为可能。理论与制造的分离，使生物工程师能够自由地构想更加复杂的装置，并应用强大的工程工具（例如计算机辅助设计），来处理由此产生的复杂性问题。朝着这些目标，我们小组的成员已经开始寻找和开发能够构成"生物工厂"基础的仪器和技术。我们还想组建一个团队，然后借团队的力量，将最好的工程原理和实践应用于生物技术。

合成DNA

如果说单个晶体管是电子电路的基本组件，那么在生物学中，与之对应的便是基因（有序的DNA长片段）。为了给高级的生物装置构建基因电路，我们就需要一种快速可靠、价格合理的DNA长片段合成法。

20年前，在前人工作基础上，美国科罗拉多大学博尔德分校的马尔温·卡拉瑟斯（Marvin H. Caruthers），利用DNA自身的化学性质，研发出一种单链DNA合成法。DNA由4种核苷酸组成，而每种核苷酸又含有一个相应的碱基，分别是腺嘌呤（A）、胞嘧啶（C）、鸟嘌呤（G）和胸腺嘧啶（T）。碱基之间的亲和力使它们两两配对

基因电路

将不同基因按一定规则连接在一起，即构成基因电路。上游基因的蛋白产物调控下游基因的表达，环环相扣，从而完成特定的生物学功能。基因电路构成的基本原理是各种逻辑门，最基本的两个逻辑门是"非"和"与"，在此基础上可构成各种复杂的基因电路。

（A与T配对，G与C配对），形成梯状双链DNA分子中的梯级。化学键不仅在碱基对之间形成，在同一条单链上邻近的核苷酸之间也会形成。

卡拉瑟斯所使用的方法被称为固相亚磷酰胺法，这是目前大多数商业DNA合成法的基础。合成反应起始于一个单核苷酸，这可不是一个普通的核苷酸，它附着在悬浮于液体中的固相支持物（如聚苯乙烯颗粒）上，并承担着发起合成反应的重任。当它暴露于酸中时，核苷酸的碱基便会打开并与新加入酸溶液的核苷酸形成化学键相连。接着第二个核苷酸又会暴露于酸中并与另一个核苷酸连接，反应就会持续进行，核苷酸链就会不断延长。这样，就可以合成任何想要的核苷酸序列，并且不易出错（出错概率约为1%）。

但很多时候，生物工程师想要的基因片段的长度，远远超出了该方法的合成能力。一个简单的基因网络也许就有数千个碱基对；就像细菌这样的微小生物，基因组也可达数百万个碱基对。因而，我们如果想找到高产出、低误差的合成法，就只能寄希望于从自然界中获得一些提示了。

在生物体中，像酶（如聚合酶）这样的生物机器，能以高达每秒500个碱基的速度，合成和修复DNA分子，而错误率仅为十亿分之一！这就意味着，即便是最好的DNA合成机器（每300秒合成1个碱基），产出率（输出量/错误率）也不及聚合酶的万亿分之一。更有甚者，在细菌体内，当复制像基因组那样的长链DNA时，多个聚合酶会同时运作，在20分钟内就能合成含有500万个碱基的DNA！

于是，丘奇借助现有的基因芯片技术以效仿细菌聚合酶的这种平行作业方式。基因芯片其实就是特殊的玻璃片，在它的表面上，繁星般地点缀着长为50～70个碱

基因组、聚合酶与基因芯片

基因组是指构成生命遗传物质的全部DNA组分。

聚合酶，最早在大肠杆菌中被发现，以后陆续在其他原核生物及微生物中被找到。这类酶的共同性质是，以脱氧核苷三磷酸（dNTP）为前体催化合成DNA；催化dNTP加到延伸中的DNA链的3'-OH末端；催化DNA合成的方向是 5' → 3'（5'与3'是指DNA链的两个末端）。

基因芯片，又称DNA芯片、DNA微阵列，和我们日常所说的计算机芯片非常相似，只不过高度集成的不是半导体管，而是成千上万的网格状密集排列的基因序列。通过已知碱基序列的DNA片段结合芯片上序列互补的单链DNA，来确定相应的序列，从而识别异常基因或其产物等。

生物工厂概述

● 灵活可靠的制造技术、标准化的制造方法及设计库，构成了半导体晶片的工厂体系。它使工程师们能够创造出极度复杂、功能强大、应用广泛的电子设备。

● 这种工厂作业方式也会赋予生物工程师们同样的能力：构思由生物零件组成的复杂装置，并将它制造出来。

● 人们已经在开发和使用生物工厂技术及其工艺。解决安全性问题以及鼓励生物学家具有更多的工程思维，这是大家努力的方向。

基的寡核苷酸（短小的核苷酸链）。通过亚磷酰胺法，寡核苷酸被同时合成于基因芯片的表面，并以格状排列，密度高达每平方厘米100万点。在传统技术的基础上，我们又在这些寡核苷酸上加上可剪切的连接分子，以便特定的寡核苷酸能够从基因芯片上释放出来。在我们的实验性基因芯片上，每个点约为30微米宽，大约含有1,000万个寡核苷酸分子。

通常，基因芯片上的核苷酸链被称为构建性寡核苷酸，因为它们的部分序列是相互重叠的，通过重叠的序列，可将它们组装成更长的DNA结构（如整个基因）。但是，任何含有错误序列的寡核苷酸都必须被清除。为此，我们采用了两种不同的纠错方法。

第一种是选择性寡核苷酸法。合成选择性寡核苷酸的方法与制造基因芯片的方法相同，只是在核苷酸序列上，前者有特殊的要求：与构建性寡核苷酸的序列互补。合成之后，便对连接分子进行剪切，从玻璃片上释放选择性寡核苷酸，并使它们流过构建性寡核苷酸的芯片。按照碱基配对的原则，选择性寡核苷酸就会与互补的构建性寡核苷酸结合或杂交，形成双链DNA。这样，任何不能配对，或者含有错误序列、配对不完全的构建性寡核苷酸，都无法逃过我们的"法眼"，也就无法继续在芯片上"滥竽充数"。有趣的是，与制造基因芯片一样，在合成时，选择性寡核苷酸的序列也会出错。但是，构建性与选择性寡核苷酸的错误序列很难完全互补。因此，利用一组寡核苷酸对另一组进行校对是一种有效的纠错方法。利用这种方法，我们合成寡核苷酸的平均错误率可以低至1/1,300。

正如人们所料，生物体系非常注重自身复制的精确度。我们的第二种纠错方法就来源于自然界。10年前，莫德里奇首先发现了生物体系复制时的详细纠错过程，并将这个过程命名为"MutS-L-H"。当两条DNA链的碱基不能完全配对时，那么在错配区，便不能形成双螺旋结构。MutS是一种天然存在的蛋白质，它会识别这种缺陷，并

"活"装置

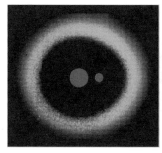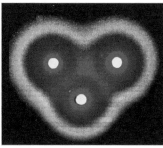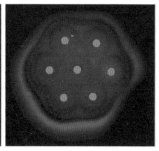

程序化的细菌根据"发送器"细胞菌落（左图所示的红色区域、中图所示的黄色区域以及右图所示的粉红色区域）所发出的信号，形成不同的环状图案。经过基因改良的大肠杆菌菌苔作为"接收器"细胞，可以探测到位于菌苔中部的发送器所释放的化学物质。接着，接收器依据其与发送器的距离（根据化学物质的浓度而定），产生不同颜色的荧光蛋白。

通过改变发送器菌落的初始位置，可以创造更复杂图案。我们可以利用这个人工多细胞体系，对天然细胞体系中的信号传导及模式形成（比如在生物发育期）进行研究。此外，该技术还可以用于探测器、三维组织工程以及利用程序化生物体制造材料。

与之结合。随后，它招集"同伴"——MutL和MutH，共同完成修正任务。利用该方法，雅各布森与美国麻省理工学院的彼得·卡尔（Peter Carr），已经将DNA合成的错误率降到1/10,000。对于生产小型基因网络来说，这样的保真度足矣。

在可释放性平行合成技术和纠错技术的支持下，长链DNA的合成速度更快，成本更低，精确度更高。这些技术将是生物工厂的基础。随着时间的流逝，它们会像半导体芯片光刻技术那样，不断进步。先进的技术是宝贵的财富，能解放我们的思想，让我们思考更多：在生物工厂里，我们可以做些什么呢？

基因工程药物

利用生物工厂的平台探索征服疾病的新方法，是我们最早的目标之一。凯斯林和贝克的研究对象是疟疾和艾滋病——两种困扰人类多年的恶疾。他们致力于开发治疗这两种疾病的药物。尽管我们所研究的治疗方法与他们的不尽相同，但在很大程度上，两个小组的研究都依赖于精确合成长链DNA的能力。我们的研究只是工厂化的一个代表，工厂化拥有强大的力量，必将颠覆传统的新药开发模式！

以疟疾为例，已有药物能将感染者体内的致病寄生虫彻底消灭，从而根治疟疾。这是一种小分子药物，叫做C-15倍半萜，俗名青蒿素，是由植物青蒿（多发现于中国北方）合成的天然化合物。但在植物中，天然的青蒿素过少，如果从植物中提取青蒿素制药，药物价格会极其昂贵，无法推广。因此，在过去5年中，凯斯林的研究小组努力克隆与青蒿素合成相关的基因，也就是遗传途径，并将它们插入酵母菌中，让酵母菌大量合成青蒿素。

在酵母菌中，我们还能对遗传途径进行改良，使青蒿素的合成效率大幅提高。青蒿素的合成途径叫做甲羟戊酸途径，目前，我们已经能够对途径中的关键基因进行重新设计，较之细菌中的原始途径，关键基因的改变可使紫穗槐二烯（青蒿素前体）的产量提高100,000倍！但这仍然不够，要使青蒿素得到广泛应用，必须进一步提高产量，这就需要我们对整个青蒿素的合成途径进行整合重建。

这个装置是2004年国际遗传工程机器设计竞赛参赛作品，由来自美国得克萨斯大学奥斯汀校区的团队制作，该装置上所出现的问候语是由发光细菌构成的。他们将多个可接收光线并产生颜色的基因零件转入大肠杆菌，从而将这张生物膜变成一张显示光刻图像的生物胶片。遵循计算机编程的传统，该机器显示的第一条信息也是"世界，你好"。

整条遗传途径由9个基因构成，每个基因的平均长度约为1,500个核苷酸。因此，我们所构建的每个新途径大约包含13,000个核苷酸。另外，还需要制造每个基因的突变型，再对不同基因的突变型进行组合，挑选出最优组合。如果为每个基因制造两种突变型，那么，我们就得合成2^9即512条遗传途径，共约600万个核苷酸！对于传统DNA合成技术来说，这项任务无疑难于登天；而对于基因芯片合成技术来说，这不过是小事一桩，用一个生物芯片就可以实现。

相同的工厂化技术不仅可以用于大规模合成基因网络，还可以用于创造新型蛋白质，例如化学合成反应或对环境中废弃物的治理所使用的新型催化剂，以及用于基因疗法或杀灭病原体的高特异性酶。贝克的研究小组正在开发一种计算机设计法，用于设计新型蛋白质结构。他们已设计出两种新型蛋白质，可以模拟人类免疫缺陷病毒（HIV）表面的重要特征。目前，这两种蛋白质已作为候选疫苗，进入了测试阶段。

抽象化优势

半导体工业成功地将超大规模集成（VLSI）电子学应用于实践，技术工艺的标准化使晶片工程师们专攻电路设计或制造，从而在不同的抽象层次上来处理复杂问题。生物工程师们可以借鉴半导体工业的成功经验，利用抽象层次来隐藏不必要的信息，以处理复杂问题。这样，处于系统层的生物工厂设计师就只需关心应该采用哪些装置，以及如何将这些装置连接起来以完成一定的功能，而不用从头到尾制造每个装置。同样，处于装置层的设计师应该知道每个装置中各个部件的功能和兼容性，而处于零件层的工程师就得了解每个零件在内部是如何运作的，但无须合成其 DNA 原料。

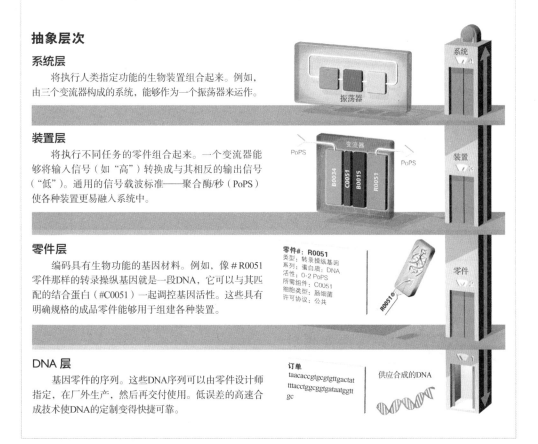

抽象层次

系统层

将执行人类指定功能的生物装置组合起来。例如，由三个变流器构成的系统，能够作为一个振荡器来运作。

振荡器

系统

装置层

将执行不同任务的零件组合起来。一个变流器能够将输入信号（如"高"）转换成与其相反的输出信号（"低"）。通用的信号载波标准——聚合酶/秒（PoPS）使各种装置更易融入系统中。

PoPS 变流器 PoPS

B0034 C0051 B0015 R0051

装置

零件层

编码具有生物功能的基因材料。例如，像 #R0051 零件那样的转录操纵基因就是一段 DNA，它可以与其匹配的结合蛋白（#C0051）一起调控基因活性。这些具有明确规格的成品零件能够用于组建各种装置。

零件#: **R0051**
类型：转录操纵基因
系列：蛋白质：DNA
活性：0-2 PoPS
所需组件：C0051
细胞类型：肠细菌
许可协议：公共

R0051

零件

DNA 层

基因零件的序列。这些 DNA 序列可以由零件设计师指定，在厂外生产，然后再交付使用。低误差的高速合成技术使 DNA 的定制变得快捷可靠。

订单
taacaccgtgcgtgttgactat
tttacctggcggtgataatggtt
gc

供应合成的 DNA

计算机辅助设计法也有局限性：不够先进，不能保证设计出来的所有蛋白质都具有期望中的功能。但计算机可以设计出成百上千的、有希望的候选蛋白质，供我们试验。如果把这些蛋白质结构转化为相应的基因序列，那就需要合成上百万个核苷酸。对于现今的技术，这是一个困难而昂贵的方案，但利用工厂化技术，可以毫不费力地完成任务。

上述针对疟疾和人类免疫缺陷病毒的DNA、蛋白质合成研究表明，这种以生物工厂技术为基础的方法，可用于对付更多的疾病，包括新出现的疾病。比如，将高效而廉价的DNA测序方法与工厂合成能力相结合，我们就可以快速鉴定新型病毒 [如严重急性呼吸综合征（SARS）病毒] 或新型流感病毒，然后再以现有技术难以企及的速度，制备出相应的蛋白质疫苗。

当然，生物工厂并非只是一个高速合成技术的集合体，而是一种途径：不仅能够对现有生物机器进行探究，而且可以借用工程学的语言和方法，构建新型生物机器。

生物零件

2000年，当时就职于美国普林斯顿大学的迈克尔·埃洛维茨（Michael Elowitz）和斯坦尼斯拉斯·莱布勒（Stanislas Leibler），以及美国波士顿大学的科林斯、蒂姆·加德纳（Tim Gardner）和查尔斯·坎托（Charles Cantor）等人，利用生物零件制造了第一批基本电路元件：一个环形振荡器和一个扳键开关。他们的研究代表了人造功能性生物电路的首次成功。而早在1975年，科学家们就已经知道，自然界的生物正是利用此类电路来调控它们的基因——从认识到制造成功，科学家们用了整整25年的时间！

埃洛维茨和莱布勒的环状振荡器很好地阐释了何为生物电路。最初他们试图利用它合成一个生物钟，以此帮助他们进一步研究生物体内生物钟的运作细节。振荡器的基本电路是一个质粒（环状DNA），该质粒带有三个基因：$tetR$、$lacI$和λcI，分别编码三种蛋白质：TetR、LacI和 λ cI。任何基因翻译成蛋白质的首要条件都是聚合酶与

启动子

启动子是 DNA 分子中可以与核糖核酸（RNA）聚合酶特异结合的部位，也就是使转录开始的部位。在基因表达调控中，转录的起始非常关键。

基因上游区域的启动子结合。随后，聚合酶将基因转录为信使RNA，然后信使RNA被翻译成蛋白质。如果聚合酶不能与启动子结合，那么基因就不能被翻译，也就不能生成蛋白质。

埃洛维茨和莱布勒给三个基因的蛋白质产物分配了特殊的任务：选择性地与另外一个基因的启动子结合。如此一来，LacI蛋白质与$tetR$基因的启动子结合，λcI蛋白质与$lacI$基因的启动子结合，而TetR蛋白质则与λcI基因的启动子结合。这种关联性使得一个基因的蛋白质产物能够阻遏聚合酶与另一个基因的启动子结合。因此，这三种蛋白质的生成构成了一个振荡循环：大量LacI蛋白质的生成抑制了$tetR$基因的表达；TetR蛋白质的缺失使λcI基因得以表达；而λcI蛋白质又可以抑制LacI蛋白质的生成，这个过程不断循环。

若将该循环中的一个基因与表达绿色荧光蛋白的基因相连，再将整个电路转入一个细菌中，那么该振荡器就会呈现出神奇的一幕：这个细菌会像节日彩灯般闪烁！与之相似，科林斯小组最新研制的基因扳键开关也可用于程序化的细菌：一旦细菌的DNA受损，那么在细菌周围就会出现一种跳跃着绿色荧光的"菌苔"，也就是生物膜！

最初，在为制造半导体芯片测试新工艺时，电子工程师会制造电子电路，将它作为检测工具。在功能上，合成的生物电路与这些电子电路完全一致，这可能会让很多人不敢相信。电子工程师们知道，像振荡器或开关这样的基本组件，在逻辑上是相通的。如果能可靠并精确地制造出这些简单组件，那么就有可能设计和制造更为复杂的电路。同样，一旦生物工程师能理所当然地将合成生物电路视为基本材料，他们就可以走得更远：创造多细胞体系、进行二维和三维设计、制作非生物功能装置，都将不再是难事。

最近，本文作者之一韦斯制造出了一种多细胞体系的原型，它能检测爆炸物或其他化学药品。当发现可疑物时，它就会发出可视信号（见第173页图）。这种生物机器使我们能够利用指令和协议，对数以百万计的细菌细胞进行程序化，让细胞在执行命令的同时，进行细胞间的交流，并且输出多彩的光信号。

提高生物合成的安全性

生物工厂将为医药、新型材料制造、探测器、废物修复，以及能源生产等方面带来新的机遇，而对这些机遇的探索才刚刚开始。但是，正如其他任何价值非凡的事业一样，它也存在一定的风险。生物体系的进化和复制能力是其特色，而正是这种能力引起一些担忧：生物"装置"可能会造成无意或有意的危害。

31 年前，在美国加利福尼亚州阿西洛马举行的会议对于当时的重组 DNA 技术表示了类似的担忧。那时，科学家们第一次成功地从一种生物体中提取出单个基因，并将它转入另一种生物体中，从而产生了原本自然界中并不存在的基因组合。现今，这种技术已成为世界上任何一个分子生物学实验室必不可少的工具，部分原因是源于阿西洛马会议的管控措施削弱了人们对 DNA 重组技术的恐惧。

从某种意义上来讲，关于生物工厂新技术的问题，本身并非新问题，但我们的社会却在不断讨论这个问题。在 2006 年 5 月举行的第二届合成生物学大会上，科学家和伦理学家们为解决合成基因组学所涉及的问题进行了讨论。这次大会的讨论结果，以及由阿尔弗雷德·斯隆基金会所资助的，对风险、获益和可能需要采取的安全措施所进行的为期 15 个月的研究的结果，1 个月后在网上发布。

当前，科学家们肯定能够采取同样的预防措施，如在可靠的生物安全实验室中进行工作，并且遵守 30 年来我们一直使用的伦理标准。当然，保证有责任感的研究者对自己的行为负责并不困难。但是，还是存在令人担忧的可能，比如将来某一天，如果 DNA 合成技术得到广泛应用，心怀不轨的人就会有机可乘，制造致命的新的病原体。于是，本文作者之一丘奇提出了一种监管体系。这个体系

图中小瓶内装着用于生物工程的 DNA 零件。这些零件安全可靠，即便是在没有安全防护的生物实验室，也不会引发安全性问题。

包括：对合成生物学工作人员进行注册——就像美国政府对接触所谓"特选威胁病原体"的研究人员进行注册一样，并对用于合成生物学的专门设计生物、仪器和前体材料的购买进行监控。

让人感兴趣的另一方面，则是生物工厂本身就代表了一个极其安全的体系，因为它要求十分精细的监管体制。在我们所提到的应用中，大多数并不需要合成生物暴露于环境中，但是，为了以防万一，合成生物可以采用不同于自然界生物的基因编码，以使它们不能与其他的生物体进行基因交换。合成生物装置可以被设计成，在经过一定次数的细胞分裂之后对自身进行销毁，或被设计成只能依赖一般环境中不存在的化合物而生存。基因水印可以被刻在每一个基因零件上，以便对由此制造的生物进行识别和追踪。工程法则认为，如果有能力构建更高精度的装置，通常也就具有更高的安全性，例如，飞机中的三重冗余飞行控制系统。我们相信这些同样适用于生物工厂中建造的合成生物体系。

——生物工厂研究小组

受到这些早期范例的启发，本文作者之一恩迪，同奈特及我们的同事——美国麻省理工学院的兰迪·雷特贝格（Randy Rettberg）一起，着手建立生物组件库。它类似于电子晶片设计师们的组件库。这个标准生物零件注册库将会推进各种生物构建项目，而且我们希望有更多的人为注册库添砖加瓦。迄今为止，注册库已涵盖了超过1,000种的生物零件，其中包括许多与电子器件相仿的零件，如逆变器、开关、计数器、放大器，以及能够接收输入信号或进行输出显示的组件。我们还定义了一个标准信号载波——聚合酶/秒（PoPS），近似于连接两个电子组件的导线中的电流。这样一来，生物工厂的工程师对基因装置进行组合和重新利用时，就能更加得心应手。

为了展示生物工厂技术，也为了培养后继人才，美国麻省理工学院的研究小组于2003年，开设了第一门关于生物零件的工厂工程课程。这个课程很快发展成一项年度竞赛。2006年夏天，有30多个大学的团队慕名而来。自国际遗传工程机器设计竞赛（iGEM）开设以来，在很短的时间内，就已经产生了许多令人惊叹的细胞装置：可以记录和显示相片的生物膜，以及能够像开关一样对小分子输入信号（如咖啡因）进行感知和响应的程序化细胞。

还有一个iGEM参赛作品，由本文作者中的斯莫尔克、科林斯和丘奇共同开发研制。这是一个利用一系列DNA片段进行数字计数的装置。区区20个DNA片段就能对最多100万（2^{20}）种细胞状态进行计数和报告。这项技术可以融入传感器，而传感器又能与工程化的代谢途径（例如，凯斯林的研究小组研发的青蒿素合成的优化途径）相连。于是，仅用手指扳动开关就能提高药物产量！

构建合成生物学

当我们刚开始致力于建立生物工厂时，精确、快速而又廉价的长链DNA合成法还没有浮出水面。在本文发表时，生物工程师们拥有的工具已经越来越多，长链DNA合成技术只是其中之一。目前，我们正朝着一种生物工厂的生产模式发展，即首先在计算机中对生物装置进行设计和建模，然后将它"裁剪"成最终的生物形式。这与硅晶片首先被设计出来，然后通过刻蚀而成的过程非常相似。

生物工厂起步了

许多公司和组织已经将工程原理和工程工具应用于商业性生物制造业中，从而使生物工厂更贴近现实。

公司	研究重点
生物零件基金会 位于美国马萨诸塞州剑桥	促进对生物工程开放工具、标准和零件
蓝鹭生物技术公司 位于美国华盛顿州博塞尔	DNA合成
阿米里斯生物技术公司 位于美国加利福尼亚州埃默里维尔	利用基因工程改造代谢途径，进行微生物药物生产
密码子装置公司 位于美国马萨诸塞州剑桥	构建生物装置
应用分子进化基金会 位于美国佛罗里达州盖恩斯维尔	生产新型蛋白质及材料
合成基因公司 位于美国马里兰州罗克维尔	利用基因工程进行微生物产油

与半导体电路一样，这种方法还有一个附加的好处：我们可以优化零件之间的相互作用，以及预测可能出现的问题。当我们所构建的体系越来越复杂时，这个能力就变得越来越有用。而抽象设计的另一个优点是，生物工程师不必从头开始构建每一个零件，也不必清楚每一个零件在内部如何运作，他们只需知道这些零件能够可靠地运转就足够了。

参加iGEM的学生代表了第一代生物学家–工程师，他们在事业起步之初所接受的训练，就使他们将自己视为生物学家兼工程师。然而，我们所面临的一个重要挑战，是如何使更多的生物学家像硅片工程师那样思考，并吸引更多的工程师进入生物领域，特别是涉及零件共用的时候。直到现在，生物技术仍然像一个独立的工作团体，开发单一用途的物质（如某种药物）。而今后，在很大程度上，生物技术还需要许多不同的团队提供辅助体系。我们希望，为生物学建立工厂可以推动这个进程，并且使它如半导体工业一样，取得革命性的进步。

扩展阅读

Synthetic Life. W. Wayt Gibbs in *Scientific American*, Vol. 290, No. 5, pages 74–81; May 2004.
Foundations for Engineering Biology. Drew Endy in *Nature*, Vol. 438, pages 449–453; November 24, 2005.
Let Us Go Forth and Safely Multiply. George Church in *Nature*, Vol. 438, page 423; November 24, 2005.
Adventures in Synthetic Biology. Drew Endy, Isadora Deesa, the MIT Synthetic Biology Working Group and Chuck Wadey. A comic book available online at **http://openwetware.org/wiki/Adventures**

三

诺贝尔
生理学或医学奖

Nobel Prize
in Physiology or Medicine

马里奥·卡佩基
2007年 / 诺贝尔生理学或医学奖

伊丽莎白·布莱克本
卡罗尔·格雷德
2009年 / 诺贝尔生理学或医学奖

杰克·绍斯塔克
2009年 / 诺贝尔生理学或医学奖

詹姆斯·罗斯曼
2013年 / 诺贝尔生理学或医学奖

梅-布里特·莫泽
爱德华·莫泽
2014年 / 诺贝尔生理学或医学奖

替换目标基因

1994年，研究人员已经可以培育出在任意已知基因上携带任意特定突变的小鼠。这项技术使哺乳动物生物学研究发生了翻天覆地的变化。

撰文 / 马里奥·卡佩基（Mario R. Capecchi）

翻译 / 程孙雪子

本文作者马里奥·卡佩基因在"基因打靶"技术等方面做出的重要贡献，获得2007年诺贝尔生理学或医学奖。本文刊发于《科学美国人》1994年第3期。

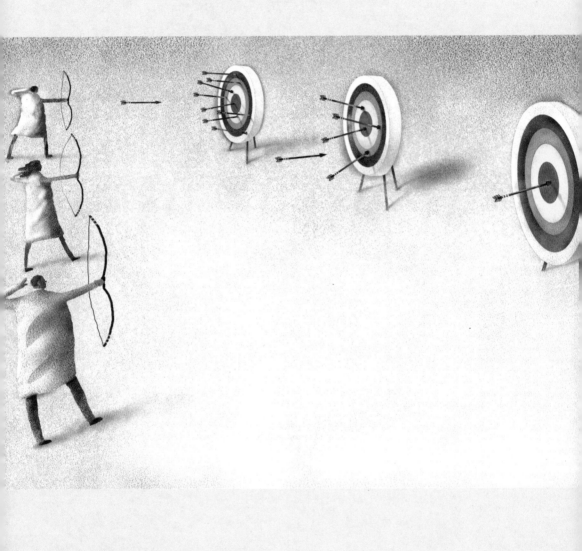

马里奥·卡佩基出生于意大利的维罗纳，是霍华德·休斯医学研究所的研究员和犹他大学医学院的人类遗传学教授。除了开发本文中介绍的技术外，卡佩基还为解释蛋白质合成的机制提供了帮助。此外，他还为DNA中增强子的发现做出了贡献，并开发了一种现在广泛应用的技术，该技术能够直接将DNA注射到细胞核当中。

我们身体中的每个细胞的细胞核内都有一份说明书，上面详细记述了该细胞的功能。尽管每个细胞都带有相同的说明书，但不同类型的细胞，比如肝细胞或皮肤细胞，会按照该说明书的不同部分来明确其独特的功能。或许最令人赞叹的是，这本说明书内的信息可以使一个单细胞的胚胎，即受精卵，发育成一个胎儿，然后呱呱坠地，成为一个新生的婴儿。随着这个婴儿的生理和心智都逐渐成熟，他仍然使用着这本说明书上的信息。我们每个人都是独一无二的，每个人的说明书都略有不同。把我们与其他人区分开来的生理和行为特征，大部分都是由这本说明书详细记述的。

这份非比寻常的说明书称为基因组，是用核苷酸形式写成的。整个"字母表"中只有4种核苷酸——腺嘌呤核苷酸、胞嘧啶核苷酸、鸟嘌呤核苷酸、胸腺嘧啶核苷酸。DNA上核苷酸的精准序列可以表达信息，就像字母序列组成单词可以表达意思一样。每次细胞分裂时，整份"说明书"都会被复制，产生的副本从母细胞传递到两个子细胞中。在人类和小鼠中，这份说明书都含有30亿个核苷酸。如果将代表这些核苷酸的字母按顺序写下来，每页写3,000个字母，整个说明书将长达1,000卷，每卷1,000页。所以，由一个受精卵创造出人类或小鼠个体，需要一份异常复杂的说明书来精心安排。

本文刊发前不久，我和犹他大学的同事们共同开发出可以修改存在于活体小鼠每一个细胞中的说明书的方法，能精确修改其中的某一个字母、某一个句子或某几个段落。通过改写该说明书中的部分内容，并评估改写后的说明书对小鼠发育或发育后身体功能的影响，我们就可以了解控制这些过程的程序。

说明书中的功能单元就是基因。我们可以使某个选定基因的核苷酸序列发生特异性改变，并由此改变它的功能。比如，如果我们怀疑一个特定的基因可能和脑发育有关，就可以培育一批"敲除"了这个正常基因的小鼠胚胎，让该基因彻底失去活性。如果这种基因失活导致新生的小鼠长出了畸形的小脑，我们就知道，这次考察的基因对于脑的这一区域的形成有重要作用。这个将特定突变引入特定基因核苷酸序列的过程就叫做"基因打靶技术"。

从小鼠基因打靶实验得来的知识大部分都可造福人类，因为小鼠与人类大约99%或更多的基因都有相同或相似的功能。此项技术在小鼠上的应用不仅揭示了人类胚胎发育的各个阶段，还使我们认清了人体免疫系统形成的过程以及抗击感染的方式。基因打靶技术应该继续发展下去，揭开更多谜题，比如人类脑部的运作方式，以及基因缺陷的致病原理等。为了实现后面这个目标，我们正利用该技术培育患囊性纤维化、癌症和动脉粥样硬化等人类疾病的小鼠模型。

在另一个领域，基因打靶技术也带来了振奋人心的进展。从人类基因组计划中获

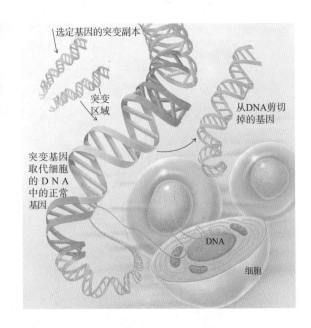

通过向细胞中插入突变的基因副本（右图中最左侧的绿色和金色条带），并使其中的一个副本替代染色体中原来的健康基因（右图中最右侧的金色片段），就可以在选定的细胞基因中形成定点突变。这样改动过的细胞能够帮助研究人员培育携带特定基因突变的小鼠。研究者在一只突变小鼠身上发现了卷曲的尾巴及平衡与听觉障碍（见上图）等特征，从而发现了int-2基因，该基因参与小鼠尾部和内耳的发育。

（右图标注）
选定基因的突变副本
突变区域
从DNA剪切掉的基因
突变基因取代细胞的DNA中的正常基因
DNA
细胞

得的很多知识都有望通过此项技术得到拓展。这个大规模项目旨在确定小鼠和人类基因组中每个基因（各有约20万个）的核苷酸序列。目前，我们只知道这两个物种基因组中很少一部分基因的功能。基因的核苷酸序列指导氨基酸组合成特定的蛋白质（蛋白质承担着细胞内的大部分生理活动）。蛋白质的氨基酸序列会提供有关其功能的重要信息，比如它是酶，还是细胞的结构单元，还是信号分子。但是，仅有序列还并不足以揭示一个蛋白质在动物的生命活动中承担的具体任务。相反，基因打靶就可以提供这些信息，将我们对基因和蛋白质功能的认识推进到更深的层次。

基因打靶技术为研究人员提供了研究哺乳动物遗传学的一个新途径，也就是可以确定基因指导不同生物过程的方式。我们需要这项技术是因为传统的遗传学方法虽然在分析简单生物体的生物过程中十分成功，但并不能直接适用于复杂生物体，比如哺乳动物的研究。

举例来说，如果遗传学家想要研究单细胞生物，如细菌或酵母如何复制DNA，他们可以把10亿个甚至更多个体暴露在某种对DNA有破坏性的化学制剂（诱变剂）中。通过选择正确的诱变剂剂量，遗传学家可以保证种群中每个个体的一个或多个基因携带一个突变。通过研究经诱变剂处理的细菌或酵母，遗传学家就可以找出无法复制DNA的个体。对于DNA复制所必需的全部基因，可以通过使用这样大规模的诱变种群，筛选出存在这些基因突变的个体（像细菌或酵母基因组复制这样的复杂过程，有超过100个基因参与其中）。一旦这些基因被鉴别，它们在DNA复制中的具体功能就能被确定下来，比如哪个基因决定是否进行DNA的复制，哪个基因控制复制的精准度和速率等。

类似的方法也曾应用到更复杂的多细胞生物上。遗传学家最喜欢的两种生物分别是一种生活在土壤中的细小蠕虫——秀丽隐杆线虫，以及一种常见的果蝇——黑腹果蝇。但即使是在这些相对简单的多细胞生物中，确定涉及某个生物过程的所有基因都是较为困难的。

导致难度提升的原因有很多，其中之一就是基因组的大小。大肠杆菌的基因组只有3,000个基因，而黑腹果蝇却有至少20,000个基因，小鼠的基因数更是10倍于果蝇。更多的基因数量带来了更高的复杂度，因为基因形成了更复杂的交互网络。在这样的网络中追踪某一个基因的功能是一项万分艰巨的任务。

此外，由于多细胞生物体型更大，诱变实验中可包含个体的数量也受到了限制。在10亿个经诱变后的细菌或酵母个体中寻找某类的突变个体是相对比较简单且廉价的。相反，哪怕筛查100,000只经诱变的果蝇都是一个异常庞大的实验。相比而言，要筛查小鼠身上的一个特定突变，可操作的个体数量大概要达到1,000。

在实际操作上，鉴别和研究多细胞生物的基因难度更高还有另一个原因，就是多数多细胞生物都是二倍体，它们细胞中的大多数基因都具有两套副本，一套来自父亲，一套来自母亲。从生存的角度来说，拥有两套基因是十分有价值的。如果一套基因获得了有害突变，另一套通常可以予以补偿，这样可避免突变带来严重的后果。然而，这样的冗余就意味着，只有当两套基因都被破坏时，突变才可能导致解剖学或生理学上的缺陷。研究人员要得到这样的突变个体，就要让各有一套基因携带着突变的两个亲本交配。大约有1/4的交配子代会携带两套有缺陷的基因。这些步骤会大大拖延分析的进程。

尽管存在这些困难，但要了解并分辨生物过程的各个步骤，识别整个动物体中的特定突变无疑是提供信息最多的一种方法。此外，如果想了解只在复杂生物体中存在的过程，如复杂的免疫应答的形成，也必须在那些生物体中进行此类分析。由于这些原因，对哺乳动物发育、神经功能、免疫应答、生理和疾病感兴趣的遗传学家已经在研究小鼠。从他们的角度来看，小鼠是一种理想的哺乳动物。它们个体小，繁殖能力强，是认识大多数人类生物过程的良好参照物。

从另一方面来说，与简单的生物体相比，可在小鼠身上进行的基因操作有极大的局限。由于上文介绍过的那些障碍，将传统方法应用到小鼠身上是不切实际的。要找出经诱变后携带特定基因缺陷的小鼠，研究人员需要筛查10,000～100,000只小鼠，成本令人无法接受。所以，研究小鼠的遗传学家过去都是研究群落中自发突变的个体。由于研究人员的敏锐观察和不懈努力，现在已有的小鼠突变库已经十分庞大。对于未来的研究来说，这些资源的价值不可估量。

然而，即使是这些来之不易的发现也有缺点。已有的小鼠突变库并不是从小鼠基因组突变中随机取样的。相反，它包含的绝大多数突变都会导致可观察到的生理或行为异常。因此，很多影响毛色的突变都出现在这个库中，而影响早期发育的突变则比例很低（因为它们通常会导致不易察觉的胚胎死亡）。

还有，分离突变小鼠中导致明显缺陷的基因是项高强度的工作，通常需要一个团队齐心协力工作几年时间。即使全然不知所涉及的基因，研究人员也可以推断出某个生物现象所涉及的多个步骤。但如果不能分离这些基因，他们便无法在分子层面取得进展。尤其是，他们无法确定由突变基因编码的蛋白质的性质，也无法找出这些基因会在哪些细胞中被激活。

基因打靶技术使研究人员可以绕开这些难题。他们现在可以选择改变哪个基因，实际上还可以完全控制该基因的修饰方式，从而定制突变，来探究该基因的具体功能。研究者会根据研究小鼠或其他物种时得到的知识，来选择让哪个基因发生突变。例如，在新形成的小鼠心脏中分离具有活性的一系列基因是相对容易的，而基因打靶则能使我们确定其中的每个基因在心脏发育中的作用。或者，我们还可以确定一组对黑腹果蝇神经元发育通路起引导作用的基因在小鼠中是否存在，并且是否具有类似的功能。

初步的方法通常包括敲除某个基因，以评估缺失该基因的产物对生物体的影响。其结果可能会很复杂，并影响多个通路。对基因功能的进一步了解可通过引入更微妙、有更明确效果的突变来获得，这类突变只影响基因多个功能中的一个。很快，遗传学家就能够用开关控制基因了。这些开关能够使研究人员在小鼠的胚胎阶段或出生后发育过程中随意打开或关闭一个基因。比如说，假定某一个基因可能对一组神经细胞的产生和正常运行起到关键作用。敲除该基因可能会导致脑在形成过程中缺失这些神经元，并妨碍评估成年个体中该基因的活动。如果该基因由一个开关控制，研究人员就可以在发育过程中打开开关，使神经元形成。等到小鼠成年，再将其关闭，从而评估该基因在成年神经元中的功能。

1984～1999年，基因打靶技术取得了巨大的进展。在20世纪70年代末期，我做实验时要用极细的玻璃针头将DNA直接注射到哺乳动物细胞核中。针头由液压传动的显微操作器控制和引导，在高性能显微镜的帮助下进入细胞核中。经实践证明，这一步骤的成功率非常高。1/5～1/3的细胞都能接受到具有功能活性的DNA，并继续分裂，将DNA稳定传递到其子细胞中。

在追踪细胞中这些DNA分子的命运时，一个令人惊奇的现象引起了我的关注。尽管新引入的DNA分子是被随机插入到受体细胞的染色体中的，但该位点处可以插入多个分子，且所有的分子都沿着相同的方向。就像每种语言中的文字都有一个固定的方向一样（比如英语，我们从左往右阅读），DNA分子也是一样。显然，在细胞把DNA分子随机插入染色体之前，细胞核中有某种机制，将所有引入的DNA分子都沿同一个方向缝合在了一起。

我们进一步发现，细胞会采用一个称为同源重组的过程来实现这种连接。同源重组仅在拥有同样核苷酸序列的DNA分子之间发生。这两个分子排在一起，随后都被切开，并在切口处连接在一起。两者的连接十分精准，在连接点处的核苷酸序列都不会发生改变。

这个出乎意料的观察结果意味着，所有的小鼠细胞，甚至所有的哺乳动物细胞都具备进行同源重组的机制。当时，还没有任何理由认为体细胞（与有性生殖无关的细胞）中也有这种机制。此外，我们知道这种机制是十分高效的，因为我们可以显微注射超过100个相同序列的DNA分子，而细胞都会将它们沿相同方向缝合在一起。我立刻意识到，如果我们能够利用这种机制，使按我们意愿新引入的DNA分子与细胞染色体中相同的DNA序列进行同源重组，我们就能够任意改写细胞的说明书了。

我因这样的美好前景而兴奋不已，并在1980年向美国政府申请资金，以检测基因打靶的可行性。令我失望的是，受理这份项目资金申请的科学家拒绝了该申请。在他们看来，新引入的DNA序列能够在1,000卷遗传说明书中找到匹配序列的可能性微乎其微。

尽管被拒绝了，我仍然决定用另外一个项目的资金继续推进研究。这是一场赌博。如果实验失败了，我到项目汇报时就拿不出任何有价值的数据。然而幸运的是，实验成功了。到1984年，当我们再次申请资金继续研究时，我们已经有了丰富的证据表明基因打靶技术在细胞内是可行的。此次的项目评审人中有很多也评审过最初的那个项目计划，他们这时展现出了幽默感。新申请的评语开头是这样的："我们很高兴你没有听从我们的建议。"

那么基因打靶在细胞内是如何实现的呢？第一步是复制要研究的基因，并使其在细菌内增殖。这个过程提供了纯净且包含要研究基因的DNA来源。接下来在试管中，我们要根据实验目的更改基因的核苷酸序列。被更改后的基因被称为打靶载体。

打靶载体可通过多种方法被引入到活细胞中。一旦进入细胞核，它就会与细胞同源重组机制中的蛋白质构成一种复合体。在这些蛋白质的帮助下，打靶载体会对整个基因组序列进行搜索，直到找到与它自身一样的部分（靶点）为止。如果确实找到了这个靶点，它就会在基因旁边排列起来，然后替代它。

令人遗憾的是，这样的定点替换只会出现在一小部分处理过的细胞中。更常见的情况是，打靶载体被随机插入到一个不匹配的位点上，或根本就不与细胞核DNA相融合。因此，我们必须对这些细胞进行整理，辨认出那些被成功打靶的细胞。大约只有百万分之一的细胞会实现预期的定点替换。

为了大大简化寻找这种细胞的过程，我们使用了两个一开始就被引入到打靶载体中的"选择标记"。"正选择"标记可促进与打靶载体融合的细胞的存活和生长，无论融合是发生在靶点还是基因组上的随机位置。"负选择"标记帮助去除绝大部分在随机位点融合了打靶载体的细胞。

正选择标记通常是一个抗新霉素（ neo^r ）基因，被放置于靶点基因的DNA中间。典型的负选择标记是来自疱疹病毒的胸苷激酶（ tk ）基因，被连接到打靶载体的一端（见第192、193页的图示）。当同源重组发生时，被复制基因中未发生改变的片段以及其中夹着的 neo^r 基因就会替代染色体中的靶点序列。但匹配序列区之外的 tk 基因则不会进入染色体，进而被细胞降解。相反，当细胞随机插入打靶载体时，它们就会将整个载体都缝合到自身的DNA上，其中包括 tk 基因。当任何形式的插入都没有发生时，载体及上面的两个选择标记都会丢失。

我们并不需要直接检验DNA来辨认不同的结果，而要在含有两种药物的培养基中培养细胞。一种药物是类似新霉素的药物G418，还有一种抗疱疹的药物更昔洛韦。G418会杀死染色体中缺乏保护性 neo^r 基因的细胞，也就是那些没有融合任何载体DNA的细胞。但G418允许携带随机或定点插入物的细胞存活并生长。与此同时，更昔洛韦会杀死任何携带疱疹 tk 基因的细胞，也就是带有随机插入物的细胞。最后，存活下来的几乎只有那些具有定点插入物的细胞（带有"正选择"的 neo^r 基因并缺乏"负选

191

在细胞中定点替换基因

1. 实验人员在试管中改变某个基因（最左端的条带）的副本，得到打靶载体（拉长的条带）。图中显示的基因因为已经把 *neo*^{r} 基因（绿色）插入蛋白质编码区域（蓝色）而失活。*neo*^{r} 基因之后会成为一种标记物，指示载体 DNA 已经成功连接到染色体上。载体的一端还携带第二种标记物：疱疹 *tk* 基因（红色）。这两种基因是标准的选择标记，但有的实验也会使用其他标记物。

2. 一旦载体和上面的双重标记物构建完成，就会被引入到细胞中（灰色）。这些细胞是从小鼠胚胎中分离出来的。

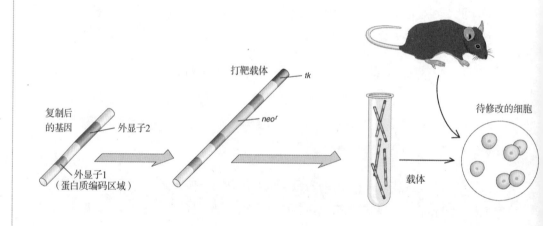

3. 如果一切顺利，就会发生同源重组（上部）：载体会排列在细胞中染色体的正常基因（靶点）旁边，相同的区域就匹配在一起。随后载体上的区域（以及中间的 DNA）会替换原来的基因，将末端的标记物留在外面（红色）。然而在很多细胞中，整个载体（包括多余的标记物）会随机插入到染色体的某个位置（中间），甚至完全不与染色体融合（底部）。

4. 要分离出携带目标突变的细胞，实验人员要将所有的细胞放在含有特定药物的培养基中。在这个实验中使用的药物是新霉素的类似物（G418）和更昔洛韦。G418 对细胞是致命的，除非细胞中携带正常的 neo' 基因。因此，G418 就能够去除完全没有与载体 DNA 融合的细胞（灰色）。与此同时，更昔洛韦会杀死所有携带 tk 基因的细胞，这就去除了携带随机融合载体的细胞（红色）。这样一来，能够存活下来并且增殖的就只有载体成功定点插入的细胞（绿色）。

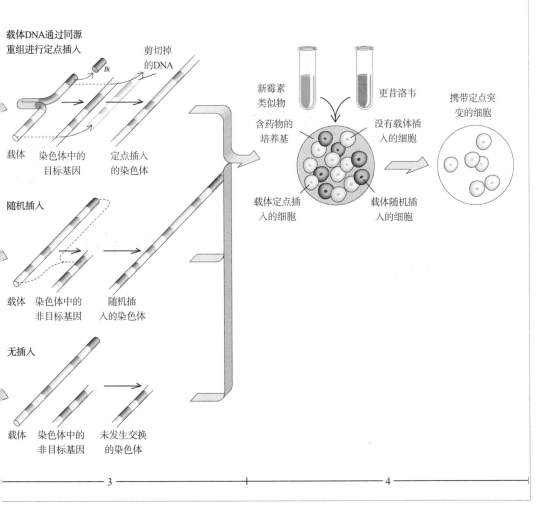

载体DNA通过同源重组进行定点插入

剪切掉的DNA

tk

载体　染色体中的目标基因　定点插入的染色体

随机插入

载体　染色体中的非目标基因　随机插入的染色体

无插入

载体　染色体中的非目标基因　未发生交换的染色体

新霉素类似物

含药物的培养基

更昔洛韦

没有载体插入的细胞

载体定点插入的细胞　　载体随机插入的细胞

携带定点突变的细胞

小鼠中进行定点替换基因

1. 从一种棕色小鼠品系上分离出胚胎干细胞（ES 细胞，最左端图中的绿色），并改变其基因（按照第 192 和 193 页介绍的方法），使其一条染色体上携带定点突变（细节插入图）。接下来将胚胎干细胞插入早期胚胎中，如图所示。实验人员喜欢使用新生小鼠的毛色作为指示，以确定胚胎干细胞是否在胚胎中成功存活。因此，他们通常会将胚胎干细胞放到正常情况下为黑色毛发的小鼠胚胎中。提供这些胚胎的黑色小鼠品系（下图）缺失 *agouti* 基因。细胞中即使只存在一个 *agouti* 基因副本，小鼠也会长出棕色毛发。

2. 具有胚胎干细胞的胚胎在代孕母亲体内逐渐生长成熟。随后实验人员会检验新生小鼠的毛发。如果黑色毛发中出现棕色的斑块，就说明胚胎干细胞成功在动物体内存活并增殖。（这样的个体被称为嵌合体，因为它们体内的细胞来自两个不同品系的小鼠。）相反，毛发全黑就说明胚胎干细胞已经死亡了。

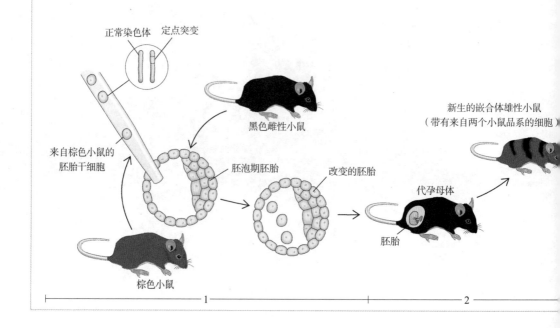

择"*tk* 基因的细胞）。

到 1984 年，我们已经证实，在培养的小鼠细胞中对特定的基因打靶是可能的。那时我们已经准备好拓展这项技术的应用范围，去改变活体小鼠的基因组。为了完成这个目标，我们采用了剑桥大学的马修·考夫曼（Matthew H. Kaufman）和马丁·埃文斯（Martin J. Evans）在 1981 年培育的特殊细胞。这些细胞都是胚胎干细胞（ES 细

3. 令雄性嵌合体小鼠与黑色（不含 *agouti* 基因）雌性小鼠交配。研究人员随后会筛查新一代的小鼠，在目标基因中寻找存在定点突变（细节插入图中的绿色部分）的证据。他们首先立刻排除所有的黑色小鼠。如果精子源自 ES 细胞，则有可能携带选定的突变，子代小鼠就应该是棕色的。直接检查棕色小鼠的基因就能够发现哪些动物继承了定点突变（米黄色框内的小鼠）。

4. 让携带突变的雄性和雌性交配，就能够产生细胞内两个基因副本都携带选定突变（细节插入图）的小鼠，因此这类小鼠缺失一个功能性的基因。这些小鼠（米黄色框内）可通过直接分析 DNA 辨认出来。随后，研究人员将详细检查它们的生理和行为异常。

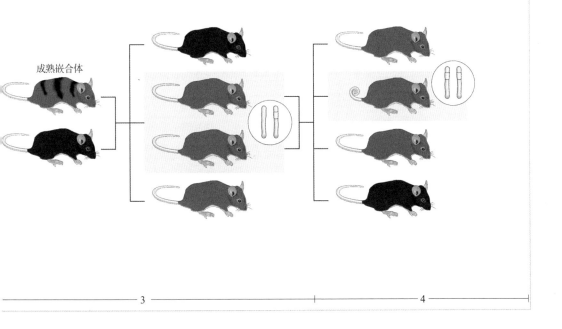

成熟嵌合体

胞），从发育初期的小鼠胚胎上获得。它们可以在培养皿中被无限培育下去，而且具有多能性，即可以分化出所有的细胞类型。

简单来说，通过上文描述过的方法，我们培育了在选定基因的一个副本上携带着定点突变的胚胎干细胞。接着，我们将这些胚胎干细胞放到早期小鼠胚胎中，并让胚胎发育成熟。所得到的部分小鼠在成年后会产生源于这些胚胎干细胞的精子。通过让这些小鼠与普通小鼠交配，我们就得到了带有该突变的杂合后代。这些后代的每个细胞里，两个基因副本中都有一个携带了突变。

这些杂合体在绝大多数情况下都是健康的，因为它们第二套未经破坏的基因副本会一直保持正常功能。但令这些杂合体与携带相同突变的兄弟或姐妹交配，就会产生纯合体，即两套基因副本上都携带定点突变的动物个体。这些动物会有异常表现，从而揭示出目标基因在动物组织中正常状态下的功能。

当然，这个过程说起来容易，做起来难。要使其成功实现，我们要先将修改过的胚胎干细胞注射到胚泡期的胚胎中，此时的胚胎还没有附着在母体子宫上。由于我们靠小鼠的毛色来判断该过程是否按计划进行，所以我们选择的胚泡正常情况下发育成的小鼠与胚胎干细胞来源小鼠毛色不同。

这些干细胞从一只携带两套 *agouti* 基因的棕色小鼠上分离而来。这个基因即使仅存在一个副本，也会使毛干上的黄色色素紧密排列在黑色色素旁边，导致毛发为棕色。（这些色素的产生则受控于其他基因。）因此，我们通常会选择正常情况下发育为黑色小鼠的胚泡。（如果小鼠从两个亲本处得到的 *agouti* 基因都是失效的，就会获得黑色的毛发。）随后，我们把包含了修改后胚胎干细胞的胚胎植入代孕母亲体内，使其发育成熟。

如果一切顺利，修改后的胚胎干细胞会在这段时间不断增殖，将全部基因的完整副本传递给它的子细胞。这些细胞与原本的胚胎相混合，形成了小鼠的大多数组织。其结果是，新生小鼠成为了一种嵌合体，即它们身上的细胞同时来自原本的胚胎及外源胚胎干细胞。通过观察身体表面的棕色色块，很容易就可以将它们与普通的黑色小鼠区分出来。而如果小鼠没有携带源于胚胎干细胞的细胞，那么由于缺少正常的 *agouti* 基因，它们会是全黑的。

不过，仅仅通过观察这些嵌合体，我们无法确定胚胎干细胞是否生成了生殖细胞，而这才是把定点突变传递给后代的载体。我们要进行判断只能靠实验的下一阶段：制造出每个细胞都携带一个突变基因副本的杂合小鼠。要培育这样的小鼠，我们要让上述的嵌合体雄性与缺乏正常 *agouti* 基因的黑色雌性小鼠交配。如果使卵子受精的精子源自胚胎干细胞，那么子代就会是棕色的（因为这样的精子携带 *agouti* 基因）。如果精子来自原来的胚泡细胞（缺乏*agouti*基因），子代就是黑色的。

所以，当看到棕色新生小鼠时，我们就知道胚胎干细胞携带的基因已经成功传递给了后代。我们接下来可以让这些杂合的小鼠同胞交配，以产生目标基因的两个副本都有缺陷的下一代小鼠。然而，我们必须首先要识别哪些棕色小鼠携带了一个突变基因副本。要做到这一点，我们可以直接检查DNA，寻找定点突变。当两个杂合小鼠同胞交配后，1/4的后代会携带两个有缺陷的基因副本。通过再次直接分析DNA，我们就可以挑出其中的纯合体，从而找到两个基因副本均具有定点突变的个体。随后仔细检查这些个体，寻找结构、生理或行为上的异常，为探究目标基因的功能提供线索。从复制基因到培育出具有定点突变的小鼠，整个过程需要耗费大约一年的时间。

全世界的实验室现在都在采用这种小鼠基因打靶技术，研究各种生物学问题。自1989年以来，已有超过250个品系、携带不同基因缺陷的小鼠被培育出来。下面举出的这几个新发现的例子，可大概解释一下这些小鼠都提供了哪些重要的信息。

在我自己的实验室，我们一直在研究同源异形基因，或称*Hox*基因的功能。这些基因作为身体的总开关，保证身体的不同部位，如肢体、器官、头部等，在正确的位置生长并形成正确的形态。对果蝇的*Hox*基因的研究已经为我们了解这类基因的活动提供了很多重要线索，然而仍有大量问题有待解决。比如说，黑腹果蝇只有8个*Hox*基因，而小鼠和人类各有38个。可以推测，*Hox*基因家族的扩增在从无脊椎动物到脊椎动物的演化过程中起到了重要的作用，为形成更复杂的身体提供了更多构件。那这38个基因具体都是做什么的呢？

在基因打靶技术出现前，根本没有办法可以回答这类问题，因为没人发现过在这38个*Hox*基因上发生突变的小鼠或人类。我和同事们正在进行系统性的工作，以探查每个*Hox*基因的功能。之后，我们会尝试着回答，这些基因究竟如何形成交互网络来指导我们身体的形成。

作为该项目的一部分，我们已经发现定点破坏*HoxA-3*基因会导致多种缺陷。携带两个突变基因副本的小鼠会在出生时由于心血管功能障碍而死亡，它的心脏和主要血管发育都是不完全的。这些小鼠的其他组织也存在异常，包括胸腺、甲状旁腺（完全缺失）、甲状腺、脑下部的骨骼和软骨，以及喉部的结缔组织、肌肉和软骨。

   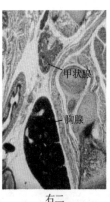

左一　　　　　　左二　　　　　　右一　　　　　　右二

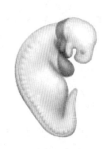

新生小鼠（左一）在 *HoxA*-3 基因的两个副本上都携带定点突变。因此，它的身体会比正常新生小鼠（左二）更卷曲。从突变（右一）和正常（右二）小鼠的组织标本可以看出，突变体缺乏一个胸腺，而且甲状腺异常小。这些缺陷及其他异常都说明，源于早期胚胎上的一个狭窄条带状区域中细胞的组织和器官，它们的发育都需要 *HoxA*-3 基因的参与。

　　这些异常多种多样，但它们却有一个惊人的共同点：受影响组织都是由位于同一区域的细胞发育而来，这一区域十分狭窄，位于正在发育的胚胎上部。比如，心脏的雏形在移动到更靠后的胸腔位置前就位于这个区域。看来，HoxA-3基因的任务就是监管起源于这个狭窄区域的组织和器官的建构。

　　令人意想不到的是，通过敲除小鼠HoxA-3基因所产生的机体障碍与一种称为迪格奥尔格综合征（先天性胸腺发育不良所致）的人类遗传病十分相似。病人的染色体分析显示，人类HoxA-3基因并不是致病的原因。患者体内基因受损的染色体与携带HoxA-3的那条完全不同。不过，我们现在知道，与该综合征有关的基因是通过干扰HoxA-3基因的激活，或扰乱HoxA-3基因启动的生物过程而发挥作用的。现在也已经有了该疾病的小鼠模型，最终很可能为开发治疗方法提供重要线索。这个意料之外的收获再一次证明了基础研究的价值：单纯由于好奇心导致的发现通常会带来非常实际的应用。

　　和发育生物学家一样，免疫学家也可以从基因打靶技术中获益。目前，他们正应用此项技术破译超过50个基因的功能，这些基因会影响身体中两类最重要的防御细胞——B淋巴细胞和T淋巴细胞的发育和运作。

　　癌症研究人员同样对这项技术充满期待。研究者往往知道在一种或多种肿瘤中特定基因的突变很常见，但他们并不知道该基因的正常功能。采用敲除技术探究其功能有助于揭示突变基因如何导致恶性肿瘤。

　　p53肿瘤抑制基因就是一个典型的例子。肿瘤抑制基因是一类特殊的基因，其失活会促进癌症的发生和发展。研究者已经在约80％的人类癌症中发现了p53基因的突变，但直到最近，我们才开始了解该基因的正常功能。对p53基因定点突变的纯合体小鼠进行分析后，研究者发现，p53可能扮演了一种相当于看门狗的角色。它会阻止健康细胞分裂，除非后者修复了细胞内的所有DNA损伤。这样的细胞损伤通常是由于频繁的环境损害导致的。缺失功能正常的p53基因就等于撤掉了这项保护措施，导致受损的DNA可传递到子代细胞中，并参与癌症的形成。

　　很多其他疾病也需要通过基因打靶来进行研究。目前已有超过5,000种人类疾病可确定是由基因缺陷引起的。随着致病基因和突变被一一确认，实验人员可以培育具有相同突变的小鼠。这些小鼠模型反过来使我们可以追踪从基因功能障碍到疾病产生这中间的一系列细节过程。更深入地认识疾病的分子病理学，就有可能开发出更有效的疗法。例如，有的研究者正在培育携带了囊性纤维化基因的多种不同突变的小鼠模型。

　　动脉粥样硬化是诱发中风和心脏病的主要原因之一，研究者也开始采用基因打靶技术来研究这种疾病。和囊性纤维化不同，动脉粥样硬化并不是由单一基因的突变导致的。一系列基因缺陷和多种环境因素共同作用，促进了动脉中斑块的堆积。不过，通过修改与甘油三酯和胆固醇的处理过程有关的基因，研究者已经得到了很有前景的小鼠模型。导致中风和心脏病的另一个元凶是高血压，现在，与其形成有关的基因正在鉴别中，我估计，高血压的小鼠模型也将很快出现。

　　随着对基因致病的认识越来越深入，人们对通过基因疗法修改这些缺陷的期望也越来越高。目前，基因治疗所用的技术主要还是把健康基因随机插入染色体中，以补充受损的版本。但插入的基因通常无法像在正确位置上那样高效地工作。从理论上说，基因打靶能够解决这个问题。然而，在该技术能被用于修正病人组织中的缺陷基因之前，研究人员还需要建立能够参与成年个体组织形成的细胞群落。这样的细胞和本研究中用到的胚胎干细胞一样，都被称为干细胞，存在于骨髓、肝脏、肺、皮肤、肠道和其他组织中。但分离并培育这些细胞的研究仍处于起步阶段。

要把基因打靶技术广泛应用到基因治疗中还需要解决很多技术难题。在这些难题被攻克之前，基因打靶会先在哺乳动物神经生物学研究中大显身手。目前，研究者已经培育出带有某些定点突变的小鼠，这些突变可改变它们的学习能力。随着更多与神经相关的基因被发现，研究发展的步伐也必然会大大加快。

我们可以预见，基因打靶技术仍将得到不断改进，但现在它已经为操控哺乳动物基因组创造了大量的机会，而仅仅在数年前，这还是完全无法想象的。为了破解复杂生物过程，如哺乳动物发育和学习等背后的机制，研究人员必须竭尽自己的才智，谨慎决定该修改哪个基因，用什么方式改造基因才能得到信息量最大的答案。基因打靶技术极大地拓展了基因操控的可能性，对其最大的限制，或许就是我们有限的想象力吧。

扩展阅读

The New Mouse Genetics: Altering the Genome by Gene Targeting. M. R. Capecchi in *Trends in Genetics,* Vol. 5, No. 3, pages 70–76; March 1989.

Altering the Genome by Homologous Recombination. M. R. Capecchi in *Science,* Vol. 244, pages 1288–1292; June 16, 1989.

Regionally Restricted Developmental Defects Resulting from Targeted Disruption of the Mouse Homeobox Gene *Hox*-1.5. O. Chisaka and M. R. Capecchi in *Nature*, Vol. 350, No. 6318, pages 473–479; April 11, 1991.

端粒、端粒酶
与癌症

端粒酶可以修复染色体末端的端粒。目前，
人们已经在很多人类肿瘤中发现了这种酶，
因此它有可能成为癌症治疗的新靶点。

撰文 / 卡罗尔·格雷德（Carol W. Greider）

伊丽莎白·布莱克本（Elizabeth H. Blackburn）

翻译 / 冯志华

本文作者伊丽莎白·布莱克本和卡罗尔·格雷德因发现端粒和端粒酶如何保护染色体，获得2009年诺贝尔生理学或医学奖。本文刊发于《科学美国人》1996年第2期。

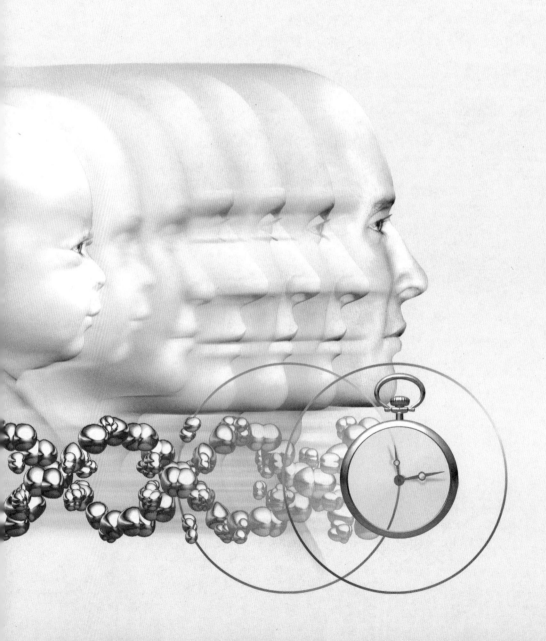

卡罗尔·格雷德，美国分子生物学家，约翰斯·霍普金斯大学分子生物学与遗传学系教授。1983年加入伊丽莎白·布莱克本的实验室，两人开始合作。主要从事端粒领域的研究工作，发现了有助于端粒保持长度和完整的端粒酶。

伊丽莎白·布莱克本是加利福尼亚大学旧金山分校生物学与生理学教授。在对癌细胞的研究中发现端粒与端粒酶的作用，这些研究成果对癌症及其他疾病的研究具有重要影响。

在自然界，"表里不一"的事物比比皆是。海底的一块石头可能是条有毒的鱼，而公园里一朵美丽的花可能是一只等待猎物的肉食性昆虫。细胞内的某些成分同样会表现出这样的"表里不一"，包含基因的DNA长链——染色体就是如此。人们一度认为染色体末端的DNA是处于静态的，但实际上，在科学家研究过的大多数生物体内，这些被称为端粒的末端DNA序列一直在周而复始地缩短和延长。

从1982年至本文刊发时的15年时间里，科学家一直在研究这种出人意料的端粒，并得到了大量惊人的发现，特别是发现了一种极不寻常的、作用于端粒的酶，即端粒酶。研究者认为，人类的许多肿瘤都需要端粒酶才能维持下去。根据这样的发现，他们推测，能够抑制端粒酶活性的药物或许可以对抗多种癌症。除此之外，有关端粒的研究还让人意识到：端粒长度的改变可能在人体细胞的衰老过程中发挥着作用。

研究者对端粒及端粒酶的兴趣源于20世纪30年代的一些实验。这些实验分别由位于美国哥伦比亚的密苏里大学的芭芭拉·麦克林托克（Barbara McClintock）和英国爱丁堡大学的赫尔曼·马勒（Hermann J. Muller）主持开展。这两位著名的遗传学家研究的物种并不相同，但他们都意识到末端序列的存在是为了维持染色体的稳定。马勒将这段序列命名为端粒（telomere），源自希腊语"*telos*（末端）"和"*meros*（部分）"。而麦克林托克指出，如果没有这些末端的"帽子"结构，染色体会彼此

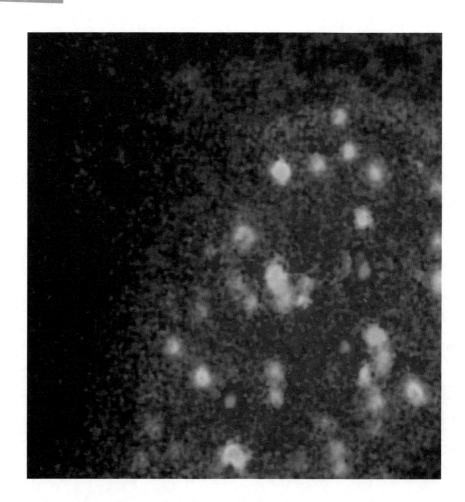

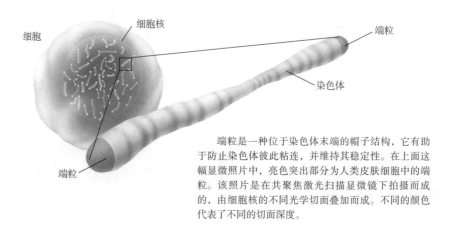

端粒是一种位于染色体末端的帽子结构，它有助于防止染色体彼此粘连，并维持其稳定性。在上面这幅显微照片中，亮色突出部分为人类皮肤细胞中的端粒。该照片是在共聚焦激光扫描显微镜下拍摄而成的，由细胞核的不同光学切面叠加而成。不同的颜色代表了不同的切面深度。

粘连，结构也会发生改变，无法正常行使其功能。这些错误会威胁到染色体的存在与准确复制，继而影响到其宿主细胞的生存与分裂。

然而，直到20世纪70年代，研究者才搞清楚端粒的准确构成。1978年，本文作者之一布莱克本与耶鲁大学的约瑟夫·高尔研究发现，四膜虫（一种体表有纤毛，常栖居于池塘中的单细胞生物）体内有一段非常短的简单核苷酸序列，即TTGGGG，重复出现了很多次。（核苷酸是DNA的基本构成单位，根据其中包含碱基的不同可分为几种，通常用代表碱基的英文字母表示。T代表胸腺嘧啶，G则代表鸟嘌呤。）

自那时起，科学家在多种动物、植物和微生物体内都发现了端粒。不仅四膜虫是这样，包括小鼠、人类和其他脊椎动物在内，几乎所有生物的端粒都含有这种重复的富含T和G的核苷酸序列。例如，人类和小鼠端粒中的重复序列是TTAGGG，线虫则是TTAGGC。（A代表腺嘌呤，C代表胞嘧啶。）

寻找端粒酶

当下，端粒酶无疑是研究的焦点。科学家是在比较端粒长度时发现这种酶的，同时他们也注意到，端粒酶有可能解决生物学领域由来已久的一个谜题。20世纪80年代早期，研究者已经发现，出于某些未知的原因，不同物种甚至同一物种的不同细胞之间，端粒中重复序列的数目都存在差异。而且，就一个细胞而言，随着时间的推移，重复序列的数目也会出现波动（不过，在每个物种的端粒中，重复序列的数量都有一个平均值，比如四膜虫的重复序列平均为70个，人类为2,000个）。端粒重复序列数量的这种差异性，促使当时已转到加利福尼亚大学伯克利分校的布莱克本与哈佛大学的杰克·绍斯塔克（Jack W. Szostak）、伯克利分校的同事贾妮斯·莎姆佩（Janis Shampay）共同提出了一个解释末端复制问题的新方法。

众所周知，细胞在分裂时必须精确复制基因，以使子代细胞各自获得一份完全相同的基因拷贝，这其中便存在末端复制问题。如果子代细胞没有得到一整套完整无误的基因，那么它很有可能出现问题并死亡。（基因是一段核苷酸序列，在一定条件下可以转录为RNA，继而翻译成蛋白质，也就是会行使绝大部分细胞功能的分子。基因零散地分布在染色体两个端粒之间的DNA链中。）

1972年，在哈佛大学和科尔德斯普林实验室工作的詹姆斯·沃森（James D. Watson）指出，负责DNA复制的DNA聚合酶无法从头到尾完整地复制染色体，因为在这种复制机制下，染色体末端总会有一小段序列（端粒的一部分）无法复制。从理论上讲，如果细胞无法补上这一小段，那么每经历一轮复制，染色体都要缩短一些。最终，经过若干代分裂后，端粒和一些重要基因将消失殆尽，而细胞会走向死亡，这个细胞所代表的细胞系也就宣告终结。显而易见，所有单细胞生物都会有相应的机制以对抗端粒缩短，否则它们在很早以前就灭绝了。多细胞生物赖以繁衍的生殖系细胞（比如精子和卵子的前体细胞）同样也是如此，那么这些细胞如何保护自己的端粒呢？

布莱克本、绍斯塔克和莎姆佩认为，端粒长度的起伏不定实际上是细胞试图维持端粒大致长度的标志。的确，端粒在细胞分裂期间会缩短，但随后会通过添加新合成的端粒亚单位而得以延长。研究者们推测，这些后来增补上的重复序列可能是某一未知酶作用的结果，而这种酶有着一般的DNA聚合酶所没有的功能。

细胞的染色体包含两条相互交织缠绕的DNA长链，在染色体进行复制时，双螺旋结构的DNA会解开，分成两条单链。DNA聚合酶继而以这些DNA单链为模板，合成子代DNA链。研究者猜测，在复制过程中，那种特殊的酶可以在不依赖现有DNA模板的情况下，"无中生有"地延长单链DNA。

1984年，在伯克利分校布莱克本的实验室，我们两人开始着手探索假想中的、能够延长端粒长度的酶是否真的存在。令人高兴的是，我们最终发现了它。当我们将人工合成的端粒与四膜虫的细胞提取物混合在一起后，人造端粒获得了额外的亚单位，这一现象与端粒酶存在的假说完全吻合。

在接下来的几年内，我们与其他同事一起，对端粒酶的工作机制有了更多了解。与所有聚合酶，或者说与所有的酶一样（核酶除外），端粒酶的主要成分是蛋白质，行使功能时也主要依靠这些蛋白质。端粒酶的独特之处在于，它还拥有一个RNA分子（DNA的"近亲"）。这段RNA包含了用于合成端粒亚单位的重要核苷酸模板。端粒酶会通过自己的RNA结合到一条DNA链的末端，这样可以让端粒的模板紧邻DNA链末端。而后，端粒酶每次会在DNA末端添加一个核苷酸，直至形成一个完整的端粒亚单位。当端粒亚单位合成完毕后，端粒酶便会结合到另一条新生的染色体末端，再次启动合成过程。

端粒酶与人类衰老

1988年，本文作者之一格雷德离开加利福尼亚大学伯克利分校，去了科尔德斯普林实验室。此后，我们两位作者的团队与其他研究者相继在不同于四膜虫的纤毛虫、酵母、青蛙及小鼠体内发现了端粒酶。1989年，耶鲁大学的格雷格·莫林（Gregg B. Morin）第一次在一种人类肿瘤细胞系（可以在培养皿中长期连续传代培养的肿瘤细胞）中发现了端粒酶的踪迹。如今可以说，几乎所有的有核细胞的生物体内都会合成端粒酶。不同物种的端粒酶的具体构成不同，但每种都带有一段该物种特有的RNA模板，用于构建端粒的重复序列。

端粒酶对许多单细胞生物的重要性毋庸置疑。由于这类生物可以无限制地分裂下去，因此除非发生意外事件或遗传学家从中干预，从某种意义上讲，它们几乎是不会死的。1990年，布莱克本研究团队的成员余国良（Guo-Liang Yu）发现，四膜虫需要端粒酶来维持"不死状态"。当酶发生改变时，端粒则缩短，细胞便会死亡。布莱克本团队

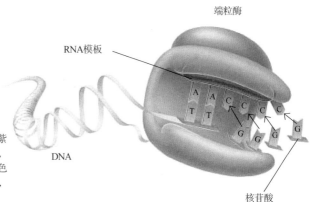

端粒酶

RNA模板

DNA

核苷酸

端粒酶自带合成端粒DNA的模板（紫色部分）。四膜虫的端粒酶在合成端粒时，会把TTGGGG序列（深黄色部分）与染色体结合，而后添加与模板互补的核苷酸，也就是说A与T相互补，G与C相互补。

末端复制问题

所谓末端复制问题是指 DNA 复制的标准机制不足以完成染色体复制。当 DNA 聚合酶在复制染色体中的 DNA 双链时，得到的子代 DNA 的 5′末端通常会短一小段。如果细胞的复制机制无法补上这段缺损的话，染色体将会不可逆地逐渐缩短。不过，科学家在 20 世纪 80 年代初发现了端粒酶的存在，该酶具有延长端粒的作用，因而可以解决末端复制问题。

1. 染色体的复制起始于复制原点，这是一个高度有序的过程。在此处，亲代DNA双链解旋分开，并开始子代DNA链的合成。黑色箭头处的染色体片段是连续复制而成的，而红色箭头处的染色体片段其复制过程是不连续的。

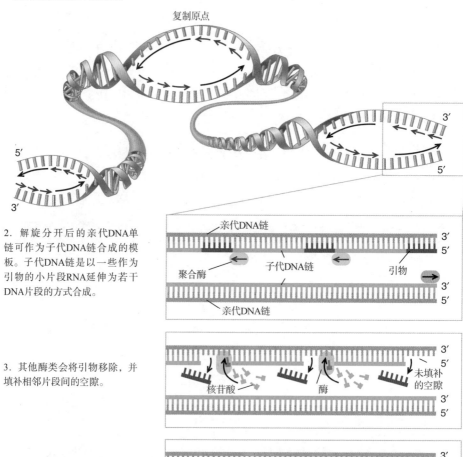

复制原点

2. 解旋分开后的亲代DNA单链可作为子代DNA链合成的模板。子代DNA链是以一些作为引物的小片段RNA延伸为若干DNA片段的方式合成。

亲代DNA链
聚合酶
子代DNA链
引物
亲代DNA链

3. 其他酶类会将引物移除，并填补相邻片段间的空隙。

核苷酸
酶
未填补的空隙

4. 不过这些酶无法填补子代DNA链每一个5′末端处的缺失部分。

变短的末端

端粒酶是如何解决末端复制问题的？

端粒酶解决末端复制问题的流程之一大致是这样的：在复制开始之前，端粒酶会将一小段DNA添加至染色体的末端。这段添加的DNA包含或多个端粒亚单位——端粒中的一段又一段的重复序列。这一机制保证子代DNA链与亲代在长度上等同。

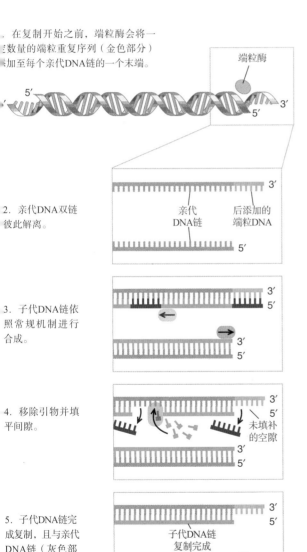

1. 在复制开始之前，端粒酶会将一定数量的端粒重复序列（金色部分）添加至每个亲代DNA链的一个末端。

端粒酶

亲代DNA链　后添加的端粒DNA

2. 亲代DNA双链彼此解离。

3. 子代DNA链依照常规机制进行合成。

4. 移除引物并填平间隙。

未填补的空隙

5. 子代DNA链完成复制，且与亲代DNA链（灰色部分）长度相等。

子代DNA链复制完成

与其他研究者在酵母中也发现了缺乏端粒酶的细胞端粒缩短并死亡的现象。不过，人体包含的细胞类型纷繁万千，比四膜虫或酵母复杂很多，那么端粒酶在人体中究竟扮演何种角色？

令人吃惊的是，在整合了费城的研究者开始于25年前的一些研究后，格雷德等人在20世纪80年代末发现，很多人体细胞中缺乏端粒酶。在20世纪60年代之前，人体细胞曾被认为可以无限分裂。不过，威斯塔研究所的伦纳德·海弗利克（Leonard Hayflick）与其合作者明确证实，这一看法是错误的。现在我们知道，取自新生儿的体细胞（非生殖系细胞）通常可以在体外培养基中分裂80～90次，而从70岁的老年人体内取得的细胞只能分裂20～30次。当原本可以分裂的人体细胞停止复制，或者用海弗利克的话说，进入"衰老"状态时，它们不仅会发生形态变化，功能也比"年轻"的时候弱，而且过一段时间就会死亡。

20世纪70年代，苏联科学家奥洛夫尼科夫（A. M. Olovnikov）将这类细胞分裂程序性终止的现象与末端复制问题联系起来。他提出，人类体细胞可能并不会纠正细胞DNA复制导致的染色体变短问题。或许，细胞觉察到染色体已经变得过短时就会停止分裂。

直到1988年，我们两人才得知奥洛夫尼科夫提出的观点。当时就职于麦克马斯特大学的卡尔文·哈利（Calvin B. Harley）对这些想法的介绍引起了格雷德的关注。随后，格雷德、哈利及其同事决定检验一下人体细胞中的染色体是否会随着年龄增长而逐渐变短。

果不其然，他们检测发现，大多数正常的体细胞在体外培养的过程中，端粒的长度的确会随着细胞分裂而缩短，而这正是端粒酶失活的标志。他们与英国爱丁堡的医学研究理事会（MRC）的尼古拉斯·黑斯蒂（Nicholas D. Hastie）研究组都发现，在一些正常人体组织中，端粒长度会随着人们年龄的增长而缩短。值得庆幸的是，来自英国医学研究理事会的研究者霍华德·库克（Howard J. Cooke）发现，在生殖系细胞中，端粒依然保持完整。这些结果表明，人体细胞或许是根据端粒重复序列的丢失数量来计算分裂次数的。当端粒长度降低至某一关键值时，细胞即会停止分裂。不过在本文刊发时研究者尚未找到支持这一观点的确凿证据。

那么，端粒的缩短及细胞增殖能力的日渐衰弱有可能导致人类衰老吗？这或许并非主要原因，毕竟就人的寿命来说，细胞的可分裂次数应该是大于它需要分裂的次数的。不过，由于处于衰老状态细胞的存在，老年人的机体功能有时会有所衰退。例如，局部创伤康复时，如果伤处可用于生成新皮肤的细胞数量不足的话，那么损伤修复能力就会受到影响。另外，特定种类白细胞数量减少，还会导致免疫力因年龄增长而下降。动脉粥样硬化也是这样，动脉粥样斑块常见于血管壁受损之处。可想而知，频繁受损处的细胞迟早会"耗尽"自己的复制能力，最终导致血管没有可以顶替的细胞。这样的损害持续存在的话，动脉粥样硬化就会发生。

端粒与癌症

一些研究者猜测，缺乏端粒酶的人体细胞丧失增殖能力，这个功能演化出来可能并不是为了让我们自己衰老，而是为了避免患上癌症。当一个细胞发生多种基因突变，在复制和迁移时不再受正常调控机制的控制时，癌便会出现。随着这个细胞及其后代不受控制地增殖，它们会侵入并破坏周边的组织。还有一些甚至会离开原发病灶，迁移至身体其他部位，在机体远端建立新的转移灶。从理论上讲，缺乏端粒酶会令持续分裂的细胞丧失端粒，在造成危害前死亡，从而抑制肿瘤的生长。如果癌细胞可以制造端粒酶，那么它们就可以维持端粒长度，无限期地生存下去。

早在1990年，已有研究者开始探讨，端粒酶或许对人类癌症的持续存在有重要作用，但具有说服力的证据直到20世纪90年代中期才出现。1994年，克里斯托弗·康特（Christopher M. Counter）、西尔维娅·巴凯蒂（Silvia Bacchetti）、哈利及其在麦克马斯特大学的同事证明，端粒酶不仅在实验室里传代培养的肿瘤细胞系中存在，在人体内的卵巢癌组织中同样存在。已经加入位于美国加利福尼亚州门洛帕克的杰龙公司的哈利和位于美国达拉斯的得克萨斯大学西南医学中心的杰里·谢伊（Jerry W. Shay）领导的研究小组一年后在101例人类肿瘤样本（涵盖12种肿瘤）中，检测到90例存在端粒酶，而在50例正常体细胞组织样本（涵盖4种组织）中，没有检测到1例存在端粒酶。

实际上，在获得这一证据之前，研究者已经开始深入探索端粒酶在癌症中的作用。这些工作表明，当限制细胞增殖的"刹车"机制失效后，端粒酶便会在细胞中被激活。

第一个线索是由洛克菲勒大学的蒂蒂亚·德兰格（Titia de Lange）和黑斯蒂的研究组分别发现的。1990年，他们报告了自己的研究结果：人类肿瘤中的端粒长度比其周围的正常组织中的短。这一结果颇具戏剧性，也非常令人迷惑。

格雷德、巴凯蒂及哈利等人开展的一系列研究揭示了为何癌细胞的端粒如此之短。他们诱导人类正常细胞产生一种病毒蛋白，令细胞对停止分裂的警告信号视而不见。正常情况下，经过若干代的增殖，细胞本应进入衰老状态，然而在超越了本应进入的衰老阶段后很久，经过处理的细胞仍会持续分裂。大多数细胞的端粒会大幅度缩短，并且检测不到端粒酶，这些细胞最终会死亡。然而，有一些细胞却能够穿越"生死线"，获得永生。这些永生的"幸存者"，不但端粒的长度极短，而且还含有端粒酶。

这些结果暗示，癌细胞端粒比较短的原因是，它们只有在开始不受控制地复制后，才会合成出端粒酶。而在那时，细胞应该已经丢失了大量端粒亚单位。端粒酶最终激活后，在酶的作用下，已经严重缩短的端粒得以稳定，这使得已经过度增殖的细胞得到永生。

根据上述发现和其他人的研究，研究者建立了一个人体正常及恶性状态下端粒酶激活的模型。该模型虽然颇有吸引力，但仍是个假说。根据该模型，处于发育期的胚胎，生殖系细胞会正常产生端粒酶。然而，一旦机体发育成熟，多数体细胞的端粒酶会遭到抑制。这类细胞在分裂增殖时，端粒便会缩短。当端粒长度下降到特定临界值时，细胞就会收到停止分裂的信号。

然而，一些致癌突变会阻断这类安全预警信号的发出，或令细胞无视这些信号。这会使细胞绕过正常的衰老进程，继续分裂。细胞内的端粒序列应该会继续减少，继而导致染色体发生改变，这有可能进一步导致致癌突变的发生。当端粒完全丢失或几近完全丢失时，细胞就会抵达崩溃及死亡的终点。

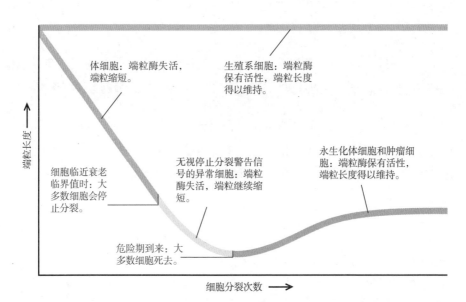

人体端粒长度调节模型显示，生殖系细胞（例图左边的蓝色曲线）会产生端粒酶，端粒可维持在一定长度。与此相反的是，许多体细胞或非生殖系细胞（深黄色曲线）有可能缺乏端粒酶。这样一来，它们的端粒便会随着时间的流逝而缩短。最终，绝大多数体细胞会进入到衰老状态。此时，它们会停止分裂，并发生一系列改变。然而，一些异常细胞（浅黄色）则有可能继续分裂。这类细胞很多会丧失端粒重复序列，并在危险期到来时死亡。但这时，一些"精神错乱"的细胞（绿色曲线）开始产生端粒酶，并且无限制地增殖。这一特性见诸于许多肿瘤细胞，被称为永生化。

但是，如果在危险期到来之前，基因紊乱导致细胞开始制造端粒酶，那么细胞的端粒就不会完全丢失，取而代之的是，较短的端粒得以挽救并维持。在这种情况下，基因被扰乱的细胞将会获得癌细胞的永生特性。

这个模型已得到了研究的广泛支持，但事情总有例外。某些晚期肿瘤细胞中就不含端粒酶，而一些特定类型的体细胞，如包括巨噬细胞和淋巴细胞在内的白细胞中却可产生端粒酶。不过，总的来说，综合目前的证据，许多肿瘤细胞的确需要端粒酶以保持无限分裂的能力。

端粒与癌症治疗

端粒酶存在于许多人类肿瘤中，而在正常细胞中则没有。这一现象意味着，端粒酶可能是抗癌药物的良好靶点。一些可抑制端粒酶的药物或许能在不影响正常细胞功能的情况下，使端粒缩短并消失，从而杀死肿瘤细胞。与之不同的是，现有的大多数抗癌疗法同时攻击恶性细胞和正常细胞，通常具有相当的毒性。除此之外，由于大量肿瘤细胞内都有端粒酶存在，因此这类药物或许还可达到广谱抗癌的效果。

如今，许多制药公司和生物技术公司正在积极探索这些激动人心且有望实现的治疗方法。但是，仍有大量问题需要得到解答。例如，研究者需要确认，还有哪些正常细胞（除了之前鉴定的一小部分外）会产生端粒酶，并需要评估端粒酶对这些细胞的重要性。如果端粒酶至关重要，那么抑制酶活性的药物实际上就有着令人无法承受的毒性。不过，由于在某些肿瘤细胞中，端粒本身就比较短，端粒酶抑制剂或许可以规

年轻细胞   衰老细胞   肿瘤细胞

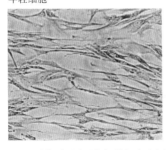 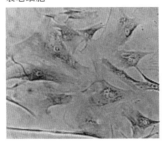 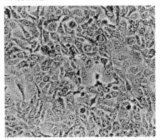

上图分别展示了年轻体细胞（左）、衰老细胞（中）和永生化的肿瘤细胞（右）。

避这个问题。相对肿瘤细胞而言，正常细胞的端粒要长许多，因此在端粒酶抑制剂对后者有不良影响之前，即可将前者杀灭。

研究者还需要证明，通过抑制端粒酶的确可以如预期的那样摧毁制造端粒酶的肿瘤。1995年9月，哈利、格雷德和他们的合作者证明，端粒酶抑制剂会使体外培养的肿瘤细胞的端粒缩短。在这种抑制剂的作用下，肿瘤细胞在约25个分裂周期后死亡。不过，当时还在加利福尼亚大学旧金山分校的布莱克本和她的研究组发现，细胞有其他应对端粒酶失活的机制，比如通过重组（一条染色体从另一条染色体获得DNA序列）等方式修补自身缩短的末端。一旦替代方式激活，人类肿瘤中将频繁启动"端粒拯救"通路。这样一来，以端粒酶为靶点的疗法就会失败。

动物研究将有助于解决研究者关心的问题，而且还能弄清楚，端粒酶抑制剂是否能在活体组织中杀灭肿瘤，杀灭速度是否快到足以阻止肿瘤伤及重要组织。

为了研发出能在人体内抑制端粒酶的药物，研究者必须更加清楚地了解端粒酶行使功能的细节。这种酶是怎样与DNA结合的？它是怎样"决定"该添加多少端粒亚单位的？细胞核中的DNA"镶嵌"着各式各样的蛋白质，其中一些专门与端粒结合。在调控端粒酶活性的过程中，端粒结合蛋白发挥着怎样的作用？这些蛋白质的活性发生改变是否会破坏端粒的延长？有许多分子会影响端粒的长度，在接下来的10年间，我们期望能对这些影响端粒长度的分子间的相互作用有更多的了解。

对端粒长度调控机制的研究不只是有助于开发新的癌症疗法。比如，有一种目前常用的基因疗法是先将患者体内的细胞提取出来，插入治疗基因后再输回到患者体内。这种方法可以治疗多种疾病，不过在实验室条件下，经过提取的细胞增殖效率很低。如果能导入端粒酶或联合其他手段，或许能临时性地提高细胞的复制能力。这样一来，便可向患者提供大量治疗细胞。

从最早在四膜虫的染色体末端发现重复的DNA序列算起，科学家对端粒的研究已经取得了很大进展。端粒酶延长端粒的功能起初被认为不过是一些单细胞生物维持染色体稳定的一种机制。实际上，这一机制远非其看上去那样简单，对于大多数有核细胞动物而言，端粒酶是细胞保护染色体末端序列的主要方法。对端粒酶的内在机制的研究，可能会催生出对抗多种癌症的革命性疗法。

20世纪80年代早期，科学家研究四膜虫的染色体保护机制之时，并不是为了寻找潜在的抗癌疗法。端粒酶的研究提示我们，在探索自然的过程中，没有人能够预测重大发现会在何时何地浮出水面。你永远无法预料自己找到的石头是不是会变成一块宝石。

扩展阅读

Identification of a Specific Telomere Terminal Transferase Activity in *Tetrahymena* Extracts. Carol W. Greider and Elizabeth H. Blackburn in *Cell*, Vol. 43, Part 1, pages 405–413; December 1985.

***In Vivo* Alteration of Telomere Sequences and Senescence Caused by Mutated *Tetrahymena* Telomerase RNAs.** G.-L. Yu, J. D. Bradley, L. D. Attardi and E. H. Blackburn in *Nature*, Vol. 344, pages 126–132; March 8, 1990.

Telomerase, Cell Immortality and Cancer. C. B. Harley, N. W. Kim, K. R. Prowse, S. L. Weinrich, K. S. Hirsch, M. D. West, S. Bacchetti, H. W. Hirte, C. W. Greider, W. E. Wright and J. W. Shay in *Cold Spring Harbor Symposia on Quantitative Biology*, Vol. 59, pages 307–315; 1994.

Telomeres. Edited by E. H. Blackburn and C. W. Greider. Cold Spring Harbor Laboratory Press, 1995.

重返生命源头

新线索暗示了第一个活的有机体怎样起源于无机质。

撰文 / 阿隆索·里卡多 (Alonso Ricardo)
杰克·绍斯塔克 (Jack W. Szostak)
翻译 / 黄冰
审校 / 金由辛

本文作者之一杰克·绍斯塔克因发现端粒和端粒酶如何保护染色体，获得2009年诺贝尔生理学或医学奖。本文刊发于《科学美国人》2009年第9期。

本文译者黄冰，生物化学与分子生物学专业博士，2009年毕业于中科院上海生命科学研究院生物化学与细胞生物学研究所，师从金由辛研究员。

本文审校金由辛，研究员，时任中科院上海生命科学研究院生物化学与细胞生物学研究所学术委员会副主任，致力于非编码RNA的调控作用的研究。

阿隆索·里卡多出生于哥伦比亚西部城市卡利，是哈佛大学霍华德·休斯医学研究所的助理研究员。他对生命的起源一直保有兴趣，本文刊发时正在研究能自我复制的化学系统。

杰克·绍斯塔克是波士顿哈佛医学院和马萨诸塞综合医院的遗传学教授。令他感兴趣的研究是在实验室构建生物结构，以此来检验我们对生物体生理活动方式的理解。该研究最早可以追溯到他于1987年11月出版的《科学美国人》上发表的关于人工染色体的文章。

每一个活细胞，哪怕是最简单的细菌，都拥有设计巧妙的分子装置体系，这让纳米技术学家羡慕不已。随着这些装置不停地在细胞内振动、旋转或蠕动，它们剪切、粘贴和拷贝遗传分子，运输营养物质或将它们转变成能量，构建和修补细胞膜，传达机械信息、化学信息或电信息——这种过程不断持续。对这种过程的研究也不断有新的发现。

我们实在无法想象，37亿年前生命从无生命物质中诞生时，这些细胞的装置（主要是由蛋白质组成的被称为酶的催化剂）是如何自发形成的。不可否认，在合适的条件下，一些较为简单的化学物质容易形成某些蛋白质的构成要素，即氨基酸。美国芝加哥大学的斯坦利·米勒（Stanley L. Miller）和哈罗德·尤里（Harold C. Urey）在20世纪50年代的开创性实验中已经证明了这一点。但是从氨基酸到蛋白质和酶则是另一回事。

细胞合成蛋白质的过程十分复杂：酶先要解开DNA双螺旋的双链，提取出基因所含的信息（这是蛋白质合成的蓝图），翻译成最终产物。如此一来，解释生命的起源问题必然伴随着一个悖论：似乎是蛋白质，以及现在存储于DNA里的信息，在制造蛋白质。

从另一方面看，如果第一个生物体根本不需要蛋白质的话，这种矛盾就不再存在。最近的一些实验表明，类似于DNA或类似于其"近亲"RNA的遗传分子有可能自发形成。因为这些分子可以卷曲成不同形状，起到原始催化剂的作用。它们或许不需要蛋白质参与，就有能力自我拷贝，也就是繁殖。由脂肪酸组成的简单膜，也被认为是一种可以自发形成的结构，它包裹着水和这些能够自我复制的遗传分子——这可能就是生命的最初形式。这些遗传物质可以编码那些世代相传的性状，正如DNA在所有现存生物中所做的那样。拷贝过程中随机出现的偶然突变可以促进进化，也可以使这些"早期细胞"适应环境，彼此间相互竞争，从而最终进化成我们所知的生命形式。

地球生命的起源

● 研究者们已经找到一种途径，早期地球上存在的化学物质可能通过该途径形成遗传分子RNA。

● 其他实验支持这种假说，认为含有类似于RNA分子的原始细胞能够自发组装、复制和进化，产生所有生命。

● 目前，科学家正打算在实验室创造出能完全自我复制的人造生物体，这样就能通过再次实现生命的诞生来了解生命最初是如何诞生的。

第一个生物体的真实性质和生命起源的确切环境，可能永远都不可考证。但研究至少可以帮助我们了解有哪些可能性。最终的挑战就是，构建一个能够复制和进化的人造生物体。重新创造生命无疑有助于我们了解生命如何起始，评估它存在于其他星球的可能性，从而最终了解生命到底是什么。

如何开始

围绕生命起源的一个最困难也最有趣的谜题就是，存在于早期地球上的较简单分子如何形成这些遗传物质。从现代细胞中RNA的功能来看，RNA的出现似乎早于DNA。现代细胞合成蛋白质时，它们先把基因从DNA转录成RNA，然后以RNA为蓝图合成蛋白质。一开始，最后一步可能独立存在。后来，由于DNA化学稳定性极高，因而成为更加固定的信息存储载体。

研究者还有另一个理由认为RNA的出现早于DNA。由RNA构成的酶被称为核酶，它在现代细胞中也发挥着关键作用。核糖体由RNA和蛋白质构成，功能是将RNA翻译成蛋白质。其中，催化蛋白质合成的主角正是RNA。因此，我们每一个细胞的核糖体都携带着来自原始RNA世界的"化石"证据——核酶。

因此，许多研究的重点都是寻找RNA的起源。DNA和RNA这两种遗传分子都是多聚体（由更小的分子成串组成），基本组成单位是核苷酸。核苷酸有三种组分：糖、磷酸和碱基。碱基共有四种，它们就是核酸用于编码遗传信息的"字母"。在DNA中，这些"字母"是A、G、C和T，分别代表腺嘌呤、鸟嘌呤、胞嘧啶和胸腺嘧啶。而在RNA中，除了"字母"U（尿嘧啶）取代了T（见第221页上图）外，其余"字母"都相同。碱基为富氮化合物，它们按照简单的原则而相互结合：如A与U（或T）配对，G与C配对。这样的配对构成了螺旋状DNA"梯子"（即双螺旋）的台阶，而且它们之间的特异性配对，对于精确复制遗传信息非常关键。因为只有这样，细胞才能复制。与此同时，磷酸根和糖分子组成DNA或RNA链的"骨架"。

经过一系列步骤，氰化物、乙炔和水可以自我组装成碱基——这些简单分子存在于地球早期的原始物质中。简单的起始物质也易于装配成糖。100多年前，研究者就已经知道，加热甲醛的碱性溶液就可以得到多种糖分子混合物。而在早期行星上，是可以找到甲醛的。问题是如何得到合适的糖（如RNA的核糖）来制造核苷酸。发生在简单的二碳糖和三碳糖间的分子间反应，可以形成核糖及其他三种与核糖关系相近的糖分子。然而，核糖的这种形成方式并不能告诉我们，它为何能在早期地球上广泛存在，因为科学家已经证明核糖不稳定，即使在稍微偏碱性的溶液中也会快速降解。过去，核糖的不稳定特性让很多研究者认为，第一个遗传分子可能不含核糖。但是本文作者之一里卡多和其他研究者发现了能使核糖稳定的方法。

核苷酸的磷酸根是另一个谜团。磷酸基团中的主要成分——磷广泛存在于地壳中，但大部分存在于不易溶

生命是什么？

科学家长期致力于给"生命"下定义。该定义的范围要足够广，可以涵盖目前还没有发现的生命形式。以下是部分建议：

1. 物理学家欧文·薛定谔（Erwin Schrödinger）提议，把生命体系的属性限定为它们能够自我组装，从而对抗趋向无组织性或无序的自然趋势。

2. 化学家杰拉尔德·乔伊斯（Gerald Joyce）的"工作定义"已经被美国国家航空航天局采纳。他认为生命是"一种能自我运转的化学体系，能进行达尔文式的进化"。

3. 在伯纳德·科热涅夫斯基（Bernard Korzeniewski）的"控制论定义"里，生命是一种具有反馈机制的网络体系。

基本组成单位

第一个遗传分子

地球上第一个能够复制和进化的实体，很可能用类似于RNA（DNA的"近亲"）的分子来携带遗传信息。DNA和RNA都是由核苷酸单体（右图突出显示的部分）组成的长链，因此主要问题就是更简单的化学物质是如何产生第一个核苷酸的。核苷酸的三个成分——碱基、磷酸根和糖——都可以自发形成，但它们要正确地结合在一起并不容易（见下图左侧）。然而，最近的实验表明，至少两种类型的核糖核苷酸，就是含有碱基为胞嘧啶和尿嘧啶的那些，可以由不同的途径得到（见下图右侧）。（在现代生物体中，RNA的碱基有四种类型：腺嘌呤、鸟嘌呤、胞嘧啶和尿嘧啶——它们形成了遗传密码A、G、C、U。）

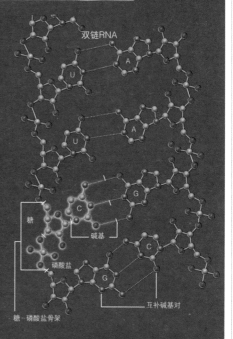

双链RNA

糖

碱基

磷酸盐

糖-磷酸盐骨架

互补碱基对

核苷酸自然的困境

化学家一直无法找到由碱基、磷酸盐和核糖（RNA的糖成分）自然合成产生大量核糖核苷酸的途径。

新的途径

磷酸盐存在的情况下，碱基和核糖的原材料，首先形成2-氨基噁唑。该分子含有部分糖片段和部分为胞嘧啶或尿嘧啶的碱基片段。下一步反应会产生含完整糖的单元，然后可以产生完整的核苷酸。反应也会产生"错误"结合的原始分子，但在紫外线下，只有正确的核苷酸才能生存下来。

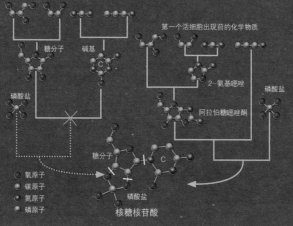

第一个活细胞出现前的化学物质

糖分子　　　碱基

磷酸盐

第一个活细胞出现前的化学物质

2-氨基噁唑

阿拉伯糖噁唑酮

磷酸盐

糖分子

氧原子
碳原子
氮原子
磷原子

磷酸盐

核糖核苷酸

于水的矿物质中，而生命很可能是从水中起源的。那么，磷酸根是如何进入导致生命诞生的"原始汤"中的？科学家还不清楚。火山口处的高温可以将含磷酸盐的矿物质转变成可溶性磷酸盐，但至少在现代火山中，释放出的磷的数量很少。磷化合物的另一个潜在来源是磷铁镍陨石，在特定陨石上可以找到这种矿物质。

2005年，美国亚利桑那大学的马修·帕塞克（Matthew Pasek）和丹蒂·劳蕾塔（Dante Lauretta）发现，磷铁镍陨石在水中的部分受到腐蚀后会释放出磷。这种途径看起来可能性很大，因为陨石释放出来的磷比磷酸盐更易溶于水，也更易与有机（碳基）化合物发生反应。

怎样组装

我们已经知道至少一种可能得到碱基、糖和磷酸根的途径后，下一步就是将这三者合理地组装起来。但在过去几十年里，这一步正是科学家在研究生命起源之前的化学问题中遇到的最大障碍。简单地将这三种成分混合于水中，它们并不会自发形成核苷酸——主要是因为每个连接反应都会涉及水分子的释放，而这种反应在水溶液中很难自发进行。要形成所需的化学键，就必须有能量供给，如在反应体系中加入富含能量的化合物。早期地球可能存在许多这样的化合物，然而在实验室中，这些分子只能启动低效的化学反应，在大多数情况下甚至完全不能启动反应。

2009年春天，生命起源研究领域传出了令人振奋的消息。英国曼彻斯特大学的约翰·萨瑟兰（John Sutherland）及其同事宣布，他们找到了一个似乎更可信的核苷酸形成途径，同时回避了核糖不稳定的问题。萨瑟兰放弃了传统做法，不用碱基、糖和磷酸盐来制造核苷酸。他们的方法同样依赖于以前使用过的简单起始物质，如氰化物、乙炔和甲醛的衍生物。但与首先分别形成碱基和核糖，再将两者连接的做法不同，课题组将起始物质与磷酸盐混合。复杂的反应网络产生了一种名为2-氨基噁唑的小分子，它可被视为糖分子的一个片段与碱基的一部分连在一起（见第221页下图）的产物。在此途径的几个步骤中，磷酸盐起重要的催化作用。

2-氨基噁唑很稳定，它有一个重要特点：极易挥发。早期地球上，可能少量的2-

英国曼彻斯特大学的约翰·萨瑟兰及其同事证明，自发化学反应可以形成核苷酸，从而在2009年5月解决了长期遗留的生命起源之前的化学问题。上图是他（左起第二个）与实验室成员的合影。

氨基噁唑与其他化学物质一起在一个水池里形成。一旦水蒸发，2-氨基噁唑也随之挥发，在别处凝结为更纯净的2-氨基噁唑，成为一个原料库，为以后的化学反应——形成完整的糖和碱基，并连接在一起——做好准备。

萨瑟兰的方法还有一个好处是，某些前期反应的副产品有利于后期反应的进行。不过，这种方法除了产生"正确"的核苷酸外，还会生成"不正确"的核苷酸：某些情况下，糖和碱基不能正确连接。令人惊讶的是，紫外线——在早期地表浅层水域有强烈的太阳紫外线照射——会破坏"不正确"的核苷酸，留下"正确的"核苷酸。最终结果是一条异常清晰的C和U的组装路线图。当然，我们还需要得到G和A的组装路线图，因此挑战仍然存在。但对于解释像RNA一样复杂的分子如何在早期地球形成的问题，萨瑟兰小组的工作向前迈出了重要一步。

温暖的小水池

一旦我们有了核苷酸，形成RNA分子的最后一步就是聚合反应：核苷酸上的一个糖基与相邻核苷酸上的磷酸基团形成化学键，这样核苷酸就彼此连接成串。同样，化学键在水中不能自发形成，也需要外部能量。在有化学活性的核苷酸溶液中加入各种化学物质，研究者能制造出2～40个核苷酸长的RNA短链。20世纪末，美国伦斯勒理工学院的吉姆·费里斯（Jim Ferris）及其同事的研究显示，黏土矿物可以增强核苷酸

从分子到生物体

生命形成之路

化学反应产生第一个遗传分子的单体和其他有机分子后，地球物理过程将它们带至新环境中，并将它们浓缩。化学物质组装成更复杂的分子，然后组装成原始细胞。大约37亿年以前的地球物理过程可能也促进了原始细胞的繁殖。

RNA的滋生地

在形成核苷酸的水溶液中，它们很少有机会结合成能存储遗传信息的长链。但是在适当的条件下，如果分子黏着力将核苷酸结合在黏土的显微层内（见上图），它们就会连接成类似现代RNA的单链。

黏土的显微层

正在进行多聚化的核苷酸

水池的冷区

帮助复制

一旦从黏土中释放出来，新形成的多聚体就可能被包在水囊泡里，因为脂肪酸会自发地组装成膜。这些"原始细胞"可能需要一些外力刺激才开始复制遗传物质，这样它们就能繁殖了。一种可能的场景（见右侧）就是原始细胞在水池的冷区和热区间循环流动，这是由于水池一边是部分冰冻的（地球早期大部分是冷的），而在另一边热区火山的热量融化了冰。

单链RNA①在冷区作为模板，新的核苷酸依据碱基配对原则（A与U配对，G与C配对）就可以产生双链RNA②。在热区，热使双链分离③。膜也能逐渐生长④。直到原始细胞分裂成"子代"细胞⑤，接着又开始新一轮的复制。

一旦繁殖过程开始，主要由随机突变驱动的进化也就开始了。在某一时刻原始细胞获得了自我复制的能力，生命就产生了。

⑤ 原始细胞分裂，子代细胞重复该循环

子细胞

① 核苷酸进入，形成互补链

RNA双链

连接过程，产生长约50个核苷酸的链（如今，一个基因通常含有上千个乃至数百万个核苷酸）。矿物质本身就具有结合核苷酸的能力，可将活性分子紧密连接在一起，因此有利于两者之间化学键的形成（见第224、225页图）。

上述发现强力支持一些研究者的观点：生命可能起源于矿物质的表面，也许就是在温泉底部富含黏土的泥浆中产生的。

当然，发现遗传分子如何起源并不能完全解决生命起源问题。要成为活的生物，还必须能够繁殖，这一过程涉及遗传信息的复制。现代细胞中，执行遗传物质复制功能的是一些蛋白质酶类。

但是，如果遗传分子由特定核苷酸序列组成，它们就可以折叠成复杂形状，能催化化学反应，就像今天的酶所做的那样。因此，在早期生物中，RNA很可能可以指

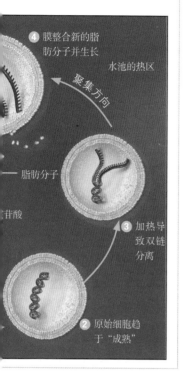

④ 膜整合新的脂肪分子并生长

水池的热区

聚集方向

脂肪分子

苷酸

③ 加热导致双链分离

② 原始细胞趋于"成熟"

导它自身的复制。根据这一想法,科学家进行了几个实验。在我们实验室和麻省理工学院戴维·巴特尔(David Bartel)的实验室里,都"进化"出了新的核酶。

我们以无数个核苷酸序列各异的RNA为实验材料,筛选具有催化活性的RNA,然后复制它们。每一轮复制都会产生新的RNA链,有些新RNA链发生了突变,变成更有效的催化剂。我们把这些突变RNA挑选出来,进行下一轮的复制。通过这种定向进化,就可得到能催化复制其他相对较短的RNA链的核酶,尽管它们还不能按其自身的序列复制出子代RNA。

最近,美国斯克里普斯研究所的特蕾西·林肯(Tracey Lincoln)和杰拉尔德·乔伊斯大力推进了RNA自我复制原理的研究。通过定向进化,他们获得了两个RNA核酶:连接起两个更短的RNA链就能够使这两个核酶中的任意一个复制另一个。不幸的是,实验的成功仍需要以前存在的RNA片段,对于自发聚集而言,这些片段显得太长,而且太复杂。尽管如此,结果仍显示RNA具有原始的催化活力,可以催化其自身的复制。

有没有更简单的方法?我们和其他研究者正在探索不需要借助催化剂就可复制遗传分子的化学方法。在最近的实验中,我们使用单链DNA作为"模板"(我们用DNA的原因是它更便宜,更易于操作,但使用RNA也可以)。我们将这一模板混合在一个含有游离核苷酸的溶液中,然后观察核苷酸能否通过碱基互补配对原则(A与T配对,G与C配对)与DNA"模板"结合,再经过

"RNA先出现"的替代方法

● 肽核酸(PNA)先出现:PNA 是碱基和类蛋白物质主干相连的一种分子。因为 PNA 更简单,而且在化学上比 RNA 更稳定,一些研究者相信它可能是地球上第一个生命体的遗传分子。

● 代谢先出现:由于难以解释无生命物质如何形成 RNA,于是有些研究者推论,生命是以加工能量的催化剂网络的形式先出现的。

● 胚种论:地球的形成与第一种生命体的出现之间相隔"只有"几亿年,某些科学家暗示地球上最早的生物体可能是外星来客。

多聚化形成完整的双链。这只是复制的第一步：双链形成后，可以使它分开，成为两条单链，新合成的单链就可以作为模板，复制原来的DNA单链。如果使用标准DNA或RNA，这一过程进行得非常缓慢。但是对糖成分的化学结构进行小小的改变——把一个羟基变成一个由氢和氮组成的氨基——就能使多聚化过程快上数百倍，因此链之间的配对可以在数小时，而不再是数星期内完成了。新的多聚体尽管有磷–氮键而不是传统的磷–氧键，但表现得更像标准RNA。

边界问题

如果我们弄清楚了最初的生命起源的化学机制，我们就可以开始考虑分子如何相互作用，来组装第一个类似细胞的结构，也就是"原始细胞"。

所有现代细胞的外膜基本都由脂双层组成，其主要成分是磷脂、胆固醇等脂类分子。细胞膜将细胞成分包裹在一起，而且形成一层屏障，阻止大分子自由通过。膜上嵌

从RNA世界到细菌

**走向现代
细胞的旅程**

生命诞生之后，生命体间的竞争促使生物体向更复杂的方向发展。我们可能永远不能知道早期进化的具体细节，但可以排出看似合理的某些主要事件次序，这些事件将第一个原始细胞导向以DNA为基础的细胞，如细菌。

双链RNA　　脂膜

❶ **进化开始**
第一个原始细胞仅仅是一个含有水和RNA的囊泡，它需要外部刺激（比如冷热循环）进行复制。但是它很快将获得新的性状。

❷ **RNA为催化剂**
核酶（折叠的RNA分子，类似于本质为蛋白质的酶）出现并承担了一些任务，如加速复制和加固原始细胞膜。由此，原始细胞开始自我复制。

RNA被复制
新链
核酶

能量　营养物质
核酶　营养物质

❸ **代谢开始**
其他核酶催化代谢——化学反应链使得原始细胞能够从环境中吸收营养物质。

226

入的复杂蛋白质起着"看门人"的作用，将分子泵进或泵出细胞，而其他蛋白质则在细胞膜的构建和修补方面发挥作用。但在早期地球上，缺乏蛋白质体系的原始细胞究竟是如何执行这些任务的？

原始膜可能由更简单的分子组成，如脂肪酸（磷脂的组成成分之一）。20世纪70年代后期的研究表明，脂肪酸确实可以自发组装成膜。但通常认为，这些膜对于要进入细胞的核苷酸和其他复杂的营养物质来说，仍然是无法逾越的障碍。这种观点暗示，细胞内代谢机制必须先发展起来，才能为自己合成核苷酸。然而，我们实验室的研究显示，只要当时的核苷酸和细胞膜都比现在的更简单、更"原始"，与核苷酸同样大小的分子就可以很容易地跨过细胞膜。

根据这些发现，我们进行了一个简单的实验，来模仿原始细胞利用环境提供的营养物质复制遗传信息的本领。我们制备了含有一条短小单链DNA的囊泡，囊泡膜的主要成分为脂肪酸。和以前一样，将囊泡中的DNA作为合成新DNA链的模板。接下来，我们让囊泡与有化学活性的核苷酸接触。这些核苷酸可以自发地穿过囊泡膜，它们一进入囊泡

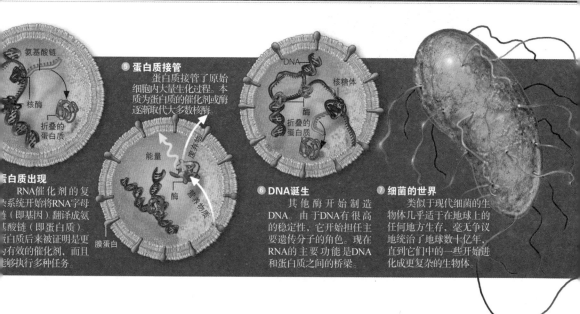

⑤ 蛋白质接管
蛋白质接管了原始细胞内大量生化过程。本质为蛋白质的催化剂或酶逐渐取代大多数核酶

蛋白质出现
RNA催化剂的复制系统开始将RNA字母翻译成氨基酸链（即基因）翻译成氨基酸链（即蛋白质）。蛋白质后来被证明是更有效的催化剂，而且能够执行多种任务。

⑥ DNA诞生
其他酶开始制造DNA。由于DNA有很高的稳定性，它开始担任主要遗传分子的角色。现在RNA的主要功能是DNA和蛋白质之间的桥梁。

⑦ 细菌的世界
类似于现代细菌的生物体几乎适于在地球上的任何地方生存，毫无争议地统治了地球数十亿年，直到它们中的一些开始进化成更复杂的生物体。

后，就在DNA链上排成一行，相互反应形成互补链。该实验支持这一观点：第一个原始细胞基本上只含有RNA（或RNA类似物），它们的遗传物质复制时不需要酶。

分裂的存在

对原始细胞来说，要开始繁殖，它们必须能够生长，复制它们的遗传信息，并分裂成相同的"子细胞"。实验也显示，原始囊泡可以朝着至少两个方向生长。在20世纪90年代的开创性工作中，瑞士苏黎世联邦理工学院的皮耶尔·路易吉·路易西（Pier Luigi Luisi）及其同事在含有原始囊泡的溶液中加入新的脂肪酸。结果，囊泡膜吸收了脂肪酸，表面积也在增大。当水和溶质慢慢地进入细胞后，细胞的体积也逐渐增大。

当时，我们实验室的研究生艾琳·陈（Irene Chen）探索出了第二种方法，此方法涉及原始细胞间的竞争。在溶液中，充满RNA或类似物质的原始细胞模型逐渐膨胀，这是由于水分子不断进入细胞，以消除细胞内外的物质浓度差（即渗透效应）。这样一来，膨胀的囊泡膜就会绷紧，促使原始细胞生长。这是因为在膜上加入新的分子，能缓解膜的绷紧程度，降低整个系统的能量。实际上，膨胀的囊泡是"偷取"邻近松弛囊泡的脂肪酸，使自己增大，而邻近的囊泡则会收缩。

2008年，我们实验室的研究生朱听（Ting Zhu）在为原始细胞模型供应新的脂肪酸时，观察到它们的生长。令人吃惊的是，原始的球形囊泡并没有简单地随之变大。相反，它们首先伸出一条细长丝。约半小时后，细长丝变得更长更粗，整个细胞逐渐变成一条细长的管。这种结构相当脆弱，轻微的摇晃（比如风轻拂过水池所产生的水波）就能使它分解成许多小的第二代球形

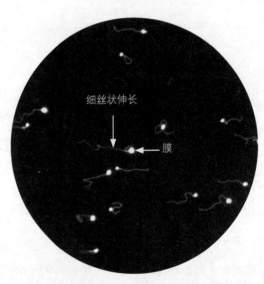

细丝状伸长

膜

脂肪酸分子溶于水引发脂膜的自组装。膜开始呈球形，然后吸收新的脂肪酸变成细长丝（见上面的显微照片）。变成长管后，它们分解成许多更小的球体。第一个原始细胞可能就是这样分裂的。

原始细胞。子代细胞逐渐变大，并不断重复这个过程（见第228页下方的显微照片）。

如果有合适的合成单体，原始细胞的形成似乎并不困难：膜进行自我组装，遗传分子进行自我组装，然后两种成分以不同方式聚在一起，就像膜形成于已经存在的遗传分子周围那样。这些由水和RNA组成的囊泡也会生长，吸收

生命，回家

研究生命起源的科学家希望能从人造物质开始，构建出自我复制的生物体。这其中最大的挑战就是找到能自主进行自我复制的遗传分子。本文作者及其同事正设计和合成经化学修饰的RNA和DNA，以寻找这种难以捉摸的特性。RNA本身可能不是上述问题的答案，除非它们非常短，否则其双链不易分开，不能为复制做好准备。

新分子，争夺营养物质，然后分裂。但为了"活着"，它们也需要复制和进化。特别是，它们需要解开RNA双链，让每条单链都可以作为模板，复制新的双链，遗传给子代细胞。

这种进化过程可能不会自发开始，但是只要一点帮助它就可以开始。想象一下，在早期地球的寒冷地表（那时，太阳的辐照能量仅为现在的70%）上的火山区域，可能会有冷水池。它们可能部分被冰覆盖，但在热岩石的作用下保持液体状态。温差可能使水对流，因此当水里的原始细胞不时经过热岩石附近，它们就会突然暴露在热流中，但它们在热水与冷水混合的时候会瞬间冷却下来。这种突然加热会导致双螺旋体分拆成单链，一旦回到冷的地方，以单链作为模板，新的双链——原始链的拷贝——就会形成（见第224、225页图）。

一旦环境促使原始细胞开始复制，进化就开始了。特别是某些时候，一些RNA突变成为核酶，会加速RNA的复制——这样就增加了竞争优势。最后，核酶开始复制RNA而不需额外帮助。

以RNA为基础的原始细胞的进一步进化就显得相对简单（见第226、227页图）。代谢可能逐步出现，因为新核酶能够使细胞自己利用更简单和更丰富的起始物质合成营养物质。接下来，原始生物体可能会合成出蛋白质，从而产生更多的化学反应机制。

由于蛋白质具有惊人的多功能性，它们可能代替RNA来辅助遗传复制和代谢。后来，生物体可能"学会"了制造DNA，能以更稳妥的方式携带遗传信息，获得了更多的生存优势。那时，RNA世界就转变成DNA世界，我们所熟知的生命就诞生了。

扩展阅读

Synthesizing Life. Jack Szostak, David P. Bartel and P. Luigi Luisi in *Nature*, Vol. 409, pages 387–390; January 2001.

Genesis: The Scientific Quest for Life's Origin. Robert M. Hazen. Joseph Henry, 2005.

The RNA World. Edited by Raymond F. Gesteland, Thomas R. Cech and John F. Atkins. Third edition. Cold Spring Harbor Laboratory Press, 2005.

A Simpler Origin for Life. Robert Shapiro in *Scientific American*, Vol. 296, No. 6, pages 46–53; June 2007.

A New Molecule of Life? Peter Nielsen in *Scientific American*, Vol. 299, No. 6, pages 64–71; December 2008.

细胞中的囊泡是怎么产生的？

细胞如何储存和传递蛋白质？这是通过怎样的机制实现的？两位好奇的科学家跨洋合作，揭开了细胞中形成转运囊泡的出芽机制。

撰文 / 詹姆斯·罗斯曼（James E. Rothman）

莱利奥·奥利奇（Lelio Orci）

翻译 / 张文韬

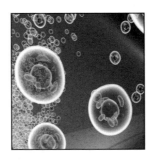

　　本文作者之一詹姆斯·罗斯曼因揭示细胞运输的精确控制机制，获得2013年诺贝尔生理学或医学奖。本文刊发于《科学美国人》1996年第3期。

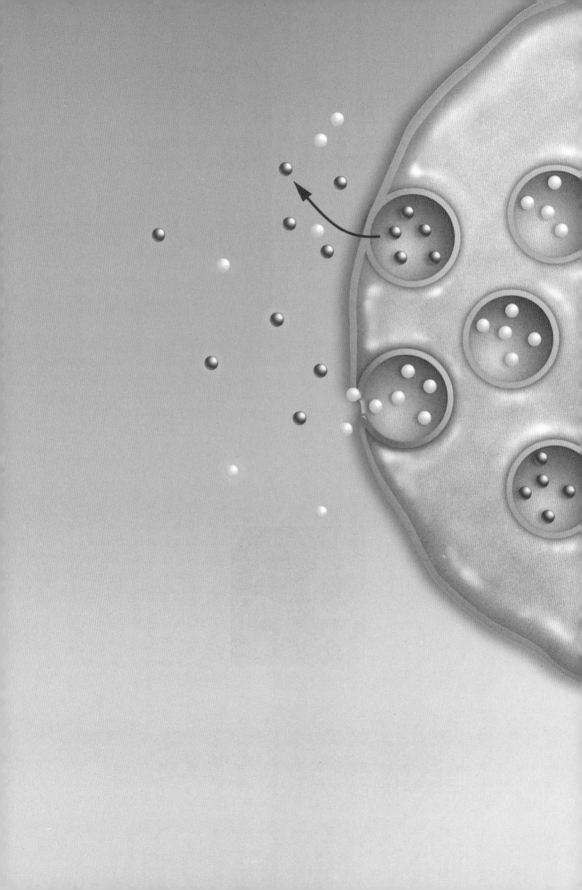

詹姆斯·罗斯曼和**莱利奥·奥利奇**已经合作了10多年。罗斯曼是纪念斯隆–凯特林癌症中心细胞生物化学和生物物理学计划的主席。他于1976年获得哈佛大学医学院生物化学博士学位。在1991年加入纪念斯隆–凯特林癌症中心之前,他曾是普林斯顿大学的分子生物学教授,再之前,他曾是斯坦福大学的生物化学教授。他也是美国国家科学院的成员。奥利奇是瑞士日内瓦大学医学院形态学系主任,组织学和细胞生物学教授。他于1964年获得罗马大学医学博士学位,1966年移居日内瓦。

无论是来自酵母、植物,还是来自人类的细胞,所有的有核细胞的内部结构体系都非常复杂,就像一套有序运转的城市体系。值得注意的是,细胞和城市的正常运转都要依靠不同的专业部门配合协作。在细胞中,这些被膜结构包裹着的"部门"就是细胞器。

我们可以窥视细胞内部,来简要认识一下细胞中的重要"部门"。首先是细胞外部的细胞膜,它很像古代城市的城墙,不仅能控制食物和其他物资的进入,还能把城内制造的产品运输出去。另一个关键部门隐藏在细胞内部,就是所谓的"制造中心"——内质网。大量蛋白质在这里合成,它们是细胞中主要功能的执行者。新合成出来的蛋白质要被运到另一个部门——高尔基体,在那里进行修饰(通常是加上糖基),最终被运往细胞内的各个角落,或者被运出细胞外。所以,高尔基体是这个"微观城市"重要的"分配中心"。

细胞城市里也有"回收中心",它就是溶酶体。溶酶体负责分解衰老失效的蛋白质和特定分子,将它们的组分重新加以利用。溶酶体还能分解细胞吞噬的胞外物质。

为了能在不同的细胞器之间运送蛋白质,细胞自然进化出了复杂的运输系统,就像机场里的集装箱运输系统一样:前往同一目的地的货物会被装进相同的运输小泡(就像集装箱一样),到达目的地后运输小泡才会打开。每一个细胞都会产生多种运输小泡，每一种运输小泡都有不同的细胞内运输路线，能运送特定的物质。细胞还会制造运输小泡从而储存重要的细胞间通信物质，比如神经递质和胰岛素，这些物质只有在细胞接收到精确的信号时才会被释放。

运输小泡对细胞和生物体的机能具有重要作用，然而多年以来，我们一直都不太清楚运输小泡的形成机制。本文刊发前不久，我们的团队终于大致描述出这个过程中的许多分子层面的动作细节。我们对这项研究非常感兴趣，研究的最终成果也会被运用在药物研发上。例如，癌细胞只有在运输小泡正常工作时才能增殖，研发阻止小泡形成的药物就显得非常重要，因为它能极大地增强目前市面上抗肿瘤药物的效果。

这项研究在许多方面都具有现代分子生物学的特征，比如利用显微镜学研究小泡的起源（通过这种方法首次揭示出运输小泡的存在），利用生物化学分析解决问题（详细说明了在小泡形成过程中大量分子的反应）。整个发现过程就像一个生动的故事，阐释了科学研究的本质。非科研工作者总把科学发现想象成一个客观的过程，认为只要拥有智力和严谨的逻辑就能解决问题。这种观念低估了错误、偶然的好运和不断的努力在科研中的作用。从课本上的描述中根本体会不到这种追求真理的乐趣！对我们这两位作者来说，尽管分处大西洋两岸，每年只能互访一次，但是密切的合作还是给我们带来了很多这样的乐趣。

"你是谁？"

20世纪80年代中期，在我们开始合作之前，显微镜学家已经通过细胞切片了解了小泡转运蛋白质的一些基本步骤。在20世纪60年代，诺贝尔奖得主乔治·帕拉德（George E. Palade）在这方面进行了大量研究，洛克菲勒大学的研究人员在此基础上继续探索，发现膜包裹的微小囊泡可能是由细胞器的膜上出芽形成的。这些囊泡随后在细胞质溶胶（含有丰富蛋白质的溶液，细胞器在其中漂浮）中移动，到达目标细胞器后，与细胞器的外膜粘连。然后囊泡膜与细胞器膜融合，把囊泡中的蛋白质注入目标细胞器内。换句话说，到达目的地后集装箱就会打开，卸下货物。

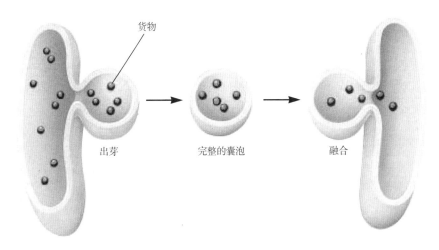

货物

出芽　　　　　　　　完整的囊泡　　　　　　　融合

要阐明出芽是怎么发生的，就必须在试管中研究这个过程，也就是说，在细胞外再创建囊泡结构，从而排除无关因素的干扰。通过这个系统，人们才能操纵或分析囊泡形成机制中的各个组分，判断出第一个起作用的是哪些分子，接下来是哪些，一步一步向下推断。但是，此前没人能设计出这样的无细胞系统，直到1980年斯坦福大学的罗斯曼教授把它研制出来。

1984年，罗斯曼等人发表了一篇文章，宣布他们的无细胞系统能形成囊泡，形成过程和完整细胞中的过程一样。这一系统能让运输小泡从高尔基体膜上出芽。高尔基体本身可以被分成几个小室。他们观察到，大部分从高尔基体上出芽的小泡运输着"货物"，从高尔基体的一个小室到达另外一个小室。有些高尔基体小泡甚至携带着蛋白质走到了更远的地方。

当研究进展到这个阶段时，两位作者的合作正式开始了。这个开始的方式令人难忘。一天下午，也就是12月份发表论文后的一周内，罗斯曼正在办公室里进行案头工作。突然电话响了，他拿起听筒，还没等他说出"你好"，电话那头就传来一个低沉的声音。对方语气热切，语速飞快，所说的英语带着意大利口音，令人难以听清。罗斯曼完全不知道对方是谁，只能呆呆听着。几分钟后，一头雾水的他重新回到自己的工作中，让对方继续讲。又过了几分钟，他只听懂了几个词，诸如"合作"、"我们会成为兄弟"。他终于大声打断对方，并问："你是谁？"

对方停下了，平静清晰地用有些谦逊的口吻说："我是莱利奥·奥利奇，日内瓦

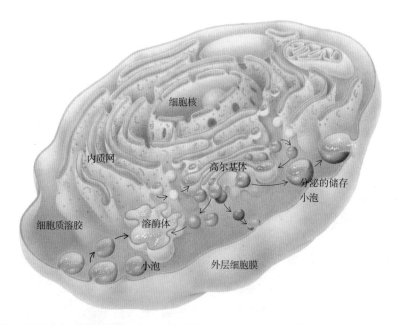

细胞核

内质网

高尔基体

分泌的储存
小泡

细胞质溶胶

溶酶体

小泡

外层细胞膜

　　运输小泡（彩色小球）在细胞中很多。有些（黄色的）把内质网合成的蛋白质运送到高尔基体进行修饰加工。另一些（蓝色的）在高尔基体的各个小室之间运输蛋白质。高尔基体上会形成三种小泡。橙色的将蛋白质立刻运出细胞。深粉色的是分泌的储存小泡，当接收到特定信号时将内容物释放到细胞外。浅粉色小泡将消化酶运到溶酶体，这里是降解分子的场所，被降解的分子包括被细胞吞入的绿色小泡。细胞器膜通过出芽形成小泡。小泡运输着"货物"（红色），通过自身与目标细胞器融合传递蛋白质。

大学的教授，我的研究方向是……"

　　罗斯曼立刻知道对方是谁了，奥利奇是著名的电子显微镜专家。罗斯曼马上表示歉意，而奥利奇也放慢了语速，双方进行了一次富有成效的长谈，虽然当时日内瓦已经是后半夜了。

意想不到的"错误"

　　几周后罗斯曼来到了日内瓦。接着我们两位作者兴奋地制定出一项计划：用奥利奇的技术来确定无细胞提取物中高尔基体膜上出芽的小泡是否具有特殊性质。更确切地说，我们想了解这种小泡表面是否有纤维状蛋白质组成的笼形厚层，也就是网格蛋白包被。从结构上说，网格蛋白包被看起来像一个网格状的圆屋顶。

　　我们之所以提出这个问题，是因为人们发现了一些运输小泡，拥有这种当时唯一被识别出的包被。网格蛋白包被小泡从细胞外膜上出芽，进入细胞质溶胶，把蛋白质从细胞外转运到细胞内的溶酶体中进行降解。但是如果没有无细胞系统，就无法破译出芽机制。如果奥利奇能够证明来源于高尔基体的小泡表面覆盖着网格蛋白，罗斯曼就可以立即开始在无细胞系统中开展生物化学研究，解释网格蛋白包被小泡是怎么形成的。

　　网格蛋白包被小泡形成的模型诞生于20世纪60年代，由大阪大学的金关德（Toku Kanaseki）和门田健（Ken Kadota）提出。1969年，金关和门田纯化了包被小泡，发现小泡表面的包被竟然是规则结构。这种结构在6年之后由英国剑桥大学医学研究委员会实验室的芭芭拉·皮尔斯（Barbara M. F. Pearse）揭开了真面目——包被主要是由一种蛋白质重复排列而成。她将这种蛋白质命名为网格蛋白。金关和门田推测包被的作用就是负责出芽，它先利用膜上的组分建立起网格蛋白笼，使下方的形状可变的膜结构形成圆顶状，从细胞膜上精确地吸起球状小泡和附着在膜上的蛋白质。

　　到了1984年，上述模型无疑已经显得太过简单。罗斯曼在试管中重现了出芽过程，发现在独立的膜结构上不能发生出芽过程。小泡形成还需要细胞质溶胶和能量来源。这些结果表明包被来源于细胞质溶胶中的物质，虽然暂时不清楚这些物质到底是什么。然而，金关和门田的基本模型还是有吸引力的，值得去验证。

　　不久以后，罗斯曼从日内瓦返回斯坦福大学，指派了一个研究生开始执行我们制定的这个计划。研究生本杰明·格利克（Benjamin S. Glick）将带细胞质溶胶的高尔基体同能量来源一起培养，得到了运输小泡。他把样品封装好，寄往日内瓦做显微分析。几天后，奥利奇确定，高尔基体上产生的小泡表面确实有包被，但不是预想的那种。它的精细结构不同于网格蛋白包被，也不会与网格蛋白的抗体特异结合。这一惊人的结果意味着，细胞至少能制造两种不同的运输小泡，各自有不同的包被。现在，研究者已经发现很多种运输小泡，每一种的包被都不同。

　　这项研究的结果是个很好的例子：错误在科研中也有意外的价值。我们曾经错误地假设，网格蛋白包被介导了高尔基体上运输小泡的形成，而现在我们的实验重心必须从网格蛋白包被小泡转移到一个我们刚刚发现的物质上。这个错误让我们走上了一条高产的新路子，同时也揭示了更多运输小泡形成的秘密。相比之下，对网格蛋白包

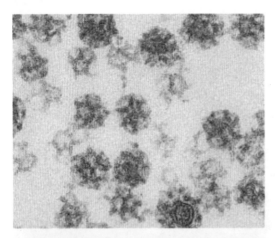

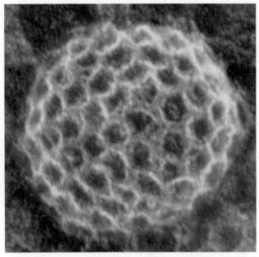

负责把蛋白质从细胞外转运到溶酶体的小泡表面被网格蛋白包被，网格蛋白是第一种被确定的小泡包被蛋白。电镜显示，包被蛋白结构呈笼形，见截面图（上图）和表面图（中图）。这种六边形和五边形的结构类似于网格状的圆屋顶（下图）。

被小泡的研究则非常缓慢。直到本文刊发时，也没有人能在无细胞系统中得到它。

要想揭开高尔基体小泡出芽过程的秘密，我们必须弄清包被的组分，这得耗费几年时间。首先，我们必须获得足够的小泡纯化物，这个任务在当时看来相当艰巨。在1989年，经过艰辛的奋斗，罗斯曼实验室中的两个年轻人维韦克·马尔霍特拉（Vivek Malhotra）和蒂托·塞拉菲尼（Tito A. Serafini）分离出了纯化小泡。虽然数量极少，但是已经足够用于分析。他们证明了这种包被含有8种蛋白质。这些蛋白质被命名为COP蛋白（外壳蛋白），所以，我们将来源于高尔基体的小泡命名为COP包被小泡。

要想阐述出芽机制，我们必须进一步了解COP蛋白，查明它们是如何互相作用的。1990年，我们有了第一个主要发现：在与高尔基体结合之前，8种包被蛋白中的7种先组装成为一个大复合体，我们把这个复合体称为衣被蛋白。只有一种蛋白质是单独结合的。实质上，包被由两个主要部件组成：衣被蛋白和第8种蛋白质。这种简化模式意味着我们不用研究复合物中的每一种蛋白质，也能探明出芽的基本步骤。

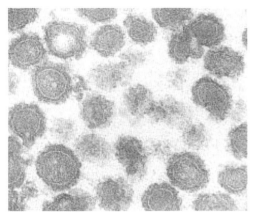
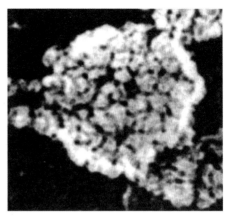

COP 包被是由作者鉴定的一种包被类型，包裹在从高尔基体出芽的运输小泡上。它与网格蛋白包被的区别十分明显，见上面的电子显微镜照片。左侧的显微照片捕捉到了2个COP包被小泡从高尔基体膜出芽的过程。

在一些偶然的科学发现中，幸运和有准备的头脑是必不可少的。1990年，罗斯曼当时还在普林斯顿大学。一天晚上，罗斯曼实验室的一个年轻研究员杰勒德·沃特斯（M. Gerard Waters）正在检查实验记录。他需要纯化出一种物质，这种物质能在运输小泡与目标细胞器膜融合时起作用。刚巧，塞拉菲尼经过，从沃特斯身后看到了他的记录，大吃一惊。

纯化蛋白质的过程，就是把细胞提取物根据它们的物理和化学性质进行分组。在分组后，还会分别对它们开展实验，如触发小泡与膜融合的实验，以检验其是否具有相关活性。显示出活性的样本将被进一步细分，继续测试。没有表现出活性的部分，通常被丢弃。最终，可以得到仅含有特定生物活性蛋白质的纯样品。

沃特斯做得十分认真，他分析了不能触发融合组分的蛋白质含量。然而，几个月以来，他也相当自然地丢弃这种无用的组分。塞拉菲尼对沃特斯的废弃物印象深刻，因为这与他和马尔霍特拉早先鉴定出的COP蛋白很相似。

在快速鉴定这些废弃蛋白质后，他们发现，废弃组几乎只由7种COP蛋白组成，它们彼此紧密结合，无法再被分离。令人啼笑皆非的是，罗斯曼实验室的一部分人在从事十分单调的包被小泡分离工作（从而获得微量的包被蛋白），而另一部分人正在扔掉大量相同的蛋白质。多亏了塞拉菲尼和沃特斯的警觉性，他们再也没扔掉这些"废物"，还认识到了衣被蛋白复合物的存在，保留下了多年努力的成果。现在，我们很容易就能得到衣被蛋白复合物，也能用在各种不同的实验中。

很快，我们的注意力就集中在鉴定第8种蛋白质上。从多方面来看，我们推测这是一种被称为ARF［ADP（腺苷二磷酸）核糖基化因子］的分子。这种分子最早由得克萨斯大学西南医学院的理查德·卡恩（Richard A. Kahn）和阿尔弗雷德·吉尔曼（Alfred G. Gilman）发现，它能使霍乱毒素引起疾病，但是如何在体内发挥作用仍未得到很清楚的解答。幸运的是，证实我们的推测很容易。我们从卡恩那里获得了ARF的特异性抗体，并将这种抗体与我们的蛋白质混合。试验中，抗体很快发生了结合，证明这种蛋白质就是ARF。

经过6年艰苦的研究，我们拥有了全部（8种）外壳蛋白纯化物，最终准备彻底破译出芽的机制。这个工作是非常明确的。1991年，罗斯曼把他的实验室搬到纪念斯隆–凯特林癌症中心后，我们开始了这个项目。在短短2年时间里，我们了解到了很多东西。

出芽过程究竟什么样？

我们首先要弄清，COP包被小泡从高尔基体出芽是不是只需要衣被蛋白和ARF？

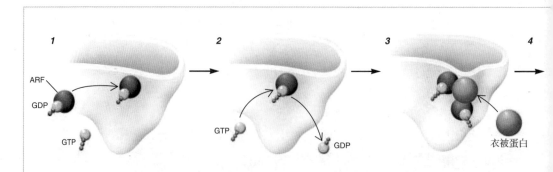

COP包被小泡在高尔基体膜上形成后，紧跟着会脱去包被。当带着一个小分子GDP的ARF与膜接触时，小泡开始形成（1）。不久，酶用GTP把GDP替换下来（2），这一变化使ARF能够召集衣被蛋白（3）。

在这个过程中，还需要其他蛋白质吗？其实这两个问题相当于一个问题，虽然细胞质溶胶粗提取物中含有成千上万个不同的蛋白质，但是我们已经能利用生物化学技术从中分离出真正与出芽有关系的衣被蛋白和ARF，并证明它们自己就能够完成出芽。

在下一步的研究中，为了破译两种蛋白质各自不同的作用，我们需要一次只添加一种蛋白质，而不是把两种蛋白质同时添加到体系中。在没有衣被蛋白存在的情况下，ARF会结合到高尔基体膜上，然后召集衣被蛋白与膜结合。然而，衣被蛋白是无法单独与高尔基体结合的。美国国家卫生研究院的理查德·克劳斯纳（Richard D. Klausner）及其同事也独立地证明了这一点。其次，电子显微镜发现，在只有ARF与高尔基体膜结合的情况下，膜表面会保持平整，但是当衣被蛋白与膜结合后，出芽过程就开始了。这些观察结果表明，ARF和衣被蛋白在运输小泡生成中起了不同的作用。衣被蛋白驱使膜表面弯曲和出芽，而ARF决定出芽何时发生，它会指引衣被蛋白何时、何地发挥作用。

实际上，我们已经对出芽的过程有了更深入的认识。自由漂浮在细胞质溶胶中的ARF通常结合到名为鸟苷二磷酸（GDP）的分子上。GDP是由1个碱基连接着1个糖基和2个磷酸基组成的。当这一成分遇到高尔基体时，膜表面的酶会用从细胞质溶胶中获得的鸟苷三磷酸（GTP）替换GDP。GTP带有3个磷酸基团，可以算是GDP的近亲。这种变化会导致两个重要结果：首先，只有ARF结合到GTP上，才能牢固连接到膜表

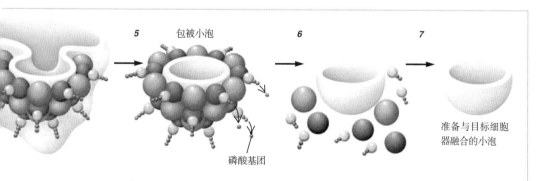

膜上的ARF和衣被蛋白的装配引起出芽（4），然后切断膜结构（5），形成包被小泡。为了保证小泡与目标细胞器发生融合，包被必须被去除。去除时，GTP释放一个磷酸基团（5右侧），GTP转化为GDP，引起ARF和衣被蛋白分子脱落（6和7）。

面，从而让衣被蛋白进一步结合；其次，GTP结合ARF为激发小泡形成提供了能量。

我们应该如何想象萌芽的过程？单个衣被蛋白通过一个或多个ARF分子（也许确切的数字既不是固定的，也不是至关重要的）锚定到膜上。我们认为（但尚未证明），这些复合物以规则阵列连接起来，在膜的表面形成圆顶（与网格蛋白制造的形状类似）。该阵列不断增长和弯曲，一部分高尔基体膜被包裹进包被内部，形成出芽小泡，最终闭合并被释放。因此，COP包被小泡的发生与金关和门田预测的网格蛋白包被小泡模型几乎一样。但是，我们的工作证明了一种新的包被组装方式：细胞质溶胶中的组分是一部分一部分装配成新包被的，此外，组装由ARF来指挥并需要GTP提供能量。

虽然对于COP包被小泡的出芽来说，包被必不可少，但是当运输小泡到达目的地时，包被会阻碍小泡与目标细胞器的膜直接接触，无法进行膜融合。因此，为了释放小泡中的蛋白质，包被必须被脱掉。这种脱包被的过程是组装机制的简单逆转。在一个完整的包被小泡上，ARF分子依然与GTP结合。但很快，它们会从GTP上切下一个磷酸基团，从而将GTP转化为GDP，释放能量。这种转换使得ARF分子失去对小泡的亲和力，自然脱落。因为衣被蛋白需要ARF充当附着物，它们也随之脱落，然后不带包被的小泡就可以自由地与靶细胞器融合。从某种意义上说，细胞在出芽中留下了GTP这个"定时炸弹"。出芽后，炸弹即被引爆，将包被弹出。

包被在小泡到达目的地之前就被释放，所以它不太可能指挥小泡完成使命。而

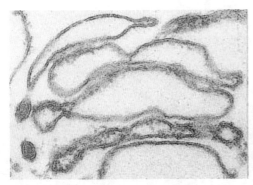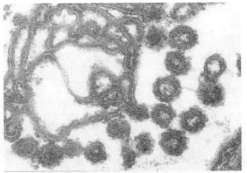

电镜观察显示，衣被蛋白控制COP包被小泡的出芽。仅有ARF存在时，它与高尔基体膜结合，没有出芽，膜表面保持平整（左图）。但衣被蛋白的附着使已经结合上ARF的膜产生大量的小泡（右图）。

无包被的小泡膜上包含着一组执行此功能的蛋白质。这些蛋白质也召集了更多的蛋白质，开始介导小泡与目标膜的融合。

机制背后

是否所有运输小泡的发生过程都与COP包被小泡类似？也许是，因为网格蛋白包被的组装也是由GTP结合ARF分子附着到膜而触发的。罗斯曼在实验室中发现了这个现象。看来，转了一圈后我们又回到了起点。

但是，在显微镜中观察细胞中的大多数小泡时，你会发现它们好像并没有包被。这种现象可能表明，我们所描述的出芽机制只能解释COP包被类型和网格蛋白包被类型。尽管如此，下这样的结论还为时过早。这是因为小泡在细胞器出芽后迅速脱掉包被，标准方法一般无法检测到它们。事实上，回顾这段研究，我们可以把这个领域的发展史做一个概括：研究人员初步推断特定类型的小泡缺乏包被，因此认为这类小泡通过一种新的机制出芽。然而，在这种类型的小泡出芽后，最终还是发现了包被的存在。科学家在无细胞系统中重现了出芽过程，并且捕捉和识别出了存在时间非常短的包被状态。

本文刊发前不久，科学家发现携带蛋白质从内质网到高尔基体的小泡需要包被。美国加利福尼亚大学伯克利分校的兰迪·谢克曼（Randy W. Schekman）、奥利奇及其同事通过实验证明，一种与ARF关系密切的蛋白质发挥着ARF的作用，控制了出芽过程的开始时间。此外，一组被称为COP II蛋白的复合物取代了衣被蛋白。

毫无疑问，所有有核细胞使用一套通用的原则，形成运输小泡。这种方法非常有效，因此在简单的单细胞生物向更复杂的多细胞生物演变的过程中被保留了下来。首先，ARF或其"近亲"与GTP结合，然后结合到膜上，开始组装包被。接下来，它们会吸引更多的分子，组装成圆顶状的包被。它们诱导膜的附着区域出芽形成小泡。之后，GTP分子会触发包被去除过程，保证小泡膜能与目标细胞器的膜发生融合。

这个出芽过程基本上在每一个细胞器上都是一样的，如果包被只对出芽很重要，为什么细胞需要多种不同包被呢？这很有可能是因为包被需要选择"货物"，包装成小泡。有时，"货物"蛋白质可停留在膜上，直接结合到包被上。有时，"货物"可以以受体为中介，跨越膜与包被结合。使用不同的包被，就能允许小泡把不同种"货物"从一个位点或者从不同"部门"运出去。

不过，在小泡发生机制中还有其他问题值得探索，其中很多与包被形成的细节有关。比如，ARF和类似的分子是如何附着在细胞膜上的？哪些精确的相互作用使衣被蛋白固定到膜上？也有一些研究表明，某些脂质（脂肪）可能有助于ARF召集衣被蛋白来到膜表面，而且"货物"蛋白质本身可能影响包被的组成。我们还想了解更多有关各种衣被蛋白亚基的具体活动。令人振奋的是，在本文刊发时科学家已经确定了蛋白质运输中许多关键的步骤。不仅如此，细胞的效率也令人震撼，不同的小泡能在细胞间来往穿梭，井井有条地把蛋白质送往各处，这可是任何一个人造城市都无法比拟的。

扩展阅读

A New Type of Coated Vesicular Carrier That Appears Not to Contain Clathrin: Its Possible Role in Protein Transport within the Golgi Stack. L. Orci, B. S. Glick and J. E. Rothman in *Cell*, Vol. 46, No. 2, pages 171–184; 1986.

"Coatomer": A Cytosolic Protein Complex Containing Subunits of Non-Clathrin-Coated Golgi Transport Vesicles. M. G. Waters, T. Serafini and J. E. Rothman in *Nature*, Vol. 349, pages 248–251; January 17, 1991.

ADP-Ribosylation Factor Is a Subunit of the Coat of Golgi-Derived COP-Coated Vesicles. T. Serafini, L. Orci, M. Amherdt, M. Brunner, R. A. Kahn and J. E. Rothman in *Cell*, Vol. 67, No. 2, pages 239–253; October 18, 1991.

Stepwise Assembly of Functionally Active Transport Vesicles. J. Ostermann, L. Orci, K. Tani, M. Amherdt, M. Ravazzola and J. E. Rothman in *Cell*, Vol. 75, No. 5, pages 1015–1025; December 3, 1993.

Mechanisms of Intracellular Protein Transport. J. E. Rothman in *Nature*, Vol. 372, pages 55–63; November 3, 1994.

大脑中的定位系统

哺乳动物的大脑中，存在着一个类似GPS的空间定位系统，指引我们准确地从一个地方到达另一个地方。

撰文 / 梅-布里特·莫泽（May-Britt Moser）
爱德华·莫泽（Edvard I. Moser）
翻译 / 吴好好

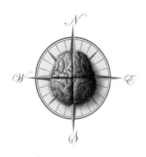

本文作者梅-布里特·莫泽和爱德华·莫泽因发现大脑中形成定位系统的细胞，获得2014年诺贝尔生理学或医学奖。本文刊发于《科学美国人》2016年第1期。

本文译者吴好好，翻译本文时为瑞典卡罗琳斯卡医学院神经科学系博士，研究方向为神经回路的发育。

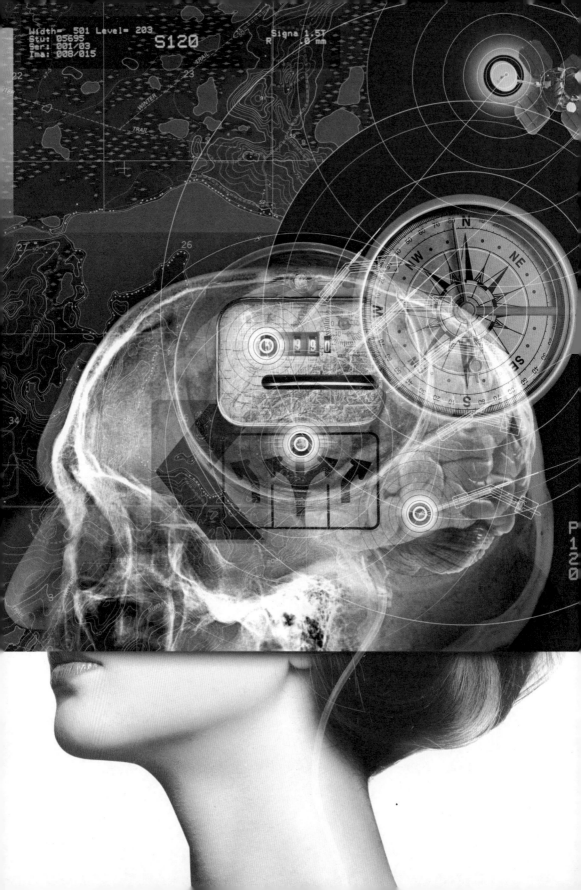

梅–布里特·莫泽和爱德华·莫泽是位于特隆赫姆的挪威科技大学心理学和神经科学教授。他们共同在2007年和2013年创建了卡弗里系统神经科学研究所和神经计算中心。

随着全球定位系统（GPS）的出现，我们在开车、驾驶飞机，甚至行走在城市的大街小巷时，许多习惯都发生了改变。然而在全球定位系统出现之前，我们又靠什么来辨识方向呢？最近的研究表明，哺乳动物的大脑中竟然存在着与全球定位系统类似的精密系统，能够为我们指引方向。

大脑究竟如何为我们导航？如同手机和汽车里使用的全球定位系统，大脑也是通过采集个体运动的位置和时间等多方面的信息，再加以整合计算，来判断我们身在何方，又将去向何处。通常情况下，进行这样的运算对于大脑来说并不费力，甚至整个运算过程在我们不知不觉中就完成了。只有在迷路，或者神经系统因为创伤、疾病受到损伤而造成功能障碍时，我们才会意识到大脑里这个与我们密不可分却常常被忽视的导航系统竟是如此重要。

获取自己所处位置的正确信息并确定下一步行动的具体方向，对每一个个体的生存都至关重要。如果没有大脑里的导航系统，包括人类在内的所有动物都将无法猎取食物，繁衍生息。毫无疑问，这将导致个体甚至整个种群的灭亡。

和其他动物相比，哺乳动物的导航系统尤为精密和复杂。相比人类多达上百亿的神经细胞，常常作为实验动物的秀丽隐杆线虫，仅有302个神经细胞。这种线虫的行动仅仅是追寻着某种分子的浓度变化，单纯依靠环境中的嗅觉信号来判断方向。

而神经系统更为复杂的动物，如沙漠蚂蚁和蜜蜂，则拥有更多的导航手段。其中一种与全球定位系统相似的常用方法称为路径整合，神经细胞通过实时监测动物相对于初始位置的运动方向和速度，并加以计算，获得当前所在的位置。通过这种方法，动物可以完全不依赖路标等外界线索，仅靠自身的神经系统就可以导航。对于脊椎动物，特别是哺乳动物来说，用于辨识方向的方法在此基础上又得到进一步演变。

与其他纲的动物相比，哺乳动物会根据周围环境形成神经地图，这实际上是一种膜电位变化组成的图样，它恰好能够反映出外界环境的空间布局，以及动物在环境中的位置。研究人员通常认为，这种大脑地图形成于大脑皮层。大脑皮层是包裹在大脑最外侧的结构，呈凹凸不平的褶皱状，在神经系统的进化史上出现很晚但更为高级。

在过去的几十年里，只在一个动物移动时大脑如何形成并更新这些地图的问题上，研究人员有了深入的了解。在啮齿动物的大脑中，研究人员发现这种导航系统实际上是由几种不同种类的特化的神经细胞组成的。当动物在空间里运动时，神经细胞不断采集动物的位置及运动的距离、方向、速度等信息，并加以整合计算。通过不同神经细胞的共同努力，大脑中的动态地图就产生了。这些采集到的信息不仅能够反映动物当下的空间位置，还能作为记忆储存起来以备后用。

认知地图

关于大脑空间地图的研究始于爱德华·托尔曼（Edward C. Tolman）。他是美国著名心理学家，1918～1954年间在加利福尼亚大学伯克利分校担任心理学教授，以研究行为心理学著称。在托尔曼之前，实验室中的大鼠行为学实验似乎暗示了动物是通过对运动路径上不同刺激物产生的反应和记忆来辨识方向的。例如在大鼠穿越迷宫的实验中，研究人员就认为它们是对从起点到终点途中的一系列转折点进行记忆而走出迷宫的。然而支持这种假说的研究人员并没有考虑到，在实验中，大鼠的大脑可能已经形成了对迷宫空间布局的整体认知，并以此来规划走出迷宫的最有效路径。

自然导航

大脑中的导航系统

为了生存，几乎所有动物都需要有辨识周遭环境的能力，并在此基础上通过哪怕是简单的计算，了解个体曾经去过什么地方，现在在何处，之后又将去向何方。在进化上比较高级的动物，许多都演化出了"路径整合"系统，使得它们可以不依靠外界环境中的刺激因子进行空间定位。哺乳动物拥有一套更为精密的系统，能够运用大脑中内置的地图进行导航。

追踪气味

低等的秀丽隐杆线虫，可能拥有动物中最为简单的导航系统。气味，就是线虫世界的全部。依靠着仅有的302个神经细胞，线虫朝着气味较浓的方向移动，直到发现食物。

内置全球定位系统

进化让一些昆虫及其他节肢动物演化出较为复杂的"路径整合"系统。它们仅靠自身就可以监测相对于初始点的移动速度和方向。这使得它们可以判断出到达目的地最有效的路径。比如，若它们从A点到达B点时采用"Z"字形路径，从B点回到A点时则会选择直线而不是原路返回。

大脑地图

哺乳动物拥有更为精密的导航系统。它们移动时，大脑中的一些神经细胞会依次激活，恰好映射了它们的运动路径。这些神经网络为动物所处的物质世界勾画出一幅大脑地图。动物们将经历过的路径作为记忆储存起来，等到需要时再使用。

托尔曼彻底推翻了当时的这种主流观点。同样是通过观察大鼠穿越迷宫，他发现有时候大鼠会抄近路或是绕道。如果按照当时的观点，大鼠是通过记忆一系列的转折点来走出迷宫，那么就完全无法解释这种抄近路的行为。他大胆猜想，在大鼠的大脑中产生了关于迷宫空间几何结构的"地图"。这种认知地图不仅能够帮助动物识路，还可以记录动物在某个特定地点经历过的事情。

托尔曼最早在1930年前后就提出大脑认知地图的假说，但对此的争议在接下来的几十年中却从未停止过。这在很大程度上是因为这些仅仅是基于对大鼠行为的观察得出的结论，而通常对同一种行为却可以有不同的解释。在那个时候，没有任何实验工具或是想法可以支持他更深入地探索动物的大脑中是否确实存在着关于环境布局的"地图"。

直到40年后，关于神经细胞活动的研究才第一次为托尔曼的假说提供了直接的实验证据。在20世纪中期，微电极在神经科学领域的迅速发展，使得记录动物在清醒状态下单个神经细胞的电活动成为可能。研究人员可以在动物自由活动的过程中，记录单个神经细胞的兴奋状态。"兴奋"指的是细胞因受到刺激而产生动作电位，即静息状态下的细胞膜产生的短暂膜电位变化。这种变化促使神经突触释放神经递质，从而将信号从一个神经细胞传递到下一个，使下一个神经细胞也兴奋起来。

英国伦敦大学学院的约翰·奥基夫（John O'Keefe，与本文的两位作者一起获得2014年诺贝尔生理学或医学奖）利用微电极检测大鼠大脑海马——大脑中负责记忆的重要区域中的动作单位。1971年，奥基夫在实验过程中发现，在海马中存在一种特殊的细胞，当大鼠经过封闭空间中的某个特定位置时，这些细胞就会兴奋，而当大鼠经过另一个位置时，另一些细胞则会兴奋，这种神经细胞因此得名"位置细胞"。将所有这些位置细胞整合起来，奥基夫发现刚好形成一幅能反映真实空间里不同位置的地图。更为神奇的是，通过读取大鼠海马中不同位置细胞的兴奋状态，奥基夫能够正确判断出在某一时间，大鼠在封闭空间里所处的精确位置。1978年，奥基夫和同事林恩·纳德尔（Lynn Nadel，本文刊发时任职于美国亚利桑那大学）认为，位置细胞是托尔曼所提出的认知地图中不可缺少的一部分，是认知地图的物质基础。

从位置细胞到网格细胞

随着位置细胞的发现，研究人员将探索的目光投向大脑皮层最深处的这些未知地带。这是大脑中与接收各种感觉刺激的感觉皮层和发出信号控制躯体运动的运动皮层距离最远的地方。在20世纪60年代末，当奥基夫开展这项研究的时候，人们对神经细胞的"兴奋"与"沉默"的了解，还仅仅局限于初级感觉皮层。这个区域的神经细胞的兴奋性直接受到来自外界的感觉刺激（光、声音、碰触等）的控制。

当时，同一领域的神经科学家们普遍认为，海马距离感觉器官太远，无论通过什么方式来处理输入信号，人类都难以从微型电极的记录中解读出来。而奥基夫正是用电极记录发现了海马中的位置细胞。他根据这种细胞的兴奋性绘制出的大脑地图，恰好复制了动物身处的外界环境，这个发现在当时无疑具有颠覆性。

尽管位置细胞的发现是神经科学发展史上的一座里程碑，但在之后很长一段时间内，研究人员都无从知晓这种细胞到底对动物导航起到什么作用。海马其他区域产生的信号传导通路的末端就是海马中的CA1区，位置细胞正处于此。由这种解剖学结构而产生了一种假说：位置细胞不是直接接收从外界传递来的位置信息，而是从海马其他区域中获取相关信息。2000年初，我们俩决定在挪威科技大学成立实验室，去验证这个关于位置细胞的假说。正是这个决定将我们引向了一个重大发现。

我们和门诺·威特（Menno Witter，本文刊发时任职于本文作者所在的卡弗里系统神经科学研究所）及其他极富创造力的学生开展了合作研究。为了验证"位置细胞"是否从海马的其他区域接收信号，我们设法将海马中CA1区的输入信号切断，然后用电极监测大鼠位置细胞的兴奋状态。起初我们只是纯粹地想证实这个假说，但实验结果却令我们大为吃惊。尽管CA1区完全失去了从海马内部传递过来的信号，但是当大鼠运动到某个特定位置的时候，位置细胞仍然会兴奋。

毫无疑问，位置细胞并不依赖于海马内部的信号传导，而是从别处获取信息。但除此之外，直接传入CA1区的神经通路就只有一条，而这条通路刚好在我们干预海马信号通路时被忽视了。这就是紧邻海马CA1区的内嗅皮层，它是连接海马与其他皮层之间的媒介。

2002年，和威特一起，我们在大鼠大脑的内嗅皮层中植入了微电极。和对位置细胞的研究一样，我们让大鼠在封闭空间里自由行动，然后记录内嗅皮层里的神经细胞的兴奋状态。我们将微电极导入内嗅皮层的一个特殊区域，这个区域的神经细胞直接连接到位置细胞所在的海马CA1区，也就是在我们之前几乎所有的研究中都记录到位置细胞的地方。和位置细胞极为相似，当大鼠经过某个特定位置时，内嗅皮层里的许多神经细胞都会兴奋。而不同的是，内嗅皮层里的某个单独的神经细胞不仅仅是对某一个特定位置产生反应，而且在大鼠经过好几个不同位置时都产生兴奋。

这些内嗅皮层里被激活细胞最让我们惊讶的特性是，它们的兴奋性竟然遵循着某种特定规律。在我们使用小面积的封闭空间做实验时并未发现这个规律，而在2005年，当我们扩大了大鼠活动的空间后，这种规律就呼之欲出了。我们发现，同一个内嗅皮层神经细胞会在大鼠经过几个不同位置时被激活，而这几个位置在空间里恰好构成六边形的六个顶点，我们于是将这种细胞命名为"网格细胞"。当大鼠经过同一个六边形的任意一个顶点时，相应的网格细胞就会被激活。

实验中，大鼠所在的整个封闭空间都被这种六边形完全覆盖。这相当于一张网格，而每个六边形，就是网格的组成单元，和公路路线图上纵横交错的坐标线构成的方格异曲同工。这样的兴奋模式说明，与位置细胞不同，网格细胞提供的不是关于个体位置的信息，而是距离和方向。有了它们，动物不用依靠外界环境中的刺激因子，仅靠自身神经系统对身体运动的感知，就能够知道自己的运动轨迹。

随着对内嗅皮层不同区域的网格细胞进行的研究不断深入，我们发现不同区域产生的网格不尽相同。在靠近内嗅皮层背侧的区域，也就是接近内嗅皮层上部的地方，网格细胞将空间划分为由更为紧凑的六边形组成的网格。而从内嗅皮层的背侧向腹侧，随着网格细胞越来越靠下，它们所对应的六边形会一级一级地逐步变大。也就是说，变大过程是阶梯式的，每一级代表内嗅皮层的一小块区域，而每一级内的网格细胞所对应的六边形大小都是一样的。

从内嗅皮层的上部到下部，网格细胞所对应的六边形的大小是可以计算的：上一个区域的网格细胞所对应的六边形的边长，乘以一个大小约为1.4的系数（准确来说是2的平方根），就等于当前这个网格细胞所对应的六边形边长。比如，大鼠要激活一个位于内嗅皮层最上部区域的网格细胞，它从六边形的一个顶点移动到相邻顶点的距离大概是30～35厘米。而要激活下方相邻区域的网格细胞，大鼠就需要移动42～49厘米，以此类推。在内嗅皮层最下方的区域，网格细胞对应的六边形的边长甚至可达数米。

对于网格细胞的这种非常有规律的组织方式，我们无比兴奋。因为在大脑皮层的绝大部分已知区域，神经细胞的兴奋模式都是杂乱无章、无规律可循的。而这里，在大脑皮层最深处的内嗅皮层，居然有这样一种神经细胞有序地排列着。我们期待更深入地了解它们。此外，哺乳动物的导航系统中除了网格细胞和位置细胞外，还有更多惊喜等待我们去发现。

早在20世纪80年代中期和90年代初，美国纽约州立大学下州医学中心的吉姆·兰克（Jim B. Ranck）和杰夫·陶布（Jeff S. Taube，本文刊发时就职于美国达特茅斯学院）就发现了一种神经细胞，每当大鼠面向某一个固定方向时，这种神经细胞就会被激活。这种被称为"头部方向细胞"的神经细胞位于前下托，这是大脑皮层中另一个紧邻海马的结构。

我们在内嗅皮层里也发现了头部方向细胞的存在，事实上，它们和网格细胞混杂在一起，并且很多内嗅皮层中的头部方向细胞兼具网格细胞的功能：在封闭空间内，这些细胞处于兴奋状态时的位置，也会形成一张网格，只不过，大鼠不仅要在这些位置上，而且必须面向特定方向时，头部方向细胞才会被激活。这种细胞无疑是动物大脑中的指南针。仅仅通过读取这种细胞的兴奋状态，研究人员就可以准确地知道，在任意时间内大鼠的头部面对的方向。

几年之后，也就是2008年，我们又在大脑的内嗅皮层发现了另外一种神经细胞。每当大鼠靠近墙壁、空间边界或是任何障碍物时，这种细胞就会被激活，故此得名"边界细胞"。边界细胞可以计算出大鼠与边界的距离，然后网格细胞可以利用这一信息，估算大鼠已经走了多远的距离。所以在之后的任意时间里，大鼠都可以明确知道自己周围哪里有边界，这些边界距离自己又有多远。

最终，2015年，第四种导航细胞隆重登场。这种细胞的兴奋状态反映了动物的运动速度，并且不受动物所处位置和方向的影响。这种"速度细胞"的放电频率会随着动物运动速度的提高而加快。事实上，仅仅通过记录为数不多的几个速度细胞的放电频率，研究人员就可以准确推算出大鼠当时的运动速度。速度细胞可能和头部方向细胞一起为网格细胞实时更新动物运动状态的信息，包括速度、方向以及到初始点的距离。

神经地图学

大脑如何寻找方向

　　哺乳动物的大脑中存在一幅空间地图，其结构复制了外界环境的空间几何分布，这一想法在 1930 年前后被首次提出。现在，组成这幅地图的神经细胞已经被陆续发现。具有里程碑意义的是，1971 年一位拥有英美双重国籍的科学家发现，在大鼠运动的过程中，大脑海马中的位置细胞会在某个特定位置被激活。在 2005 年，本文作者发现了网格细胞，它可以让动物在它所处的环境中定位，也就是说，测量它所处的位置离空间的边界有多远。动物移动时，每个网格细胞会在几个不同的位置被激活，这几个位置连接起来正好组成一个六边形。

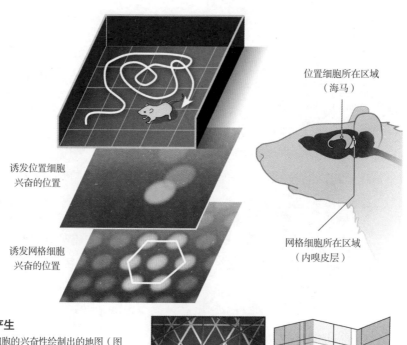

诱发位置细胞
兴奋的位置

诱发网格细胞
兴奋的位置

位置细胞所在区域
（海马）

网格细胞所在区域
（内嗅皮层）

认知地图的产生

　　根据网格细胞的兴奋性绘制出的地图（图A），与动物身处的外界环境的地图（图B）之间存在某种相关性。网格细胞与可识别特定位置的位置细胞协作，能够在动物的大脑中构建一幅关于周围环境的认知地图。

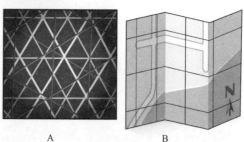

A

B

组成部分

大脑定位系统的内部构造

　　人类大脑中的导航系统位于大脑深处的颞叶内侧。颞叶内侧的两个结构——内嗅皮层和海马——是大脑定位系统的关键组成结构。内嗅皮层里不同种类的细胞组成的神经网络，揭示了哺乳动物大脑导航系统非同一般的复杂性。

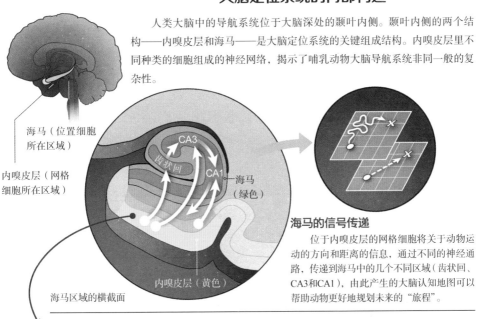

海马（位置细胞所在区域）

内嗅皮层（网格细胞所在区域）

CA3
齿状回
CA1
海马（绿色）

内嗅皮层（黄色）

海马区域的横截面

海马的信号传递

　　位于内嗅皮层的网格细胞将关于动物运动的方向和距离的信息，通过不同的神经通路，传递到海马中的几个不同区域（齿状回、CA3和CA1），由此产生的大脑认知地图可以帮助动物更好地规划未来的"旅程"。

网格细胞"特写"

　　从内嗅皮层的上部（背侧）向下部（腹侧），随着网格细胞越来越靠下，它们所对应的六边形会一级一级地逐步变大，这意味着要激活网格细胞大鼠需要移动更长的距离。比如，在内嗅皮层的背侧，大鼠在六边形的一个顶点激活某个网格细胞后，需要移动30～35厘米到另一个相邻顶点将网格细胞再次激活。而要激活内嗅皮层的腹侧的网格细胞，大鼠则需要移动长达数米。

其他特化细胞

　　在啮齿动物大脑的内嗅皮层，不同种类的细胞各司其职，将关于个体运动的方向、速度，以及到边界或障碍物的距离等信息传递至海马。通过整合这些细胞输出的信息，就可以形成一幅关于动物周围环境的完整地图。

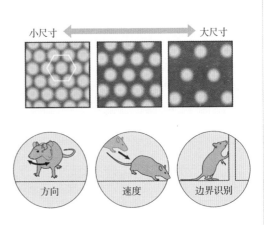

小尺寸　　　　　　　　　　　　大尺寸

方向　　　速度　　　边界识别

从网格细胞到位置细胞

位置细胞是哺乳动物大脑产生认知地图的关键，随着网格细胞的发现，我们期待发掘更多向位置细胞传送信号的渠道。我们现在已经知道，当动物的大脑试图追踪它移动的路径和它将要去的位置时，位置细胞整合了内嗅皮层中来自多种类型细胞的信息。但这还不是哺乳动物导航机制的全部。

我们的研究起初只是集中在内嗅皮层的内侧，然而这并不能排除位置细胞从内嗅皮层外侧接收信号的可能性。内嗅皮层的外侧相当于一个中继站，会传递来自不同感觉系统的信息，包括物体的气味和属性等。将内嗅皮层内外侧传递过来的信息加以整合，位置细胞会综合分析来自大脑中各个结构的信息。我们实验室和其他一些实验室正在探索，海马是怎么解析这些从不同渠道接收到的信息的，关于特定空间位置的记忆又是如何形成的。显然，要完全回答这些问题尚需时日。

想要知道内嗅皮层内侧和海马分别形成的空间地图是怎样结合起来，为动物导航的，一个方法就是看这些地图有什么不同。早在20世纪80年代，纽约州立大学下州医学中心的罗伯特·马勒（Robert U. Muller）和约翰·库比（John Kubie）就发现，当大鼠来到一个崭新的环境时，海马中位置细胞形成的地图就会彻底发生变化，就连将同一个房间同一个位置的周围空间颜色改变，大脑里的地图也会变化。

我们实验室的研究发现，让大鼠在一连串不同房间的11个封闭空间里觅食，随着大鼠在不同房间里移动，大脑中很快就生成了不同的地图，每个房间的地图都不相同。这给海马为不同环境量身打造不同的空间地图的观点提供了实验依据。

然而和海马不同，在内嗅皮层内侧形成的地图却是通用的。在某个环境的特定位置上，处于兴奋状态的网格细胞、头部方向细胞和边界细胞，在另一环境的类似位置上也会被激活，就像是前一个地图中的经纬线又印在了新的环境中。比如，当大鼠从东北方向进入一个房间时，一系列神经细胞会因此激活；大鼠以同样的方式进入另一个房间时，同样的细胞又会以同样的顺序被激活。内嗅皮层里的这些细胞传递出的信号模式，会被大脑用来导航，帮助动物在周围环境中活动。

这些信息随后会从内嗅皮层传到海马，形成针对特定位置的地图。从进化的角度看，将两种地图整合起来用于导航可能是一种更为有效的方案。当动物从一个房间进入另一个房间时，内嗅皮层内层形成的用于测量距离和方向的网格无需发生变化，可以重复利用。相比之下，海马中的位置细胞则会为每一个房间单独定制一张地图。

本地地图

对哺乳动物神经导航系统的研究仍在进行中。我们所有关于网格细胞和位置细胞的知识，几乎都源于对大鼠或小鼠神经细胞电活动的监测。而实验都是在高度简化的非自然环境中进行的，通常是一个拥有平整表面的空盒子，里面根本没有任何可以作为路标的结构。

自然环境和实验室有着本质上的不同：自然环境会不断变化，而且充满了不同的立体物体。在研究中所采用的简单化处理方式不可避免地会让人产生这样的疑问：当动物从实验室来到大自然中，网格细胞和位置细胞还会以同样的方式工作吗？

为了回答这个问题，我们在实验室里用复杂的迷宫模拟大鼠在大自然中的生存环境。2009年，在这个精心设计的迷宫中，大鼠每经过一个长胡同都会遇到一个U形弯道，弯道后接着下一个长胡同。我们用同样的方法记录网格细胞的兴奋状态。正如我们所料，网格细胞形成了六边形的图案，以记录大鼠在每一个长胡同里行走的距离。但是，每当大鼠经过U形弯道时，图案却突然发生变化。一个新的网格图案会出现，对应着新的胡同，仿佛大鼠进入了一个完全不同的房间。

我们实验室通过一些后续工作发现，在足够大的开阔空间中，网格地图甚至会分解成多个小地图。我们现在正在研究这些小地图如何整合成一个特定区域的完整地图。这些实验的设计尽管已经在最初的基础上加大了难度，但比起大自然的环境，还是过于简化，因为实验中所有封闭场地都是平坦的水平面。另一些实验室的研究人员则开始观察蝙蝠的飞翔或者大鼠在立体鼠笼里的攀爬。他们发现，延伸到三维空间后，位置细胞和头部方向细胞仍是在空间中特定的位置被激活，网格细胞可能也不例外。

空间和记忆力

大脑海马中的导航系统，其功能绝非仅限于帮助动物从A点移动到B点。除了从内嗅皮层内侧获取关于动物位置、距离和方向的信息外，海马还会记录出现在特定地点的物体——一辆车或是一根旗杆——和发生在那个地点的事情。因此，由位置细胞构建的空间地图所包含的信息不单是个体所在的位置，更有个体在特定位置各种经历的细节。这和托尔曼的认知地图的概念不谋而合。

关于动物经历的细节信息一部分源自内嗅皮层外侧的神经细胞。物体和事件的细节都和动物的位置信息一起储存在记忆中，当动物从记忆中提取位置信息时，在那个特定位置出现的事物和发生的事情也会同时被记起。

位置和记忆间的关联使人想起古希腊人和古罗马人发明的"轨迹记忆法"。轨迹记忆法是想象将一系列需要记忆的物品依次放置在一个景区或是一栋建筑的著名通道上，以此来记住这些物品。这种想象出来的放置形式通常被称为"记忆宫殿"。直到如今，许多记忆比赛的参与者仍然使用这种方法去记忆大量的数字、字母或是卡片。

遗憾的是，在阿尔茨海默病患者中，内嗅皮层是最早衰退的大脑结构之一。疾病的进程使得内嗅皮层的细胞死亡，整个内嗅皮层的尺寸也随之缩小，这个症状已被用于诊断易患阿尔茨海默病的危险人群。游荡和走失也已成为阿尔茨海默病早期的一个代表性症状。在阿尔茨海默病后期患者的大脑中，海马细胞大量死亡，使得患者无法回忆起经历过的事情，甚至一些概念，比如某种颜色的名称。事实上，最近一项研究发现，携带有阿尔茨海默病致病基因的年轻人患病风险增加，因为他们可能会带有网格细胞功能缺陷。这个发现可能有助于阿尔茨海默病的早期诊断。

探寻未知

到本文刊发时，距托尔曼第一次提出认知地图概念已经过去了80多年。我们清楚地认识到，在大脑理解和分析外部环境，计算个体所处的位置、距离、速度和方向这一复杂过程中，位置细胞只是一个部分而已。在啮齿动物的大脑导航系统中发现的多种细胞，也存在于其他物种，比如蝙蝠、猴子甚至人类自己。这意味着，诸如网格细胞之类的用于导航的细胞很可能在哺乳动物进化的早期就已经出现，因此类似的导航系统才存在于不同种类的哺乳动物大脑中。

托尔曼认知地图中的许多结构单元已经被一一发现，我们和其他许多科学家开始探索大脑是如何制造和有效利用这些导航细胞的。在哺乳动物的大脑皮层中，空间定位系统已经是我们了解得最为深入的神经回路。这些回路所用的算法，也逐渐被解析。我们希望有一天能够成功破译大脑导航的秘密。

正如许多未知领域一样，我们知道得越多，未知的东西也就越多。我们现在已经知道大脑里存在内置的地图，但我们更需要知道这个地图中的不同元素是怎样协同工作，以产生精确定位信息，以及大脑的其他结构怎样读取这些信息，以做出下一步行动的决定。

这个领域还有许多未解之谜。比如海马和内嗅皮层形成的空间网络是否只能用于局部地区的导航呢？在啮齿动物中，我们用于实验的空间半径只有数米，而蝙蝠的迁徙距离有时能达到成百上千千米。在这个过程中，蝙蝠是否启动了位置细胞和网格细胞用于远距离导航呢？

最后，我们想要研究的问题还有：网格细胞是如何产生的？网格细胞是否出现于动物进化的某个特定时期？在其他脊椎动物或无脊椎动物中是否也存在网格细胞和位置细胞？如果真能在无脊椎动物中发现网格细胞，那么这无疑能说明，这种导航系统在动物神经系统进化史上已经出现了几亿年。无论如何，对大脑导航系统的探索发现将成为珍贵的宝藏，吸引数代科学家前赴后继为之努力。

扩展阅读

Grid Cells and Cortical Representation. Edvard I. Moser et al. in *Nature Reviews Neuroscience*, Vol. 15, No. 7, pages 466–481; July 2014.

Grid Cells and the Entorhinal Map of Space. Edvard I. Moser. Nobel lecture, December 7, 2014. **www.nobel-prize.org/nobel_prizes/medicine/laureates/2014/edvard-moser-lecture.html**

Grid Cells, Place Cells and Memory. May-Britt Moser. Nobel lecture, December 7, 2014. **www.nobelprize.org/nobel_prizes/medicine/laureates/2014/may-britt-moser-lecture.html**

The Matrix in Your Head. James J. Knierim in *Scientific American Mind*, Vol. 18, pages 42–49; June 2007.